Approches du vivant

Biologie, Écologie, Agronomie

Collection dirigée par Richard Moreau,
professeur honoraire à l'Université de Paris XII,
et Claude Brezinski, professeur émérite à l'Université de Lille

Cette collection rassemble des synthèses, qui font le point des connaissances sur des situations ou des problèmes précis, des études approfondies exposant des hypothèses ou des enjeux autour de questions nouvelles ou cruciales pour l'avenir des milieux naturels et de l'homme, et des monographies. Elle est ouverte à tous les domaines des Sciences naturelles et de la Vie.

Déjà parus

Isabelle RICHAUD, *L'humanité face au miroir. Réflexions sur une société durable,* 2013.

Quênida DE REZENDE MENEZES, *Le droit international peut-il sauver les dernières forêts de la planète ?,* 2013.

Guy ROLLET, *Les Réseaux de neurones de la conscience. Approche multidisciplinaire du phénomène*, 2012.

Patrick MATAGNE, *Éduquer à la biodiversité pour un développement durable. Réflexions et expérimentations*, 2012.

Elisabeth MATTHYS-ROCHON et Pierre SAVATIER, *Biotechnologies : quelles conséquences sur l'Homme à venir ?*, 2012.

Marcel B. BOUCHÉ, *Pour un renouveau dans l'environnement,* 2012.

Michel GODRON, *Écologie et évolution du monde vivant, vol.3. Les problèmes écologiques réels,* 2012.

Michel GODRON, *Écologie et évolution du monde vivant, vol.2. L'échelle crée le phénomène*, 2012.

Michel GODRON, *Écologie et évolution du monde vivant, vol.1. La vie est une transmission d'informations*, 2012.

Dominique MARIAU, *L'univers fascinant des insectes. Nos amis, nos ennemis*, 2012.

Gérard BERTOLINI, *Montre-moi tes déchets...* 2011.

Ignace Yapi Ayénon

Approches du vivant

Études d'épistémologie biologique

L'Harmattan

5-7, rue de l'Ecole-Polytechnique, 75005 Paris

http://www.harmattan.fr
diffusion.harmattan@wanadoo.fr

ISBN : 978-2-343-05519-0
EAN : 9782343055190

À la mémoire des miens,

Lucien

Hélène

Marc

Valentin

La vie est une énigme. Depuis les temps les plus reculés, l'homme cherche inlassablement les moyens de la décrypter et d'en percer le mystère. De nombreuses tentatives sont entreprises dans toutes les civilisations pour construire une théorie de cette réalité qui, à l'évidence, se révèle difficilement saisissable par la pensée. Nos cultures en bruissent de représentations diverses et colorées. Dans les religions foisonnent d'innombrables mythes biogoniques. Et la métaphysique, riche de ses « philosophies de la vie » plus élaborées les unes que les autres, est le théâtre où s'affrontent depuis des siècles des conceptions matérialistes et vitalistes, des thèses mécanistes et finalistes, dans des duels sans merci et sans issue.

Malgré les avancées de notre connaissance du monde, les clés de la vie nous échappent encore. Et, sous des formes variées, l'on continue à se poser les mêmes questions que soulève depuis toujours sa présence à la fois certaine et mystérieuse : Qu'est-ce que la vie ? D'où vient-elle ? Comment se manifeste-t-elle au plus profond des êtres qu'elle anime ? Quels sont ses caractères distinctifs et fondamentaux ? Est-elle indépendante de la matière qui la porte et qui paraît la nourrir ?

Au début de son *Histoire de la notion de vie*, André Pichot souligne bien ce paradoxe que constituent la proximité de la vie et la difficulté que l'on éprouve à en formuler une définition précise : « Bien qu'elle nous touche de très près, la notion de vie n'a jamais été clairement définie, ni dans l'histoire des sciences ni dans celle de la philosophie. Sans doute parce qu'elle est difficile à saisir. D'elle on pourrait dire ce que Saint Augustin disait du temps : Qu'est-ce donc que la vie ? Si personne ne me le demande, je le sais ; mais si on me le demande et que je veuille l'expliquer, je ne le sais plus. »[1]

La science moderne cependant, tirant les leçons des échecs passés, s'est progressivement démarquée des recherches spéculatives destinées à connaître l'essence ou le principe de la vie. Convaincue de la fécondité et de l'efficacité des méthodes utilisées par les sciences physico-chimiques depuis la révolution scientifique du 17ème siècle, la biologie a adopté la même approche pour l'étude des corps organisés. Elle s'est engagée, singulièrement à partir du 18ème siècle, à l'application des méthodes d'observation et d'expérimentation, en prenant garde d'ajuster ses prétentions heuristiques aux objectifs accessibles à une investigation rationnelle patiente et assidue des phénomènes biologiques. Les biologistes le savent : en procédant *more physico*, ils ne peuvent espérer connaître de la vie que les caractères matériels et les lois qui en régulent le mécanisme objectif. La science laisse ainsi

[1] PICHOT A., *Histoire de la notion de vie*, Paris, Gallimard, 1993, p. 5.

définitivement à la métaphysique et aux religions le soin de rechercher la cause première de la vie.

Ce fut évidemment une authentique révolution qui conduisait les disciplines biologiques à une redéfinition de leur méthode et de leur objectif scientifique. Comme on pouvait s'y attendre, celle-ci ne manqua pas de susciter des appréhensions et même des résistances bien compréhensibles, puisqu'au 18ème, voire au 19ème siècle, aucune preuve décisive n'était encore apportée à la pertinence ou à l'efficacité des méthodes physico-chimiques dans l'étude du vivant. Celles-ci convenaient-elles vraiment à l'approche rationnelle du monde organique ? Étaient-elles susceptibles d'appréhender l'originalité et la spécificité de la vie, tout en préservant la science d'un retour au vitalisme ? N'entraînaient-elles pas inéluctablement les sciences de la vie vers le réductionnisme matérialiste ou mécaniste ? Constituaient-elles l'unique moyen pour construire une alternative scientifique au scepticisme des vitalistes qui ne croient pas à la capacité de la raison humaine à appréhender le *quid proprium* de la vitalité ?

La réponse à ces questions n'allait va pas de soi. Aussi, pendant longtemps, le combat fut-il rude, en biologie, entre les partisans et les adversaires d'une approche inspirée des sciences de la nature. En adoptant une telle méthode, les biologistes couraient en effet le risque d'être accusés de matérialisme et de réductionnisme. On pouvait leur tenir rigueur d'ignorer la spécificité du vivant et de vouloir traiter celui-ci comme un objet exclusivement explicable par le jeu de ses constituants physico-chimiques et le déterminisme de ses conditions matérielles. Mais en la rejetant, ils étaient certains de voir leur science stagner et s'enliser dans d'interminables controverses spéculatives. On leur reprocherait alors leur incapacité à se défaire des approches qualitatives et des considérations métaphysiques qui plombaient l'étude scientifique de la vie, à l'inverse de ce qu'avaient courageusement entrepris et réalisé les sciences des corps bruts à l'aube de la modernité.

La révolution méthodologique s'opéra finalement et, vers la fin du 19ème siècle, la méthode expérimentale s'imposa à toutes les branches de la biologie.

Mais cette conversion aux procédures en vigueur dans les sciences de la nature impliquait d'importantes réformes touchant à la nature de l'objet et aux objectifs théorétiques des disciplines biologiques. Parmi celles-ci, il fallait que la biologie scientifique renonçât à toute recherche visant à connaître ce qui de la vie échappe aux prises de l'expérience. Or, de toute évidence, c'est la *vie* elle-même, objet éponyme de la biologie, qui paraissait, en premier, se soustraire à l'exigence d'expérimentation. Parce qu'elle n'est pas observable, sauf sous les traits réducteurs de ses manifestations apparentes dans le sujet vivant, elle ne se présente visiblement pas sous la même nature que les objets dont on parle en astronomie, en physique ou en chimie.

Pour le scientifique, la vie apparaît, en définitive, comme une sorte d'abstraction à laquelle l'on ne peut accéder par aucun des moyens conventionnels de la science. Dès lors, s'impose à la biologie cette idée toute paradoxale : la vie n'est pas un concept biologique ! Le scientifique contemporain devrait même, de ce fait, considérer comme un abus terminologique l'utilisation du vocable de *biologie* (étymologiquement *science de la vie*) pour désigner cet ensemble de disciplines qui englobe la zoologie et la botanique, et dont relève l'étude de l'anatomie, la physiologie, la pathologie, etc. Aucune de ces matières ne porte en effet, à proprement parler, sur la vie. Finalement, comme dirait François Jacob, « on n'interroge plus la vie aujourd'hui dans les laboratoires ».[2] Le biologiste moderne considère que *la vie n'existe pas*, pour reprendre le titre de l'ouvrage d'Ernest Kahane.[3]

À strictement parler donc, une science de la vie est impossible. Voilà pourquoi l'abandon des considérations spéculatives se rapportant à la thématique de la vie s'imposa au premier rang des exigences fondatrices de la biologie scientifique. Lorsque la révolution méthodologique soumit cette discipline à des ajustements structurels, au nombre desquels figurait le rejet des recherches portant sur les objets idéels, la première idée qui fit les frais de cette conversion fut incontestablement l'idée abstraite de vie.

Mais alors quel devait être l'objet d'une biologie qui s'interdisait ainsi de parler de la vie ? Quel doit être le sujet commun des différents démembrements disciplinaires de cette science ?

À défaut de la vie elle-même, ce fut naturellement le vivant, support concret de la vitalité, qui fut défini comme l'objet des recherches biologiques. C'est à sa conquête que la science se lançait. C'est lui qui devait désormais polariser l'attention du botaniste et du zoologiste, du médecin et du physiologiste, du biologiste empirique et de l'expérimentateur.

Le vivant présente des atouts qui favorisent son étude scientifique. Avant tout, nonobstant les différences qui peuvent exister entre les êtres, il est une entité concrète appartenant au règne animal ou végétal et reconnu comme tel aux caractères spéciaux qu'il partage avec les autres êtres. Par exemple, il est capable de croître. Alors que les objets de la nature inerte ne sont susceptibles que de s'accroître en grandeur, en volume ou en quantité sous l'action de causes externes, le vivant, lui, paraît doté de la faculté de se développer par lui-même suivant un plan intériorisé. Mais, il présente pour la science les mêmes avantages que les objets de la nature inerte : il est matériel et concret, et peut subir l'épreuve d'une observation méthodique et d'une expérimentation structurée.

---

[2] Cité par Patrick DUPOUEY, *Épistémologie de la biologie. La connaissance du vivant*, Paris, Armand Colin, 2005, p. 35.

[3] KAHANE E., *La vie n'existe pas*, Paris, Éditions Rationalistes, 1962.

La substitution du vivant à la vie en tant qu'objet des sciences biologiques ne constitue pas une translation conceptuelle et thématique anodine. Elle donne lieu en effet à d'importantes conséquences épistémologiques. Par exemple, en polarisant son intérêt sur l'entité vivante, le biologiste moderne sait qu'il n'en pourra saisir que les caractères les plus concrets et les seules lois des manifestations observables de la vie. N'y perdra-t-il pas ainsi de vue une grande partie des valeurs que l'on attache traditionnellement à ce qui en constitue l'originalité ou la spécificité : immatérialité, irréductibilité à la matière brute, intangibilité, sacralité, etc. ? Quoi qu'il en soit, les scientifiques ne sont pas dupes : l'étude concrète du vivant n'épuisera jamais toute l'étendue du spectre de la vie totale. Mais cette option constitue le seul choix possible, le seul qui puisse permettre à la biologie de se conformer à l'impératif méthodologique de la modernité scientifique. En tout état de cause, c'est, disent les promoteurs de la méthode expérimentale dans les sciences du vivant, Claude Bernard en tête, le prix à payer pour espérer construire une biologie et une médecine capables d'utiliser avec succès les mêmes méthodes que les sciences de la nature.

Comment dès lors adapter à l'étude d'un objet aussi particulier que le vivant, une approche quantitative fondée sur l'observation et la mesure, suivant l'idéal classique de la scientificité inspiré par Galilée ? En raison de la particularité du vital et pour ne pas tomber dans toute forme de réductionnisme matérialiste, la biologie scientifique fut ainsi confrontée à cette grande problématique inaugurale : comment déterminer à la fois l'étendue et les limites de l'usage de la méthode expérimentale dans l'étude des phénomènes biologiques. Tel fut tout l'enjeu de la démarche de ceux qui, comme Claude Bernard, se sont consacrés à la réforme de la méthodologie des sciences du vivant. Il leur fallait en effet, tout en affirmant l'intangibilité des principes généraux de l'expérimentation, reconnaître la spécificité du vital et définir, en conséquence, les conversions, les renoncements, les ajustements que requiert l'application des méthodes scientifiques à l'étude d'un objet à la nature aussi singulière.

Il y a davantage. Si la science moderne est d'inspiration galiléenne par la pratique de la méthode expérimentale, elle tire aussi du cartésianisme son attachement à l'analyse et à la synthèse comme les moyens respectifs pour accéder à la structure profonde des choses et pour constituer ou reconstituer les entités. En adoptant ces procédés heuristiques, les sciences modernes montrent qu'elles ne sont plus prisonnières des ontologies naturalistes, puisqu'elles possèdent à la fois la capacité de reculer, jusqu'aux éléments les plus intimes de la matière, l'horizon de leur investigation analytique, et celle de franchir, grâce aux synthèses artificielles qu'elles réalisent, les limites de la nature. La biologie, en procédant suivant les mêmes principes méthodologiques que les sciences de la nature, admet par-là même, non seulement la possibilité générale d'appliquer l'expérimentation aux êtres vivants, mais aussi la légitimité particulière de les soumettre à des pratiques de dissection et de vivisection expérimentales ainsi qu'à des synthèses réparatrices, voire créatrices.

Dès lors, il ne viendra plus à l'esprit d'aucun biologiste de considérer le vivant comme une sorte de substance inviolable ou d'entité irréductible. Si la biologie devait être adossée à une ontologie, celle-ci devrait être doublement ouverte, car sa méthode, l'expérimentation, est portée à la fois par l'analyse et la synthèse. Grâce à ces procédés, le monde naturel vivant s'ouvre sur un univers d'entités insoupçonnées : les unes, révélées par l'analyse, appartiennent aux structures les plus fines de la matière organique ; les autres sont des créations originales obtenues par la composition d'éléments que la nature n'a parfois jamais associés entre eux, mais que ses lois rationnelles permettent de combiner dans des structures viables. La biologie contemporaine est donc tout à la fois une science théorique et une technoscience ; elle témoigne d'une aptitude à la découverte autant que d'une puissance d'invention. Son dessein la destine à la fois à connaître le vivant tel que la nature nous le donne et à reculer sans cesse, par l'artifice, les limites du monde organique.

Les essais contenus dans ce livre présentent quelques approches du vivant touchant aux deux orientations de l'activité du biologiste. D'une part, il y a ceux qui se rapportent à l'étude des méthodes empiriques et expérimentales utilisées dans les sciences biologiques. D'autre part, il y a ceux qui portent sur les opérations créatrices de l'ingénierie biologique. Et comme la biologie, entendue ici dans son sens le plus large, regroupe des disciplines variées allant de l'histoire naturelle à la médecine expérimentale, de la biologie des populations à la biologie moléculaire et de la biologie synthétique aux biotechnologies, les enquêtes proposées dans ce recueil tentent de couvrir un large éventail de méthodologies spécifiques. En un mot, dans ces *Approches du vivant*, l'on interrogera tour à tour les moyens mis en œuvre par la science pour accéder à la connaissance du monde animé et les procédures propres à l'invention biologique.

À travers des développements qui épousent, selon la nature de l'étude, une tonalité historique ou exemplaire, systématique ou générale, sont abordées dans le livre des questions relatives aux fondements théoriques, aux dispositions pratiques, à l'étendue et aux limites des méthodes en usage dans la biologie moderne.

L'histoire naturelle, présentée en général comme une science d'observation, révèle, à l'analyse, qu'elle ne se prive pas d'inférences théoriques. Les procédures heuristiques de la botanique et de la zoologie modernes sont plus variées que ne paraît le suggérer leur simple définition comme sciences expectatives. L'étude typologique de leurs méthodes nous amènera inéluctablement à la conclusion qu'il est difficile de tenir, dans ces sciences, le pari d'une *phénoménographie* exclusivement descriptive.

Qu'elle concerne la morphologie, l'anatomie ou l'éthologie des entités naturelles, la description y est toujours grosse d'attentes et d'arrière-pensées théoriques. Lorsqu'elle porte sur la classification des êtres, elle combine plus explicitement encore l'observation et la théorie : même si sa base est toujours constituée de données naturelles, il faut ensuite comparer celles-ci les unes avec les autres et définir les critères d'organisation des taxons. Et ce sont là autant d'efforts de rationalisation et de théorisation. Il arrive même que, en histoire naturelle, l'on parvienne à ériger des théories générales à partir notamment d'analogies observées dans la nature et corroborées par un nombre suffisamment important de faits.

Si la botanique et la zoologie n'aspirent, en principe, qu'à observer et à décrire les entités naturelles, d'autres disciplines biologiques sont passées du statut de science expectative à celui de discipline expérimentale. Abandonnant le recours à des procédés exclusivement empiriques, elles sont devenues, au prix d'une révolution méthodologique, des sciences théoriques suivant le modèle de la physique et la chimie modernes. La physiologie animale et végétale, la pathologie médicale, la thérapeutique, la génétique, la biologie cellulaire et moléculaire ont ainsi adopté une méthode plus « opérative », sollicitant l'apport intégré des ressources des sens, de l'imagination et de la raison. Claude Bernard qui fut pour la médecine l'un des principaux instigateurs de cette conversion montra, en s'appuyant sur sa propre expérience de physiologiste, comment une approche expérimentale est adéquate et féconde pour l'étude des phénomènes vitaux normaux et pathologiques.

Mais l'une des critiques les plus récurrentes opposées par les vitalistes à la biologie expérimentale consiste à dire que l'expérimentation appliquée à l'étude du monde vivant est de nature à induire la biologie au matérialisme dogmatique. À la vérité, il n'en est rien. L'exemple de Claude Bernard montre qu'il est possible d'échapper au piège du réductionnisme même en étant un farouche défenseur de la méthode expérimentale. Certes, quelques-uns des écrits du grand physiologiste laissent penser qu'il ne voyait dans la vie qu'une manifestation physico-chimique. Mais, il en est d'autres qui amènent à la conclusion contraire et à le considérer comme un néo-vitaliste qui, après avoir rejeté les relents irrationalistes du vitalisme classique, a fini par se convaincre que la vie est irréductible à une simple action de la matière. À l'examen, on s'aperçoit donc finalement que sa doctrine biologique s'équilibre entre matérialisme et vitalisme : en exigeant, pour la médecine expérimentale, une approche positive des phénomènes vitaux, et en affirmant en même temps que la matière n'offre de la vie que la condition extrinsèque et non la cause, il récuse les approches dogmatiques et tente, suivant son projet, d'« amener un concordat entre l'animisme et le matérialisme ».

D'une manière générale, aucune impossibilité théorique ne paraît contrarier fondamentalement l'étude scientifique du vivant. La seule condition qui s'impose à son l'approche rationnelle des phénomènes de la vitalité impliqués dans le fonctionnement normal des organismes ou dans les dysfonctionnements pathologiques est qu'ils soient étudiés par rapport à leurs conditions objectives.

L'idée d'objectivité ou de rationalité a beaucoup évolué, dans son interprétation biologique et médicale. La première expression de la rationalisation du biologique consista à naturaliser l'explication des phénomènes physiologiques et pathologiques. La révolution qui enfanta la médecine scientifique fut un processus qui s'origina dans la réforme de l'idée même de maladie : d'une notion essentiellement surnaturelle, elle est devenue, sous les auspices de l'hippocratisme, une donnée naturelle. Ce fut en effet Hippocrate qui initia la rupture qui désacralisa la maladie en la rapportant à ses causes climatiques et environnementales. Il laïcisa la pratique médicale et l'arracha à l'autorité des prêtres et des devins.

Mais la contribution d'Hippocrate se limita à la naturalisation de la maladie. Il revint donc à la postérité d'approfondir l'idée de pathologie rationnelle, dans l'optique d'une vraie science théorique de la maladie. Or, pendant longtemps, la médecine demeura dans le sillage de l'empirisme hippocratique. La rationalité du pathologique ne connaîtra un véritable tournant qu'avec l'abandon du modèle naturaliste et la promotion de la pathologie expérimentale, notamment sous l'impulsion de Claude Bernard. Inspiré par l'exemple du diabète sucré qu'il avait soigneusement étudié, Bernard conçut la maladie comme une variation de la physiologie : il existe selon lui des écarts objectifs et mesurables entre le physiologique et l'état pathologique, les deux étant susceptibles d'être observés et d'être expliqués par des théories quantitatives.

Toutefois, en procédant à la réduction physiologique du pathologique, la théorie bernardienne parut ignorer la spécificité des maladies microbiennes et virales, dont Louis Pasteur, Robert Koch et d'autres microbiologistes s'efforçaient de montrer qu'elles provenaient de l'action d'entités micro-organiques d'origine externe. Celles-ci ne pouvaient par conséquent être interprétées comme de simples variations de l'état physiologique.

Pour donner de la maladie une définition qui rassemble aussi bien les pathologies virulentes que celles dues au dysfonctionnement de la physiologie, et surtout pour assigner à la médecine une fonction qui unisse l'action de l'expérimentateur de laboratoire et celle du clinicien, le philosophe français Georges Canguilhem proposa le renversement de la perspective positiviste de Claude Bernard : la maladie, dit-il, n'est pas un fait, mais une valeur qui n'a pas avec la santé un rapport de continuité quantitative, mais une relation de discontinuité qualitative. Dans cette nouvelle vision, la rationalisation du pathologique cessait de désigner l'effort pour consigner la maladie dans le prisme du déterminisme étroit de ses facteurs objectifs. Elle consista désormais, dans une approche holistique qui ne sépare plus la maladie du malade, à objectiver la maladie conçue d'abord comme une expérience subjective et à placer le malade au centre de la problématique du pathologique.

Mais l'approche médicale des pathologies ne doit jamais se limiter à la connaissance des facteurs objectifs et subjectifs qui les déterminent. Les pionniers de la médecine scientifique avaient bien compris que la maîtrise des causes d'une pathologie n'était qu'un préalable indispensable à l'accomplissement de la tâche régalienne de la médecine : guérir. Et l'un de ceux qui exprima le mieux cette nécessité d'associer, dans une approche intégrée, la recherche étiologique et l'enquête prophylactique fut sans conteste Louis Pasteur. Selon lui, la méthode des sciences médicales doit partir de la recherche des causes de la maladie et s'achever par la détermination des traitements curatifs et préventifs les plus appropriés aux pathologies, que ces dernières soient individuelles ou qu'elles soient endémiques. Pasteur n'a certes pas consacré d'ouvrage à l'élaboration d'une méthodologie médicale à l'exemple de Claude Bernard. Mais, à travers sa pratique se dégage le souci d'une démarche systématique qui consiste pour le médecin placé devant la maladie, d'abord à en traquer les symptômes et à en rechercher les causes, et, ensuite, à construire une stratégie prophylactique destinée à la neutraliser et à l'éradiquer.

Pour le principe, Pasteur, comme Bernard, était attaché à l'usage de la méthode expérimentale. Il en donna la preuve dans l'investigation étiologique des maladies à germes autant que dans la recherche des solutions prophylactiques les plus appropriées au traitement de ces maladies.

Incontestablement, les progrès de la biologie moderne sont dus à l'utilisation de l'analyse expérimentale. C'est elle en effet qui a permis de mieux en mieux comprendre les mécanismes physiologiques et pathologiques. Elle introduit la biologie au cœur des différentes strates de la complexité organique, en dévoilant respectivement les secrets de l'organologie, de l'histologie, de la cytologie, etc., jusqu'à atteindre le point de jonction entre le monde vivant et le monde physico-chimique. Dans cette quête des structures élémentaires de la matière organique, les sciences physico-chimiques ne constituent pas seulement un modèle méthodologique. Elles déterminent aussi la référence ultime de la biologie analytique et l'horizon de son investigation expérimentale. Ainsi, avec Claude Bernard par exemple, les entités vivantes sont-elles analysées et rapportées, en dernière instance, à une base chimique infra cellulaire. Le physiologiste défend cette idée, convaincu qu'il existe, dès la formation du protoplasme, l'amorce d'une vie, antérieurement à la constitution de la cellule. C'est là, dans le protoplasme qu'il croyait voir se réaliser à la fois la continuité du biologique et du minéral et l'unité fondamentale de la vie. On remarque alors, que la vie qui n'est pas posée au départ comme l'objet de l'investigation expérimentale, se révèle pourtant inéluctablement à la fin du processus heuristique, lorsque l'analyse a dépouillé le vivant de toute vitalité et l'a rendu à sa structuration quasi chimique. Alors perce paradoxalement, sous ses décombres physico-chimiques, la vie biologique, irréductible dans sa caractéristique primordiale : l'unité. Toute vie est vie. Il n'y a donc pas, par exemple, une vie animale différente de la vie végétale, et la vie humaine, du point de vue de sa structure physico-chimique, n'a aucune spécificité qui la différencierait de celle qui anime les autres êtres.

Si, dans sa conséquence ontologique, l'analyse structurale employée par la physiologie expérimentale conclut, avec Claude Bernard, à l'unité vitale, elle jette par conséquent la plus grande suspicion sur le réalisme naturaliste et démasque son ontologie partitive.

L'idée d'unité de la vie, sans induire celle des vivants, se trouve néanmoins renforcée par l'analyse historique, qui frappe pour sa part, de plein fouet, le mythe de l'intangibilité des catégories structurantes de l'ontologie naturaliste. Celle-ci redéfinit l'individu, l'espèce, le genre, ainsi que les notions d'hérédité, d'identité et de diversité, en fonction des schèmes de la théorie de l'évolution, en montrant comment, finalement, aucune entité naturelle n'échappe aux lois de la mutagenèse. Les espèces s'engendrent les unes les autres, par le jeu des mutations génétiques. Les entités actuelles apparaissent dès lors, en tant qu'instances évolutives, comme des abstractions historiques. Ainsi se trouvent mises à nu toute l'évanescence et la précarité des configurations dans lesquelles on tente d'enfermer les vivants en les décrivant sous le registre des taxons. Les individus autant que les groupements que l'ontologie naturaliste classique présentait comme des réalités stables et fixes, se révèlent, à l'échelle des temps géologiques, comme des instances transitoires saisies à des moments ponctuels d'une translation indéfinie.

La postulation d'un horizon physico-chimique de l'analyse structurale des entités organiques ne conduit pas cependant la biologie expérimentale à assumer nécessairement un réductionnisme matérialiste de la vie. Claude Bernard rappelle d'ailleurs constamment que la vie biologique ne peut être adéquatement conçue par la science que si l'on comprend bien que les facteurs physico-chimiques ne constituent que la condition matérielle de son émergence dans les organismes. Sans jamais espérer que ces facteurs puissent d'aucune manière former la cause qui en expliquerait le *quid proprium*.

Mais, traditionnellement, le réductionnisme matérialiste ne s'exprime pas seulement par rapport à la structuration physico-chimique des entités vivantes. Il s'entend aussi par rapport à l'origine des êtres lorsqu'on soutient, par exemple, que ceux-ci peuvent être générés par la matière organique en décomposition. À cet égard, l'échec de la thèse des générations spontanées peut être interprété comme l'échec d'une version du réductionnisme en biologie. L'issue de la dernière grande controverse sur la question, qui opposa

Louis Pasteur à Félix Archimède Pouchet, et qui fut sanctionnée par la victoire des thèses anti-spontanéistes du premier, illustre comment le 19ème siècle, tout en portant le projet d'une biologie scientifique, contribua remarquablement à prémunir la biologie contre toute forme de tentation réductionniste.

La révolution biologique, en dotant les sciences de la vie de méthodes leur permettant d'accéder de mieux en mieux aux mystères de la constitution et du fonctionnement des organismes vivants, leur a aussi donné les moyens d'opérer sur la nature des manipulations créatrices, les unes plus inventives que les autres. La biologie moderne ne se contente plus de se laisser instruire par la nature, mais à son tour, elle veut enrichir celle-ci par des créations qu'elle réalise conformément aux lois naturelles. Le succès de la fécondation *in vitro*, de la transgénèse et de toutes les réalisations du génie génétique, témoigne, certes, de la portée de sa puissance prométhéenne, mais il révèle surtout, en même temps, l'étendue des possibilités évolutives que la nature elle-même a laissées ouvertes.

Ainsi, les technosciences de la vie n'opèrent pas en dehors du sillage de la nature. Non seulement elles sont capables de répéter les opérations de la nature, mais aussi elles peuvent concevoir et donner jour à des structures vivantes que la nature n'a jamais réalisées. Et il n'y a pourtant là aucune contradiction. Comme l'explique le philosophe français Claude Debru, il ne faut pas croire que ce faisant, les biotechnologies opèrent en opposition à la nature. En réalité, dit-il, « l'artifice est une surnature, car elle se fonde sur la nature en s'ajoutant à elle ».[4]

Bien sûr, on aurait tort de nier toute différence entre les processus naturels et les actes inventifs du génie biologique. Des proto-biotechnologies aux biotechnologies contemporaines, le dessein des opérations humaines sur le vivant semble avoir singulièrement changé. Les premières, en effet, ne paraissaient avoir eu pour but que de répéter, parfois en les amplifiant, les opérations de la nature. À l'inverse, le génie génétique, issu du développement de la biologie moléculaire, semble bien souvent aller à l'encontre des processus traditionnels de la nature. Mais, en réalité, cette différence s'estompe quand y regarde de près, et qu'on découvre que la transgénèse, le clonage des organismes sexués ou la thérapie génique n'expriment que les possibilités de la nature elle-même, et que les manipulations des supports moléculaires de l'hérédité ne font que répéter et prolonger les bricolages de l'évolution. Les biotechnologies les plus modernes n'ont donc pas rompu avec l'homologie entre la nature et l'artifice, qui caractérisait déjà les biotechnologies traditionnelles. Toutefois, celle-ci ne repose plus sur la simple répétition par l'artifice des produits de l'évolution : elle se fonde désormais

---

[4] DEBRU C., *Le possible et les biotechnologies. Essai de philosophie dans les sciences*, Paris, PUF, 2003.

sur l'usage d'un même mode opératoire qui permet d'anticiper sur les possibilités de la nature et de les réaliser. Tel est le fondement du naturalisme de l'ingénierie génétique que développe et défend Claude Debru.

Dans cette homologie techno-biologique, la science et la nature, à vrai dire, s'enrichissent mutuellement. La science, en procédant conformément aux opérations de la nature, peut hâter le processus de l'évolution. La nature, pour sa part, fournit à la créativité scientifique le modèle qui légitime son ambition prométhéenne.

Ainsi, ce que révèle fondamentalement l'évolution, c'est la capacité inventive de la nature. L'évolution en effet ne témoigne pas seulement du dynamisme naturel. Elle révèle, en outre, que la nature est porteuse d'une grande force d'innovation par laquelle elle rejoint paradoxalement l'art ou l'artifice. À ceux-ci elle emprunte les marques d'une forme de liberté que traditionnellement l'on ne lui reconnaît point : desseins non linéaires, choix opportunistes, processus arbitraires. La biologie moléculaire propose une modélisation des mécanismes de l'évolution, en les expliquant par le jeu aléatoire des combinaisons moléculaires destinées à modifier les structures d'acide désoxyribonucléique (ADN). Selon le généticien et Prix Nobel de médecine François Jacob[5], la diversité biologique ne résulte pas de la création d'entités biochimiques nouvelles, mais de réaménagements structurels intervenant au sein des molécules d'ADN. Il désigne par la métaphore de « bricolage » moléculaire ou évolutif, la réutilisation opportuniste par l'évolution d'éléments biochimiques divers abandonnés, pour constituer les nouvelles séquences de chaînes protéiques ou nucléiques des espèces mutantes. Les processus évolutifs sont par conséquent fondamentalement contingents. Il en résulte que, si l'évolutionnisme est une doctrine anti-créationniste, l'évolution est, elle-même, un processus très créatif.

L'évolution, voilà assurément une idée scientifique toute imbue de philosophie ! Elle emporte toutes nos vieilles conceptions sur l'être, la nature et l'homme, et elle renouvelle notre compréhension du vivant, du temps et de l'histoire. C'est pourquoi, depuis sa redécouverte par le darwinisme, elle constitue un thème qui ne cesse d'alimenter la réflexion des philosophes de toutes spécialités : épistémologues, métaphysiciens, moralistes, éthiciens, spécialistes des philosophies de l'art et de la religion, etc.

De nombreux enseignements philosophiques se dégagent de l'idée que nature innove en employant des procédés semblables à ceux qu'utilise l'homme. On peut en retenir quelques-uns.

D'abord, la nature apparaît, à travers l'évolution, comme une réalité transitoire constamment en quête de sa propre saturation. Rien de ce qui appartient au monde vivant ne demeure en effet figé dans sa forme ni dans son

[5] JACOB, F., *Le jeu des possibles. Essai sur la diversité du vivant*, Paris, Fayard, 1981.

dessein initial. Le vivant est tendu vers la réalisation d'une infinité de possibilités immanentes qui, en principe, restent toutes ouvertes. Et, comme en dépit des mutations qu'elles subissent, les entités vivantes n'en demeurent pas moins naturelles, on n'assiste pas, dans les processus évolutifs, à un phénomène qui pourrait être interprété comme extranaturel : on conçoit bien que c'est la nature qui réalise elle-même sa propre expansion et sa propre saturation.

Par ailleurs, la métaphore du « bricolage moléculaire », utilisée par François Jacob, illustre très bien la proximité des processus évolutifs avec le modèle le plus aléatoire de l'invention humaine. L'évolution n'obéit, par conséquent, à aucun plan ni dessein prédéfini. Ses élans créatifs ne répondent d'aucun autre ordre que celui que favorisent ponctuellement le hasard, les opportunités, les circonstances.

Enfin, si l'évolution semble destinée à enrichir indéfiniment la nature par ses créations aléatoires, elle donne, pour ainsi dire, toute la légitimité et la caution « ontologique » de la nature à l'activité créatrice des sciences et en particulier de la biologie.

Qu'on l'entende bien. La contingence de l'évolution rapproche l'activité créatrice de la nature de l'art humain le plus aléatoire : le bricolage. Mais, à l'inverse, l'ingénierie biologique s'inspire de l'évolution, en réalisant par la science ses desseins d'auto-saturation. Les fruits du génie humain, lorsque celui-ci est appliqué aux processus biologiques, ne sont donc pas de purs artifices ; ils ont une légitimité ontologique, autant que puisse en avoir tout objet créé suivant les lois et les processus de la nature, fût-il réalisé par des mains humaines. La légitimité des créations de la biologie appliquée trouve toute sa justification dans la non-saturation de la nature et dans la capacité acquise par les sciences de procéder suivant les lois naturelles pour réaliser les possibilités et les promesses de la nature.

En revanche, le naturalisme fondamental de l'ingénierie biologique ne saurait, par exemple, constituer une caution qui exempterait, moralement, la création scientifique de toute responsabilité éthique. Car, il y a cette différence profonde entre la créativité biologique et la créativité de la nature : la science n'est jamais aveugle dans ses processus comme la nature peut l'être dans ses bricolages. Ses démarches impliquent des choix libres et conscients qui doivent engager la responsabilité du chercheur. Tel est tout l'enjeu de la réflexion éthique qui doit nécessairement accompagner l'expression et l'expansion des capacités créatrices des sciences biologiques. *Omnia mihi licent, sed non omnia aedificant* !

Ainsi s'articulent les thèmes et les problèmes abordés dans ce livre. Les chapitres sont constitués d'essais qui présentent, d'une manière systématique ou sous un mode exemplaire, différents aspects de l'approche scientifique du vivant. On ne saurait avoir la prétention d'y avoir développé la totalité des variations possibles sur le thème de la méthodologie des sciences biologiques. D'autres procédures que celles qui sont exposées ici existent sans doute. Je n'ai été conduit, dans la mise en forme des idées contenues dans cet ouvrage, que par une seule ambition : montrer à travers l'étude des expressions diversifiées de leur méthode, les moyens par lesquels les disciplines biologiques modernes assument et accomplissent leur double dessein, à la fois orienté vers la découverte des lois qui gouvernent le monde vivant et la création d'entités qui enrichissent la nature, en modifient les configurations, en reculent les limites.

Je remercie de tout cœur toutes les personnes dont le soutien et les encouragements m'ont permis de porter à son achèvement le projet de ce livre : les membres de ma famille, en particulier Marie-Jeanne, Corinne, Mireille, Marc-Arnaud (qui a conçu et réalisé la page de couverture de l'ouvrage), Guy-Michel, Cédrick et David Yvann ; mes amis de la Société Ivoirienne de Bioéthique, d'Épistémologie et de Logique (SIBEL) ; mes collègues des départements de philosophie des Universités d'Abidjan, de Bouaké (Côte d'Ivoire) et de Libreville (Gabon).

Ma reconnaissance va en particulier à Monsieur le Recteur Bertrand Saint-Sernin, membre de l'Institut, professeur émérite de l'Université de Paris IV, qui dirigea mes thèses de doctorat de troisième cycle et d'État, et qui m'honore encore de sa bienveillance et de sa sollicitude. Je dis également grand merci à Monsieur le Recteur Pierre Nzinzi de l'Université de Libreville, pour son amitié et son soutien.

Enfin, j'exprime chaleureusement ma gratitude à tous mes étudiants, singulièrement ceux dont les travaux d'étude et de recherche abordent des thèmes proches de ceux que j'examine dans cet ouvrage : nos échanges, toujours enrichissants, m'ont certainement amené à mieux structurer et affiner l'expression des idées que je développe dans ces *Approches du vivant*.

Paris, 22 mai 2014.

I

UNE TYPOLOGIE EXEMPLAIRE DES APPROCHES DU VIVANT EN HISTOIRE NATURELLE

En 1727, le naturaliste hollandais Herman Boerhaave donnait de l'histoire naturelle la définition suivante : c'est « la connaissance des choses, qui sont produites dans l'Univers, et que les hommes peuvent découvrir par les sens ».[6] L'histoire naturelle ne désigne donc pas une science particulière, mais l'ensemble des disciplines reposant sur l'observation des phénomènes naturels, que celles-ci portent sur les corps inertes ou qu'elles étudient les êtres vivants. Elle couvre un champ disciplinaire riche et varié comprenant l'astronomie, la zoologie, la botanique, la géologie, l'archéologie, la paléontologie, etc. L'attachement de ces sciences à l'observation s'explique par la croyance selon laquelle cette méthode forme un rempart sûr contre les illusions de l'imagination. Elle « ne nous présente pas, dit Boerhaave, les inventions d'une imagination échauffée, d'ordinaire trop subtiles et souvent même fausses, mais les véritables effets de la nature qui produit toutes choses. Et comme (elle) ne nous promet rien, que ce que nous pouvons découvrir nous-mêmes par nos sens bien disposés, elle ne doit pas être soupçonnée de nous dresser des embûches pour nous faire tomber dans l'erreur, ou pour nous faire prendre la fiction pour la vérité ».[7] Le recours à l'observation est destiné à assurer la solidité et la crédibilité des disciplines naturelles.

Ainsi, par définition, l'histoire naturelle se caractérise par sa méthode fondée sur l'investigation des phénomènes de la nature, tels qu'ils se produisent, sans intention de les modifier. Son dicours est essentiellement descriptif. Or, à vrai dire, lorsqu'on les examine plus attentivement, on s'aperçoit que ses processus heuristiques sont plus complexes et plus variés. Bien qu'ils reposent sur l'observation, ils ne s'y arrêtent jamais. Parce que l'objet en est essentiellement la nature en évolution à travers les âges, la plupart des faits qu'elle scrute sont rattachés par des liens multiples à des origines plus

---

[6] BOERHAAVE H., « Préface au Lecteur » de *Botanicon Parisiense* de Sébastien VAILLANT, Leyde et Amsterdam, J. et H. Verbeek et B. Lakeman, 1727. Utilisée dans ce sens depuis le 16ème siècle, l'expression « histoire naturelle » est quelque peu tombée en désuétude aujourd'hui. Néanmoins elle est conservée dans la dénomination des « Muséums d'histoire naturelle » et y a préservé sa signification originelle.

[7] *Idem.*

ou moins lointaines. Dès lors, une simple ‘‘phénoménographie’’ des faits actuels ne saurait suffire à l’intelligence du système de filiations, de dérivations et d’amplifications naturelles qu’implique son ancrage historique. C’est pourquoi, bien souvent, des extrapolations théoriques, des constructions taxonomiques, des déductions analogiques et d’autres inférences y sont utilement mises en œuvre pour tenter de percer les ordres secrets de la nature.

Dans l’histoire naturelle des corps vivants, cette dynamique, caractéristique des objets historiques, se trouve renforcée par la dynamique propre des corps organisés. L’observation n’y a jamais affaire qu’à des phénomènes évolutifs, de manière que, ici plus qu’ailleurs, l’observation ne peut se réduire à une simple prise de vue instantanée. L’instant saisi se prolonge nécessairement par la double perspective de son passé et de son avenir, et l’individu s’enrichit de sa diversité évolutive. Aussi, la botanique et la zoologie ne saisissent-elles opportunément leur objet qu’en le restituant, implicitement ou explicitement, aux ordres divers de ses ancrages multiformes. Comment alors tenir le pari d’une phénoménographie descriptive, lorsque l’observation elle-même, déjà grosse de charge théorique, ne peut constituer que le matériau de base à partir duquel le naturaliste, aux prises avec le monde grouillant et fluctuant des êtres, tente d’y déceler un ordre ou un principe d’intelligibilité ? S’astreindre à la description des animaux ou des plantes ; opérer des classifications ; élaborer des théories sur la base d’analogies observées, pour rendre compte des lois d’organisation du monde vivant ; voilà, en définitive, les principaux traits sous lesquels se présente généralement la démarche de la zoologie et de la botanique, dans laquelle s’illustre toujours, à des degrés divers, le recours à l’observation et à la théorisation. Examinons, à travers quelques exemples historiques, ces différentes approches du vivant en histoire naturelle.

1- La démarche scientifique de l’entomologie descriptive : une méthode d’observation et d’interprétation des faits

Les recherches en histoire naturelle portant sur les êtres organisés ne diffèrent pas, dans leur principe, des enquêtes sur les corps inertes telles qu’ont pu les pratiquer, en astronomie par exemple, de grands observateurs comme Tycho Brahe ou Galilée. Mais, en raison de la spécificité du vivant, qui change et s’adapte au fil du temps, qui naît, grandit et meurt, cette description ne peut s’arrêter à un inventaire *intemporel* des phénomènes biologiques. Elle doit tenir compte du dynamisme naturel des êtres vivants et envisager leur étude à travers les situations que leur imposent leur temporalité, leur historicité, leur intériorité. Or la considération de ces valeurs évolutives qui échappent souvent aux prises d’une observation directe oblige le naturaliste, la plupart du temps, à recourir à des inférences, démontrant ainsi toute la difficulté à tenir, en science, le pari d’une approche purement descriptive. Cependant, certains biologistes ont essayé de s’en tenir à la constitution de corpus de faits observés, ne se risquant jamais – ou que très rarement – à former des théories générales. Ils se contentent, dans quelques cas, de très prudentes hypothèses directement suggérées par les observations, en prenant toujours grand soin de garder à leurs conjectures une portée bien circonscrite. L'école française d'entomologie, florissante aux 18ème et 19ème siècles, fournit quelques exemples illustres de ces chercheurs dont le souci était d'abord de restituer fidèlement, par un discours descriptif, les traits de la nature vivante : René A. Ferchault de Réaumur, Amédée Louis-Joseph Lepeletier de Saint-Fargeau, Léon Dufour, Jean-Henri Fabre, Charles Ferton…

Certes, depuis l'antiquité jusqu'au 17ème siècle, en dépit de l'usage exclusif de l'œil (qui ne permettait pas d'atteindre toute la précision et la profondeur nécessaires dans l'observation des phénomènes), l'exploration anatomique et physiologique des insectes avait donné lieu à quelques descriptions élémentaires dues à Aristote (*Histoire des Animaux*), Albert le grand (*De animalibus*, 1270), Conrad Gesner (*Historia animalium*, 1551), Ulysse Aldrovandi (*De animalibus insectis*, 1602)… Mais ce fut l'introduction du microscope[8] qui marqua le début des grands progrès dans les investigations entomologiques. L'ouvrage *Micrographia* (1665) de Robert Hooke qui contient les premières observations d'insectes faites au moyen du microscope constitua un tournant dans l'évolution de la biologie descriptive. Grâce à cet instrument, Marcello Malpighi put, à son tour, observer l'anatomie interne et le développement du ver à soie (*Dissertation epistolica de bombyce*, 1669). Dès lors, on vit les naturalistes (Jan Swammerdam, Antoni van Leeuwenhoek, Francesco Redi, etc.) réaliser des descriptions de plus en plus précises des petits animaux.

Mais, si l'étude de l'anatomie des insectes connut un progrès certain à partir du 18ème siècle, ce ne fut guère le cas pour celle de leur comportement et de leurs moeurs. L'éthologie souffrait en effet de nombreux préjugés qui frappaient encore ces animaux supposés inférieurs aux autres. Soit on les dépréciait et on estimait que leur étude ne pouvait guère apporter à la connaissance du monde vivant ; soit on pensait, au contraire, qu'ils étaient dotés de capacités semblables, sinon supérieures aux nôtres, sans qu'on prît le soin de les examiner pour ce qu'ils étaient. La petitesse des insectes était le plus souvent stigmatisée. Denis Diderot, par exemple, raillant les entomologistes, se demandait : « Que penserait de nous la postérité, si nous n'avions à lui transmettre qu'une insectologie incomplète, qu'une Histoire immense d'animaux microscopiques ? Aux grands génies les grands objets ; les petits objets aux petits génies » ! D'autres naturalistes, en revanche, vilipendaient

[8] Le microscope vit le jour en Hollande à la fin du 16ème siècle. Concernant le nom de son auteur, les historiens sont divisés. Certains pensent qu'il s'agit de Hans Lippershey (1591), d'autres affirment que c'est soit à Hans Jansen, soit à son fils Zacharias Jansen (1595) que l'on doit l'invention de l'instrument.

les excès anhropomorphiques de l'éthologie entomologique. Par exemple, Buffon condamnait, à juste titre, l'exaltation excessive de l'intelligence des insectes : « Y a-t-il rien de plus gratuit que cette admiration pour les mouches ? » Puis, d'ajouter : « Une mouche ne doit pas tenir, dans la tête d'un naturaliste, plus de place qu'elle n'en tient dans la nature ! »[9]

Le pari de l'école française d'entomologie des 18ème et 19ème siècles fut de combattre à la fois la stigmatisation des insectes et les préjugés anthropomorphiques qui en entravaient l'étude scientifique. Et c'est grâce à une approche strictement descriptive qu'elle espérait enfin donner de la nature et du comportement des insectes une image conforme à la réalité des choses. Il y avait assurément là matière à révolution à la fois dans le changement des mentalités vis-à-vis du monde des insectes et dans le choix et l'adoption d'une méthode adéquate pour en acquérir une connaissance véritablement scientifique.

René A. Ferchault de Réaumur (1683-1757), qui inaugura l'école française d'entomologie descriptive, dénonça, comme Buffon, les tendances anthropomorphiques de l'entomologie traditionnelle. Dans la préface de ses *Mémoires pour servir à l'Histoire des insectes* (parus en 6 volumes entre 1734 et 1742), il écrit : « Ce sont surtout les éloges qu'on a données à l'intelligence des insectes qui n'ont pas été assez mesurés ; on les fait penser et agir comme nous et souvent on les a loués de ce qu'ils pensaient et agissaient mieux que nous ». Mais, contrairement à Buffon, Réaumur ne conclut pas que l'étude des insectes doit être reléguée au second plan. Au contraire, il affirme l'intérêt scientifique de l'entomologie et se consacre à sa partie la plus délicate (en raison des nombreux préjugés qui l'entravaient) : l'éthologie. « J'ai déjà assez déclaré, disait-il, que la partie de l'histoire des insectes à laquelle j'ai été le plus sensible, c'est celle qui regarde leur génie, leurs industries ».

Soumettre le comportement des insectes à l'observation et constituer sur le témoignage exclusif de ses propres constats les corpus entomologiques, tel était le crédo de Réaumur. Aussi se dévoua-t-il à l'étude entomologique sans préjugé, ni *a priori*. Par une observation minutieuse dans laquelle le sujet devait, autant que faire se peut, s'effacer devant la réalité et laisser la nature se dérouler et se dévoiler à ses yeux, il espérait connaître et décrire les insectes, non par rapport à ce que l'on savait des comportements humains, mais pour eux-mêmes. Tous les faits devaient être notés, y compris ceux qui paraissent les plus anodins ou les plus singuliers. Ces derniers, d'ailleurs,

---

[9] BUFFON, « Discours sur la nature des animaux » in *Histoire naturelle*, t.2, Paris, Flourens, p. 357. Ce pronostic de Buffon a été démenti par la biologie contemporaine, et la mouche, notamment la drosophile, est devenue un objet d'étude majeur dans la génétique contemporaine. Voir, par exemple, JACOB F., *La souris, la mouche et l'homme*, Paris, Odile Jacob, 2000.

devaient être entourés de précautions particulières. En effet, avertit Réaumur dans la préface de ses *Mémoires pour servir à l'Histoire des insectes*, « plus les faits sont singuliers, plus ils demandent à être attestés. Celui qui les annonce pour la première fois, ne saurait trop assurer qu'il les a vus et comment il les a vus ».

Le projet de Réaumur était celui d'une éthologie descriptive. Il ne s'agissait pas cependant de se satisfaire de simples récits anecdotiques, mais de procéder à une véritable étude systématique du comportement des insectes. La méthode adoptée consistait à observer les insectes dans leurs activités, puis à diviser celles-ci en séquences de manœuvres élémentaires. Une description minutieuse de chaque séquence d'opérations pouvait alors être entreprise en vue de restituer fidèlement les actes et le travail des insectes. C'est suivant cette démarche que Réaumur procéda pour l'étude de nombreux insectes : mégachiles, guêpes, abeilles, larves diverses…

Ce qui frappe aussi dans la méthode de Réaumur, c'est son souci de la précision dans l'approche des phénomènes éthologiques : précision dans la saisie de l'objet restitué à la continuité de son histoire et à la complexité des réseaux auxquels il participe, mais aussi précision dans la description des faits et des gestes les plus singuliers ou les plus anodins. Car une enquête qui se destine à donner l'image réelle des choses combine nécessairement une perspective synthétique ou globale avec une approche analytique qui scrute les détails. C'est Buffon qui résumait ainsi ces deux exigences contradictoires mais complémentaires de l'enquête scientifique : « L'amour de l'étude de la Nature suppose dans l'esprit deux qualités qui paraissent opposées, les grandes vues d'un génie ardent qui embrasse tout d'un coup d'œil, et les petites attentions d'un instinct laborieux qui ne s'attache qu'à un seul point ».[10] Réaumur paraît bien avoir réuni ces dispositions. Il fit preuve d'une grande perspicacité dans l'examen des détails, grâce notamment à la méthode séquentielle. En même temps, dans une vue plus globale, il relevait les analogies et les différences entre les insectes étudiés.

Une autre caractéristique de la méthode de Réaumur était que, bien qu'accordant le primat à l'observation, il ne dédaignait pas le concours de sciences comme les mathématiques, non pas seulement pour les besoins de la mesure et de la quantification, mais aussi pour l'interprétation des faits. Ainsi, ayant remarqué la forme hexagonale des ruches, il s'enquit auprès des mathématiciens sur les raisons de cette forme particulière. Le mathématicien allemand Johann Samuel Koenig (1712-1757) montra que celle-ci était la structure la mieux adaptée aux ruches et la plus économique en cire !

[10] BUFFON, « De la manière d'étudier et de traiter l'histoire naturelle » in *Histoire naturelle*, choix des textes et préface de Jean Varloot, Paris, Gallimard, coll. Folio, 1984, p. 38.

Même si l'interprétation des observations, pour Réaumur, ne doit avoir qu'une portée limitée aux phénomènes précis examinés, sans prétendre servir à induire des théories générales, elle témoigne de la difficulté de restreindre l'enquête naturaliste à la stricte description. Les faits sont toujours en effet décrits dans le sens d'une interprétation, car c'est l'interprétation qui donne un sens à une description. La réalisation du moindre inventaire, par conséquent, ne saurait s'en dispenser.

En fait, le choix que fait un naturaliste de focaliser son attention sur tel phénomène plutôt que sur tel autre n'est pas gratuit. Il traduit - ou trahit - des présupposés et des attentes théoriques, en fonction desquels il juge tel phénomène pertinent et tel autre non. Le renoncement à l'hypothèse ou à la théorie est une profession de foi empiriste qui n'est donc jamais totalement observée dans l'enquête. Sinon, cela signifierait que, pour aborder l'étude des coléoptères par exemple, le naturaliste devrait ignorer absolument tout ce qu'il sait de cette catégorie d'insectes et en aborder l'étude avec un esprit ignorant. Or ce qui est nécessaire à l'enquête scientifique, ce n'est pas de feindre l'ignorance, mais d'accepter la nouveauté, c'est-à-dire de rejeter toute posture dogmatique et de se tenir prêt à accepter le *fait* plutôt que la *théorie* lorsque le fait se trouve en porte à faux avec la théorie.

Il y a donc nécessairement en amont de toute enquête des théories ou des thèses implicites qui orientent les choix de l'observateur. Et en aval, une enquête peut difficilement faire l'économie d'une interprétation explicite des faits et donc d'une ébauche théorique, fût-elle de portée limitée. Cette interprétation peut être absolument inédite ou, au contraire, confirmer des idées antérieures. Réaumur, par exemple, ne s'est pas limité à la constitution de corpus entomologiques. Il ne fut pas seulement un observateur attentif du comportement des insectes. Il fut aussi un authentique expérimentateur qui n'hésitait pas à soumettre la nature à des tests. Par exemple, en 1712, pour vérifier une opinion répandue sur la régénération des membres des crustacées, il mutila plusieurs écrevisses et put alors observer le processus de reconstitution de leurs membres. Au bout de quelques mois, il s'aperçut que les animaux en étaient de nouveau pourvus.

À l'occasion d'une observation scientifique effectuée par le naturaliste, des choix sont à faire, des orientations sont à donner à l'ensemble de l'enquête, des interprétations sont nécessaires, de sorte qu'il est impossible de nier que l'observation soit, en définitive, un processus d'*invention.* La part du sujet dans la constitution des corpus montre que ceux-ci, s'ils ne sont pas inventés dans leur matière, le sont néanmoins dans leur forme, c'est-à-dire dans l'ordre qui est imprimé à leur découverte. Lorsque le naturaliste choisit de s'intéresser à tels ou tels êtres, à tels ou tels de leurs aspects, c'est lui qui juge des faits qui se présentent à lui, retenant les uns qu'ils croient pertinents et rejetant de son corpus d'autres. La différence entre les naturalistes ne se situe donc pas entre ceux qui se seraient tenus exclusivement à une description sans intention théorique – il n'y en a sans doute pas – et ceux qui auraient procédé à des inférences théoriques. S'il y a une différence, elle devrait se situer plutôt entre ceux qui, comme Réaumur, se sont limités à des interprétations locales des observations ne touchant qu'à un aspect très précis du phénomène concerné, et ceux qui, comme Darwin, par exemple, ont, à partir d'observations nombreuses et variées, induit une interprétation générale de la nature.

La part de l'invention dans les processus scientifiques paraît inévitable, y compris dans ceux où l'on soupçonne le moins sa présence. L'observation scientifique entretient avec l'invention un double rapport. D'abord, toutes les investigations scientifiques, même celles qui sont provoquées par les faits fortuits, sont conduites suivant des choix touchant par exemple aux dispositifs techniques et aux instruments utilisés, des interprétations spontanées, des attentes théoriques de l'observateur. Ensuite, l'observation elle-même est inventive, parce qu'elle génère des hypothèses et des théories.

Mais il faut convenir que l'activité inventive de l'observateur peut être à l'origine d'erreurs d'interprétation des phénomènes. Le risque d'une extrapolation abusive guette toujours l'observateur lorsque toutes les précautions de cohérence avec les faits ne sont pas rigoureusement respectées. C'est ainsi que, lorsque les inductions sont surdimensionnées aux expériences qui les fondent, elles donnent lieu à des interprétations trop générales qui peuvent se révéler incorrectes. Le cas de l'entomologiste Jean-Henri Fabre (1823-1915) est un exemple particulièrement éclairant sur la manière dont peut s'effectuer le passage de l'observation à la théorie limitée, puis de la théorie limitée à une extrapolation générale surdimensionnée.

À l'instar de Réaumur, Fabre était un observateur passionné des insectes.[11] Comme lui, il croit que l'autorité des faits est un axiome absolu de l'étude entomologique, et qu'elle surclasse celle des théories régnantes. Il pense que, lorsque les faits, solidement établis, suggèrent une interprétation

---

[11] Afin de disposer d'un espace riche en populations d'insectes à observer, Fabre construit son "laboratoire" d'observation entomologique dans la région de Sérignan, à huit km de la ville d'Orange. Il acquiert la propriété d'un *harmas* (terme local par lequel l'on désignait les terres en friche), le 4 mars 1879. Dans ses *Souvenirs entomologiques,* il décrit ce paradis des insectes comme un « Éden » (t.1, p. 322), un lieu particulièrement propice à l'observation entomologique, « un coin de terre, oh ! pas bien grand, mais enclos et soustrait aux inconvénients de la voie publique ; un coin de terre abandonnée, stérile, brûlée par le soleil, favorable aux chardons et aux hyménoptères. Là sans crainte d'être troublé par les passants, je pourrai interroger l'Ammophile et le Sphex, me livrer à ce difficultueux colloque dont la demande et la réponse ont pour langage l'expérimentation ; là, sans expéditions lointaines qui dévorent le temps, sans courses pénibles qui énervent l'attention, je pourrai combiner mes plans d'attaque, dresser mes embûches et en suivre les effets chaque jour et à toute heure. » FABRE J.-H., *Souvenirs entomologiques. Études sur l'instinct et les mœurs des insectes*, Paris, Robert Laffont, 1989, t.1, p. 319.

différente de celle des théories, l'on ne devrait pas hésiter à privilégier les faits et la nouvelle interprétation. D'où la nécessité de procéder à une observation rigoureuse et systématique.

Comme Réaumur, Fabre s'attache à décomposer les faits observés en séquences, afin de mieux les appréhender. Il applique ce principe notamment à l'étude de la chasse de l'Ammophile. On remarquera la précision avec laquelle il décrit et analyse, séquence après séquence, les gestes du prédateur.

Première séquence

« *L'Ammophile saisit la chenille par la nuque avec les tenailles courbes de ses mandibules. Le ver gris se démène avec vigueur ; il roule et déroule sa croupe contorsionnée. L'hyménoptère ne s'en émeut : en se tenant de côté, il évite les chocs. L'aiguillon atteint l'articulation qui sépare le premier anneau de la tête, sur la ligne médiane et ventrale, en un point où la peau est plus fine. Le dard séjourne dans la blessure avec une certaine persistance. C'est là, paraît-il, le coup essentiel, qui doit dompter le ver gris et le rendre plus maniable.* »

Deuxième séquence

L'Ammophile « *abandonne alors son gibier. Elle s'aplatit à terre, avec des mouvements désordonnés, avec des rotations sur le flanc, des tiraillements et des pandiculations de membres, des frémissements d'ailes, comme en danger de mort. Je crains que le chasseur n'ait, dans la lutte, reçu un mauvais coup* (…) *Mais voici que l'Ammophile se calme, se brosse les ailes, se frise les antennes et reprend sa démarche alerte pour courir sus à la chenille. Ce que j'avais pris pour les convulsions d'une mort prochaine était le frénétique enthousiasme de la victoire.* »

Troisième séquence

« *L'opérateur happe la chenille par la peau du dos, un peu plus bas que précédemment, et pique le second anneau, toujours à la face ventrale. Je le vois alors graduellement reculer sur le ver gris, saisir chaque fois le dos un peu plus bas, l'enlacer avec les mandibules, amples pinces à branches recourbées, et chaque fois plonger l'aiguillon dans l'anneau suivant.* » Et, de façon méthodique, l'insecte pique systématiquement et successivement tous les anneaux du ver gris jusqu'au dernier, « *Ainsi sont blessés les trois anneaux thoraciques, à pattes vraies : les deux anneaux suivants, qui sont apodes ; et les quatre anneaux à fausses pattes. En tout, neuf coups d'aiguillon. Les quatre derniers segments sont négligés, sur lesquels trois apodes et le dernier ou treizième avec fausses pattes. L'opération s'accomplit sans difficultés sérieuses ; le premier coup de stylet reçu, le ver gris n'oppose qu'une faible résistance.* »

Quatrième séquence

Il « *happe la tête du ver et la mâchonne, la comprime à coups mesurés, sans blessure. Ces coups de pression se succèdent avec une lenteur étudiée ; l'insecte paraît chercher à se rendre compte chaque fois de l'effet produit ; il s'arrête, attend, puis reprend. Pour atteindre le but désiré, cette manipulation sur le cerveau doit avoir des limites qui, dépassées, amèneraient la mort et à bref délai la corruption. Aussi l'hyménoptère mesure-t-il la force de ses coups de tenaille, qui sont nombreux du reste, une vingtaine environ.* »

Cinquième et dernière séquence

« *Le chirurgien a terminé. L'opérée gît à terre sur le flanc, à demi roulée sur elle-même. Elle est immobile, inerte, incapable de résistance pendant le travail de traction qui doit l'amener au logis, inoffensive pour le vermisseau qui doit s'en nourrir.* »[12]

Après la description minutieuse des gestes du prédateur, Fabre ne put s'arrêter là sans tenter de donner une appréciation de la démarche méthodique et si étonnamment structurée de l'insecte : « La méthode opératoire adoptée par l'hyménoptère en vue de paralyser le ver gris est, dit-il, dans le domaine de l'instinct, la plus haute manifestation que je connaisse jusqu'ici. Quelle science infuse, bien propre à nous faire réfléchir ! Quelle savante logique, quelle sûreté dans ce physiologiste inconscient ! »[13]

La maîtrise de l'art de la chasse et la précision avec lesquelles l'Ammophile opère lors des différentes phases de la capture et de la mise à mort du ver inspirent au naturaliste une interprétation non évolutionniste et fixiste de l'instinct : c'est la seule interprétation, croit-il, à même d'expliquer la survie de cette espèce. L'instinct ne peut être le fruit d'une aptitude qui se serait formée graduellement et se serait affinée au fil de l'évolution. Bien au contraire, pense Fabre, celui-ci s'est plutôt constitué de manière fortuite à un moment de l'histoire qui a vu l'avènement de l'Ammophile et il s'est perpétué, dans sa forme originelle, par sa transmission intégrale de génération à génération : « L'instinct suscité par un acte fortuit qui s'est trouvé favorable à l'animal, est une habitude acquise ».[14] Le naturaliste explique que, si l'instinct s'était formé progressivement, l'espèce des Ammophiles aurait sans aucun doute disparu faute de pouvoir se nourrir, puisque la capture de ses proies requiert un art de la chasse parfaitement maîtrisé. Pour se nourrir de la chenille, cet insecte doit réussir sans faute à la paralyser ; cela ne souffre aucune hésitation ni aucun geste maladroit ou inapproprié. C'est pourquoi, le fait que l'insecte ait survécu jusqu'à nous fait penser que, depuis les origines, celui-ci possédait déjà et au même degré qu'aujourd'hui, la maîtrise de la chasse : « Dociles à l'inexorable logique des choses, nous admettons donc que la première Ammophile hérissée, faisant la capture du ver gris pour nourrir sa larve, opéra le patient par l'exacte méthode en usage aujourd'hui.... Cela dut se passer ainsi, car, répétons-le, un meurtrier inexpert, ébauchant son ouvrage par à peu près, ne laisserait pas de successeur,

---

[12] FABRE J.-H., *Souvenirs Entomologiques*, t.1, pp. 332-333.
[13] *Ibid.*, p. 333.
[14] *Ibid.*, p. 344.

l'éducation de l'œuf devenant impossible. Sans la perfection de sa chirurgie, l'abatteur de grosses chenilles s'éteint dès la première génération. »[15]

Fixisme, mais aussi finalisme, telles sont les doctrines qui structurent la théorie de Fabre sur l'instinct. En effet, le naturaliste est convaincu que la nature a disposé chaque être à agir de manière à perpétuer son espèce. Et elle les a dotés, pour ce faire, des organes les plus appropriés à cette fin. Ainsi, par exemple, le dard de l'Ammophile a une forme qui lui permet d'atteindre précisément le point qui entraînera l'immobilisation de la chenille. Les êtres sont par conséquent prédéterminés à agir conformément à une sorte de loi téléologique de la nature : « Si l'hyménoptère excelle dans son art, c'est qu'il est fait pour l'exercer ; c'est qu'il est doué, non seulement d'outils, mais encore de la manière de s'en servir. Et ce don est originel, parfait dès le début ; le passé n'y a rien ajouté, l'avenir n'y ajoutera rien. »[16]

Fabre rejette la théorie évolutionniste de l'instinct qui, selon lui, faute de s'appuyer sur des faits aussi rigoureusement observés que ceux qu'il a lui-même collectionnés dans son harmas de Sérignan, apparaît plutôt comme une théorie de « naturaliste de cabinet » qui « façonne le monde à sa fantaisie. »[17] Sur la question de l'instinct, dit-il, « on argumente, en évoquant la sélection, l'atavisme, le combat pour la vie (*struggle for life)*. Je vois bien de grands mots, mais je préférerais quelques tout petits faits. Ces petits faits, depuis bientôt une quarantaine d'années, je les recueille, je les interroge ; et ils ne répondent pas précisément en faveur des théories courantes. »[18] Les faits lui paraissent plutôt s'établir en faveur de la théorie fixiste de l'instinct.

Pour soutenir cette interprétation, Fabre invoque non seulement les faits, mais aussi la logique. En effet, argumente-t-il, si les instincts étaient le résultat de l'évolution, les êtres les plus développés, notamment l'homme, devaient les posséder à un degré supérieur à celui des autres animaux. Or tel n'est pas le cas. Bien au contraire, l'insecte par exemple est mieux nanti, dans le domaine de l'instinct, que l'homme. Dès lors, demande Fabre : « expliquez-nous au moins comment l'homme, le plus haut degré d'évolution de votre plasma primitif, est privé de semblable privilège (…) Ah ! Pourquoi le protoplasme, évoluant d'être en être par ses propres énergies, n'a-t-il pas

---

[15] *Ibid.*, p. 346.
[16] *Ibid.*, p. 348.
[17] *Ibid.*, p. 349. Ce fut moins à Darwin qu'aux darwiniens que s'en prenait Fabre. Car, dit-il, Darwin lui-même reconnaissait la difficulté d'une interprétation évolutionniste de l'instinct : « Vrai connaisseur, (il) ne s'y méprenait point. Il redoutait beaucoup le problème des instincts. Mes premiers résultats, en particulier, l'avaient laissé fort anxieux. S'il eût connu les tactiques de l'Ammophile hérissée, du Tachyte manticide, du Philanthe apivore, des Calicurgues et autres ravisseurs étudiés depuis, son anxiété serait devenue, je crois, franc aveu d'impuissance à faire rentrer l'instinct dans le moule de sa formule ». *Ibid.*, pp. 875-876.
[18] *Ibid.*, p. 344.

conservé jusqu'à nous quelque peu de cette merveilleuse puissance dont il gratifiait si largement l'insecte ! »[19]

Fabre était à tel point convaincu de la justesse de ses vues qu'il considérait l'interprétation fixiste de l'instinct comme le fleuron de ses découvertes entomologiques.[20] Dans cette théorie qu'il a inférée de la complexité et de la précision des gestes des prédateurs, notamment l'Ammophile, il ne voyait aucune possibilité d'erreur, en raison des preuves empiriques incontestables qui semblaient la fonder.

Or, c'est là sans doute méconnaître que dans toute expérience, et *a fortiori* dans toute inférence, il y a cette part incompressible de l'invention dont on a parlé, et qui s'exprime par l'interprétation et les choix divers opérés par l'observateur. Non seulement les théories, mais aussi aucun fait n'est donc indiscutable, puisque tout fait rapporté au soutien d'une théorie est un fait interprété de sorte que l'erreur y est toujours possible. Le fait et son interprétation sont structurellement indissociables. C'est la croyance à l'existence de faits purs qui a donc fait croire à Fabre que sa doctrine était absolument inattaquable. Et même à supposer que de tels faits puissent exister, il y a aussi que toute théorie est le résultat d'une inférence, d'un passage des faits aux idées, qui n'est pas à l'abri d'une extrapolation tendancieuse. C'est en niant ces deux réalités que Fabre rejetait avec violence toute contestation de sa théorie de l'instinct. Selon lui, refuser une thèse aussi solidement établie ne peut être dû qu'à la mauvaise foi de ses adversaires : « Une idée de quelque envergure ne saurait prendre l'essor sans qu'aussitôt des grincheux se lèvent, désireux de lui casser l'aile et d'écraser la blessée sous leur talon. Ma découverte de la chirurgie qui donne aux prédateurs leurs conserves alimentaires a subi la commune loi. » Or, dit-il, il y a dans les sciences des théories qui, du fait de la solidité des faits sur lesquels elles reposent, ne doivent pas être soumises à la critique et discutées. Sa doctrine de l'instinct appartient à

---

[19] *Ibid.*, pp. 348-349.

[20] Dans plusieurs passages des *Souvenirs entomologiques,* Fabre avoue que de tous ses travaux, sa préférence va à ses recherches sur les instincts. Ainsi, après avoir décrit le spectacle de la chasse de l'Ammophile, il ajoutait : « Je viens de raconter en détail les manœuvres de la chasse de l'Ammophile. Les faits constatés me paraissent riches de conséquences, à tel point que si le laboratoire de l'harmas ne me fournissait plus rien, je me croirais dédommagé par cette seule observation. » *Ibid.*, p.333. Plus loin, dressant le bilan de ses recherches, il écrit : « On peut différer d'appréciation sur le classement par ordre de valeur des petites trouvailles que l'entomologie me doit. Le zoologiste, enregistreur des formes, préfère l'hypermétamorphose des Méloïdés, l'évolution des Anthrax, le dimorphisme larvaire ; l'embryogéniste, scrutant les mystères de l'œuf, aura quelque estime pour mes études sur la ponte de l'Osmie. » Mais, poursuit-il, « le philosophe, qu'inquiète la nature de l'instinct, donnera la palme aux opérations des prédateurs. Je suis avec ce dernier. Sans hésiter, j'abandonnerais tout le reste de mon bagage entomologique pour cette trouvaille-là, d'ailleurs la première en date et celle dont les souvenirs me sont les plus chers. Nulle part n'éclate démonstration plus claire, plus éloquente de la science infuse de l'instinct, nulle part la théorie transformiste ne se bute à bloc d'ébranlement plus difficultueux. » *Ibid.*, p. 875.

cette catégorie : « Que les théories se discutent ainsi, soit : l'imaginaire est un domaine vague, où chacun est libre d'implanter ses conceptions. Mais les réalités ne se discutent pas. On est mal venu de nier les faits sans autre contrôle que son désir de les trouver faux. Nul, que je sache, n'a ébréché par des observations contraires ce que je raconte depuis si longtemps sur l'instinct anatomique des hyménoptères chassant la proie ; on y oppose des arguments. Misère de nous ! Voyez donc d'abord, et puis vous argumenterez ! »[21]

Mais l'indignation de Fabre aurait été justifiée si lui-même n'en était resté qu'à la description de l'instinct, et n'avait pas induit de ses observations une théorie aussi générale que la thèse fixiste de l'instinct. Or toute théorie, parce qu'elle procède au moins partiellement d'une invention, incorpore une part plus ou moins importante d'imagination. Une chose est d'observer que la "chirurgie" des prédateurs combine des gestes remarquables par leur extrême précision et par leur complexité ; une autre est d'en inférer que ces instincts sont le fruit d'une donation originelle. La difficulté de la théorie ne vient pas toujours de l'étroitesse de sa base empirique ; elle est parfois liée à la légitimité de l'inférence qui la fonde, c'est-à-dire de la conformité ou de la proportionnalité de la théorie à l'étendue de sa base empirique, comme l'a bien exigé Francis Bacon.

La méthodologie de l'entomologie descriptive étudiée à travers les travaux de Réaumur et de Fabre démontre au moins deux choses : a) s'il est vrai que l'histoire naturelle revendique d'être parmi les sciences, celle qui, en raison de sa démarche descriptive, est la plus «proche » de la nature, comme disait Boerhaave, il serait cependant illusoire de croire que la plus rigoureuse et la plus observation exclut toute interférence inventive, toute interprétation, toute reconstruction des données de la nature. Car, dans les sciences, quelle que soit la méthode utilisée, le sujet n'est jamais absent. Ses croyances théoriques et ses choix pratiques influent profondément sur le cours et l'orientation de ses investigations. Même une démarche se voulant purement descriptive reste toujours portée, en science, par une intention explicative qui en structure les visées générales. Voilà pourquoi les enquêtes de l'histoire naturelle, loin d'être, comme on peut le croire, de simples *prises de vue*, sont aussi des réelles *prises de position* sur le réel, que déterminent le choix des objets, la manière dont on les organise, le sens dans lequel on les interprète, etc. b) Toute inférence théorique exige la plus grande circonspection quelle que soit par ailleurs la qualité et la quantité des faits fournis par l'expérience. Lorsque cette mesure n'est pas respectée le scientifique n'est pas à l'abri de théories hasardeuses. L'astronomie, science d'observation s'il en est, nous en a donné quelques exemples célèbres. Par exemple, le plus grand observateur des phénomènes célestes avant l'invention de la lunette astronomique, Tycho Brahe, ne nous proposa rien de

[21] *Ibid.*, p. 899.

mieux qu'une théorie hybride géo-héliocentrique complètement fausse : la qualité avérée de ses observations ne lui a pas donné le gage d'une inférence théorique judicieuse. C'est aussi ce que démontre en particulier l'erreur de Jean-Henri Fabre dans l'interprétation de l'instinct. La valeur de ses expériences n'est pas mise en cause. Ce qui l'est, ce sont ses inférences qui, à partir d'observations rigoureuses et crédibles l'ont conduit à des thèses très discutables sur la nature et l'origine de l'instinct.

2- La phyto-taxonomie linnéenne : un exemple de classification fondée sur la construction des types naturels

L'étude des êtres vivants en zoologie comme en botanique a pris, depuis ses origines, deux orientations principales. Si certains naturalistes ont préféré se limiter à la description morphologique, anatomique ou éthologique des plantes et des animaux, d'autres ont entrepris de dépasser l'inventaire empirique par l'élaboration d'une organisation systématique de ces êtres. On remarque cependant que la classification n'est pas l'apanage des seules sciences. C'est une opération qui s'est intégrée à notre vie quotidienne et se pratique dans tous les domaines où l'homme, pour des raisons théoriques ou pratiques, éprouve le besoin d'organiser le monde. Inspirée par des nécessités subjectives qui créent chez lui le besoin d'instaurer des ordres dans la nature, la classification est aussi suggérée par les régularités objectives que la nature présente. L'existence de traits partagés par certains êtres ou certains objets est ainsi à l'origine des premières « classifications » empiriques : « Hommes », « Bêtes », « Plantes », « Poissons », « Herbivores », « Carnivores », etc. furent ainsi distingués comme des groupements constituant des ensembles homogènes tout à fait objectifs.

Les sciences ont emboîté le pas aux classifications empiriques. Confrontée à l'étendue et à la variété de ses objets, l'astronomie par exemple, depuis longtemps, a appris à classer les corps célestes entre « étoiles fixes » et « étoiles errantes » ou planètes, entre corps célestes réels et ceux résultant d'effets optiques (arcs-en-ciel, parhélies...) ; les astres ont été intégrés à diverses constellations suivant leur emplacement et leur mouvement dans le ciel. Les sciences du vivant, à travers la botanique et la zoologie, ont, elles aussi, ressenti comme une exigence majeure le besoin d'organiser les êtres par des regroupements de plus en plus affinés, corrigeant au besoin les classes intuitives construites par les hommes depuis des siècles. Leurs premières enquêtes ont débouché sur des tentatives classificatoires dont l'objectif était de compléter l'exposition descriptive par la recherche de genres, de classes ou des espèces naturelles, sur la base des similitudes anatomiques, physiologiques ou éthologiques observées chez les plantes et les animaux. Le but visé était simple : montrer que les êtres vivants forment une population organisée ou, en tout cas, organisable suivant un ordre immanent.

La classification en histoire naturelle est dotée d'un enjeu épistémologique et ontologique. Le classificateur en effet n'est pas un simple technicien, car derrière ses choix techniques se profilent des mobiles qui surpassent la simple exigence d'opérationnalité ou d'efficacité. Ce qui caractérise en effet la classification scientifique, c'est la volonté de se distinguer des classifications spontanées par la mise en place d'une organisation qui réponde à la fois aux exigences de rationalité et d'extériorité, de cohérence interne de la systématique et d'objectivité de sa critériologie. Comment choisir le ou les caractères naturels des animaux ou des plantes sur la base desquels on pourra édifier une nomenclature à la fois rationnelle et naturelle. Voilà la problématique à laquelle se trouve confronté, en premier, tout naturaliste qui s'engage dans la classification des entités vivantes.

Dans l'histoire de la botanique et de la zoologie, les naturalistes proposèrent de nombreuses systématiques se distinguant les unes des autres par leur critériologie. Aristote par exemple se fonda sur un critère anatomo-physiologique pour classer les animaux en les répartissant entre ceux qui ont du sang et ceux qui n'en ont pas, c'est-à-dire la classe des vertébrés et celle des invertébrés. Théophraste classa les plantes en fonction de leur utilité. Au début de l'ère moderne, Andrea Cesalpino (1524-1603) proposa une classification des plantes fondée sur la forme de la fleur et du fruit et sur le nombre des graines ; John Ray (1628-1705) choisit comme critère le système de reproduction des plantes, Joseph Pitton de Tournefort (1656-1708) construisit sa systématique en botanique sur la disposition et la forme de la corolle...

On a d'ailleurs coutume de distinguer, à cet égard, les classifications artificielles de celles qui sont dites naturelles, c'est-à-dire celles qui procèdent du choix arbitraire d'une caractéristique physiologique, anatomique ou éthologique, comme base de l'organisation, de celles qui réunissent divers caractères fondamentaux dont la conjonction permet de réunir des plantes ou des animaux dans des regroupements dont les membres partagent réellement dans la nature un air de famille.

L'enjeu de la problématique critériologique est de fonder la classification scientifique sur des caractéristiques réellement déterminantes et non sur des bases choisies de manière arbitraire. Ainsi, même lorsque les critères retenus paraissent infailliblement opérationnels, il faut encore régler un autre problème, très important d'un point de vue épistémologique, celui du fondement ontologique de l'organisation : l'ordre que révèlent les classifications correspond-il à celui que la nature imprime aux choses ou au contraire dérive-t-il d'une reconstruction opérée par la raison ? Dans la première hypothèse, la classification apparaîtrait comme une simple variante ou une amplification de la phénoménographie. Dans la deuxième hypothèse, elle se définit comme l'expression d'une élaboration théorique, c'est-à-dire d'une reconstruction rationnelle de la nature en privilégiant les exigences propres de la raison.

Le naturaliste suédois, Carl Von Linné[22] (1707-1778), fondateur de la classification moderne, proposa la première nomenclature qui, en dépit de ses imperfections, paraît avoir été construite en parfaite conscience de tous ces enjeux. Pour lui, toute organisation de la nature est d'abord une exigence de la raison confrontée à la variété et la diversité des choses. C'est en effet une caractéristique de la pensée d'opérer un ordre dans ce qu'elle veut comprendre. Le concept est le résultat de la première forme de cette organisation rationnelle du monde, si l'on admet que conceptualiser consiste à subsumer la diversité des choses sous l'unité des concepts, c'est-à-dire à réduire le divers à des unités homogènes, exactement comme dans l'acte classificatoire. Et l'acte réducteur par lequel la raison embrasse la diversité du réel sous l'unité des concepts est aussi en même temps un acte qui sépare les champs conceptuels les uns des autres en les distinguant soigneusement dans leur extension et dans leur compréhension. La pensée est donc fondamentalement dans l'acte de conceptualisation à la fois subsomption, c'est-à-dire synthèse du divers, et subdivision ou analyse, c'est-à-dire catégorisation du réel. Lorsque les sciences procèdent donc à la classification, elles répondent d'abord à une exigence de la raison, qui a besoin d'unifier les réalités naturelles et en même temps de les diviser et de les classer.

Mais la classification en histoire naturelle aspire à reposer sur une base réaliste, c'est-à-dire à décrire une organisation qui reflète vraiment les plans de la nature. Tel est le dessein de la systématique linnéenne. Pour le naturaliste suédois, il ne doit y avoir aucun doute : les classes et les espèces doivent correspondre à une organisation qui se dégage de l'ordre de la nature elle-même. Aussi son souci est-il, lorsqu'il entreprend de construire la nomenclature des animaux et des plantes, d'éviter d'imposer à la nature un ordre extrinsèque ou artificiel.

En vue de proposer une organisation du monde vivant qui accorde l'ordre de la raison à l'ordre des choses, Linné s'applique à dériver les unités formelles des régularités observées dans la diversité des êtres. Il accorde en conséquence une place fondamentale à l'observation dans sa méthodologie taxonomique. C'est en effet l'observation qui doit constituer la base objective de toute classification.

Linné procéda à des enquêtes nombreuses et variées et à la constitution de collections aujourd'hui conservées, pour la plus grande partie, à la Linnean Society à Londres. D'autres sont devenues la propriété du Muséum d'Histoire Naturelle de Stockholm, du Musée Botanique d'Uppsala, du British Muséum et de l'Institut de France. Ce riche héritage légué à la postérité

---

[22] Le nom du botaniste suédois dérive de celui d'une plante. En effet, *Linné* (ou plus précisément *Linnaeus*) vient du terme suédois *lind* qui signifie "tilleul". Plus qu'un nom, *Linné* était d'abord un surnom, celui du père de Carl. L'origine de ce surnom était liée à la présence d'un tilleul devant la porte de la maison familiale.

est constitué non seulement de spécimens d'herbier, mais aussi de collections zoologiques (oiseaux, reptiles, batraciens, poissons ...) et minéralogiques (roches diverses). La Linnean Society de Londres a recueilli essentiellement les collections qu'avait achetées James E. Smith, en 1784, auprès de la veuve de Linné, et qui furent à leur tour vendues par la veuve de Smith à ladite Société, en 1829. Quant à celles conservées à Stockholm et à Uppsala, elles comprennent les spécimens offerts par Linné lui-même, de son vivant, à son fils, à ses étudiants et à ses amis. Les collections de l'Institut de France, elles, proviennent de Johannes Burman à qui le naturaliste avait fait don de certains spécimens d'herbiers rapportés de son expédition en Laponie.

Dans *Curiosité naturelle* (1748), Linné affirme que « l'âme en effet n'apprécie pas les choses habituelles. Cette loi est assurément enracinée dans l'homme par le Souverain Créateur, afin qu'il ne souffre pas d'être étouffé par la si grande multitude des merveilles Divines, mais afin qu'il devienne de jour en jour plus désireux d'examiner les multiples merveilles. »[23] C'est donc pour corriger les idées fausses sur la nature des choses, que le naturaliste doit constamment enquêter, et soumettre au crible de l'observation les opinions forgées par l'habitude. Les observations sont ainsi destinées à réunir les informations empiriques fiables, sans lesquelles aucune inférence théorique n'est crédible. Celles-ci requièrent, selon Linné, une certaine disposition d'esprit : elles doivent être effectuées avec un esprit ouvert, prêt à s'étonner et à accepter la nouveauté, sans être conditionnée par des théories rigides, ni succomber à l'habitude.

Le grand naturaliste fut un grand observateur de la nature et bien qu'il n'ait jamais quitté l'Europe, il fit quelques voyages scientifiques qui le conduisirent notamment en Laponie, entre mai et octobre 1732, en Öland et Gotland en 1741, en Scanie en 1749... À ces expéditions scientifiques il faut ajouter ses séjours d'étude et de recherche dans divers pays européens, au cours desquels il rencontra d'éminents naturalistes et accéda à des spécimens rares conservés dans les collections privées et les herbiers des Muséums d'histoire naturelle des localités visitées. Il alla notamment en Allemagne, en Hollande, en Angleterre et en France, rencontra Herman Boerhaave, Jan Frederik Gronovius, George Clifford, les frères Jussieu (Antoine, Bernard et Joseph), Johann Jakob Dillen, etc. De ses voyages, il revint avec une foule d'informations scientifiques et de nombreux spécimens qu'il rassemblera, en 1769, dans son musée d'histoire naturelle à Hammarby. Ce goût des voyages scientifiques, dont il mesurait toute l'importance en histoire naturelle, il le transmit à ses étudiants, à qui il donna, à partir de 1750, le nom

---

[23] LINNÉ C., *Curiosité naturelle* in *L'Équilibre de la nature*, trad. Bernard Jasmin, Paris, Vrin, 1972, p. 136.

d'‘‘Apôtres”, comme il les envoyait par le monde recueillir des spécimens rares.[24]

La classification de Linné dérive de ses observations et des témoignages qu'il a recueillis au cours de ses longs périples à travers toute l'Europe ainsi que des faits rapportés par ses ‘‘apôtres’’ ; elle est fondée sur une solide recherche de terrain, comme on dirait aujourd'hui. Il est important de relever par ce trait la particularité de sa démarche qui tranche avec celle de tous ceux qui, avant lui, avaient tenté d'ériger une classification zoologique ou botanique. Pas moins de 4400 espèces animales et 7700 espèces végétales seront décrites. L'existence d'une telle base empirique permet de dire que sa nomenclature ne fut pas le résultat de simples spéculations imaginaires, les faits les plus précis et les plus variés ayant été invoqués à la base de la systématisation.

Dans la même optique, il parut important à Linné de fonder sa classification sur un critère opératoire pertinent, c'est-à-dire sur un principe d'identification objectif et universel. Celui-ci devait pouvoir être défini par des caractères biologiques observables chez tous les êtres vivants à classifier. De cette façon, il pourrait servir à déterminer, sans équivoque, l'appartenance naturelle d'un être à une espèce, à un genre ou à une classe donnée. Ce critère, Linné le trouve, pour sa phytotaxonomie, dans l'anatomie et l'éthologie sexuelles des plantes. Cette caractéristique, en effet, est générale, puisqu'il venait d'être démontré que tous les êtres vivants, animaux et végétaux disposent d'un système sexuel (*systema sexuale*). L'idée de l'existence d'une sexualité chez les végétaux fut développée dans des travaux récents de Sébastien Vaillant. Selon cette théorie des fonctions sexuelles chez les plantes[25], les fleurs contiennent les organes reproducteurs : l'étamine (en raison du pollen qu'il contient) est identifiée à l'organe mâle de la plante, tandis que le pistil (à cause de l'ovule qui s'y trouve) est présenté comme l'organe femelle. Ainsi, si Linné fonda toute sa systématique des plantes sur leur anatomie et leur comportement sexuels, c'est parce que le critère sexuel lui semblait répondre aux exigences d'une critériologie objective et universelle.

---

[24] Certains de ses étudiants laissèrent la vie dans ces expéditions : Anders Berlin (1746-1773), Pehr Forsskal (1736-1768), Frédrik Hasselpvist (1722-1752), Pehr Lofling (1729-1756), Chrisopher Transtroni (1703-1746).

[25] Sébastien Vaillant, qui était un disciple de Tournefort, publia successivement deux mémoires sur la sexualité des plantes : *La classification des plantes par le système sexuel* (1717) et le *Discours sur la structure des fleurs* (1718). Grâce au Docteur Johan Stensson Rothmann qui était médecin à Wexio et chez qui habita un moment le jeune Linné, celui-ci, vers 1727, eut accès aux travaux de Vaillant, notamment au *Discours sur la structure des fleurs* (*Sermo de structura florum*), transcription d'un discours que le naturaliste français avait prononcé au Jardin des plantes de Paris, en 1717, et dans lequel il exposait pour la première fois le principe de la sexualité des plantes.

La classification linnéenne définit 4 niveaux d'appartenance des êtres naturels : la *classe*, l'*ordre*, le *genre*, l'*espèce*. Ces niveaux s'emboîtent les uns dans les autres suivant un ordre décroissant, de la classe à l'espèce. C'est dans *Systema naturae*, paru en 1735, que Linné exposa pour la première fois sa classification des êtres vivants.[26] Mais c'est à partir de la dixième édition de cet ouvrage(1758) qui en connaîtra précisément douze, qu'il donnera la forme la plus élaborée de son système, se servant, à partir de cette édition, de la dénomination binominale qu'il avait mise au point, pour désigner les espèces. Il y divisa chacun des règnes (minéral, végétal, animal) en classes constitutives[27] ; les classes furent à leur tour divisées en ordres, les ordres en genres et les genres en espèces.[28]

Dans sa taxonomie, Linné distingue nettement deux grands groupes de plantes :

1) Les plantes à fleurs apparentes (*Phanérogames*) ;

2) Les plantes sans fleurs visibles (*Cryptogames*).

L'ensemble est subdivisé en 24 classes, dont 23 procèdent de la subdivision des Phanérogames, et la 24ème est constituée par le groupe des Cryptogames.

Les classes sont définies en fonction du nombre, de la longueur ou de la disposition des organes sexuels, notamment des étamines (organes sexuels

---

[26] À vrai dire, certains textes antérieurs de Linné comme l'*Hortus Uplandicus* (1731) avaient déjà exposé quelques éléments de sa systématique, mais ils étaient restés au niveau d'une simple ébauche. C'est dans *Systema naturae* que la classification linnéenne connaît sa forme la plus élaborée. Paru lors de la première édition en une douzaine de pages seulement en 1735, l'ouvrage est publié, du vivant de l'auteur, en douze éditions successives, au cours desquelles il se bonifie pour donner une œuvre magistrale en 4 volumes dans sa dernière édition.

[27] La nomenclature binominale linnéenne désigne l'espèce par deux termes latins : le premier est un nom et désigne le genre (nom générique) ; le second est un adjectif et se rapporte à l'espèce (épithète spécifique).

[28] Le règne *minéral* fut divisé en deux classes : les *Pierres* (sels, combustibles, métaux) et les *Fossiles* (terres, concrétions, pétrifications) ; le règne végétal en 4 classes, et le règne animal en six classes :

1) Les *Mammalia* (Mammifères) comprenant 8 ordres : les Primates, les Bruta, les Ferae, les Bestiae, les Glires, les Pecora, les Bellua et les Cétacés. L'homme fait partie de l'ordre des Primates.

2) Les *Aves* (Oiseaux) subdivisés en 6 ordres : les Accipiters, les Picae, les Anseres, les Grallae, les Gallinae, les Passeres.

3) Les *Amphibia* (Amphibiens) subdivisés en 3 ordres : Reptilia, Serpentes et Nantes.

4) Les *Pisces* (Poissons) comprenant 5 ordres : Apodes, Jugulares, Thoracici, Abdominales, Branchiostegi.

5) Les Insecta (Insectes), comprenant les 7 ordres suivants : Coléoptères, Hémiptères, Lépidoptères, Neuroptères, Hyménoptères, Diptères, Aptères.

6) Les *Vermes* (Vers), comprenant 5 ordres : Intestina, Molusques, Testacea, Lithophyta, Zoophyta.

mâles). Par exemple, les plantes phanérogames à une étamine libre appartiennent à la classe dite *Monandria*; les phanérogames à deux étamines libres sont de la classe *Diandria* ; ceux à trois étamines libres, de la classe *Triandria*, et ainsi de suite. À partir de la 14ème classe cependant, le critère distinctif n'est plus le nombre des étamines, mais leur disposition ou leur longueur. Par exemple, les fleurs à étamines de longueurs inégales constituent les classes XIV (fleurs à deux longues étamines associées à deux courtes), dite classe *Didynamia*, et XV (fleurs à quatre étamines longues associées à deux courtes), appelée classe *Tetradynamia*. À partir de la classe XVI, le critère de distinction devient la disposition des étamines les unes par rapport aux autres. Ainsi la classe XVI, dite *Philadelphia*, est formée par les Phanérogames à étamines disposées en un faisceau ; la classe XVII est constituée par ceux ayant leurs étamines disposées en deux faisceaux ; c'est la classe dite *Diadelphia*. La classe XVIII, dite *Polyadelphia*, comprend les plantes à étamines disposées en plusieurs faisceaux. La classe XIX, appelée *Syngenesia*, est formée par les plantes à étamines unies entre elles par les anthères, en forme de colonne plus ou moins cylindrique. La classe XX (*Gynandria*) contient les plantes dont les organes mâles sont attachés au pistil. La classe XXI (*Monoecia*) est constituée des plantes dont les organes mâles et femelles sont sur la même plante ; la classe XXII (*Dioecia*) est celle des plantes dont les fleurs mâles et des fleurs femelles sont sur des plantes différentes. La classe XXIII, dite *Polygamia*, est celle des Phanérogames dont les fleurs mâles et femelles sont sur la même plante ou sur des plantes différentes. La classe XXIV est celle des *Cryptogames*, c'est-à-dire des plantes sans fleurs apparentes.

Les fleurs et les fruits servent également comme critère de délimitation des genres, groupes formés par des espèces ayant des caractères sexuels proches ou identiques. La description des organes reproducteurs d'une plante identifiée comme l'espèce principale d'un genre permet à Linné de la différencier, par comparaison, des autres espèces appartenant au même genre et de délimiter ainsi le champ de celui-ci. Quand un genre ne contient qu'une seule espèce, celle-ci donne son nom à l'ensemble du genre.

En définitive, on retient que l'épistémologique taxonomique de Linné est fondé sur un postulat réaliste. Toute sa pensée méthodologique repose sur l'idée selon laquelle rien ne peut vraiment être connu de la nature sans observation. Or, pour le naturaliste suédois, la crédibilité de l'observation trouve son enracinement dans le principe de l'extériorité de la nature. En effet, Linné considère que la nature est le résultat d'un acte souverain du Créateur divin. Dieu existe, dit-il. Dès lors, la nature qu'il a créée existe également comme une donnée extérieure à la pensée et indépendante de notre fantaisie. Aussi, les hommes ne peuvent-ils espérer la connaître qu'en la regardant, en l'observant, en la contemplant telle qu'elle est, car, s'il est vrai que l'homme est doué par le Créateur de la faculté d'invention, rien de ce qu'il peut créer ne peut atteindre la qualité de ce que Dieu lui-même a créé : « Les œuvres qui peuvent être faites par nous, si nous faisons attention, ne peuvent pas le moins du monde être comparées avec la main très habile du créateur (...) D'où se manifeste cette vérité ferme et indubitable que Salomon dans toute sa gloire, ne peut être comparé d'aucune façon à un seul *lis de Jacob*, ou à une *Amaryllis.* »[29] Ailleurs, Linné ajoute : « Contemplons-nous nous-mêmes ; considérons les animaux et les insectes ; pensons à chacun des végétaux. S'il arrive qu'une œuvre doive laisser dans la stupéfaction, aucun art humain ou limité ne doit pouvoir l'imiter. Ni art ni génie ne peuvent même imiter une seule des fibres aux fascicules infinies qui composent chaque corps. Le plus petit filament, en effet, montre le Doigt de Dieu et le sceau de l'Artiste. »[30] L'Auteur de la nature est irréductiblement différent de l'homme comme le montrent le caractère infini de son pouvoir et la perfection de son œuvre.

Le réalisme ontologique de Linné se double d'un réalisme épistémologique. En dépit de l'extériorité de la nature, l'homme en effet, dit-il, est capable de la connaître, pourvu qu'il procède, à cette fin, par une application rigoureuse et contrôlée de ses sens. Aussi, lorsqu'il est révélé par une observation attentive et méthodique, l'objet des sciences naturelles correspond-il nécessairement à ce qui existe vraiment et ne se superpose pas au réel comme, par exemple, l'étoffe accessible d'une moelle inconnaissable. Le réel se trouve entièrement dévoilé dans le sensible. Ainsi, le réalisme de la nature fonde-t-il chez Linné l'objectivité des sciences d'observation, dans une profession de foi empiriste qui évacue de la nature que Dieu transcende, toute forme de réalité non sensible.

Mais si la nature est intrinsèquement connaissable, c'est parce que, loin d'être livrée au chaos et à l'inorganisation, elle est au contraire soumise à un ordre et à une organisation propre. Un déterminisme intégral assure la cohésion des choses et trouve son premier principe en Dieu qui est la source et l'origine de toute la chaîne causale cosmique : « Rien n'existe, en effet, sans cause et l'idée d'une succession infinie des causes secondes répugne à un esprit sain. La cause première, infinie, très parfaite doit mettre un terme à la série causale », écrit Linné dans son *Oratio de Telluris habitabilis incremento* (1744).[31]

L'organisation interne du monde s'exprime et se révèle à travers les lois structurelles et fonctionnelles qui lient les choses ou les êtres entre eux. Parce que la nature est ordonnée, elle est une instance rationnelle, que l'esprit humain peut dompter s'il lui applique ses ressources rationnelles. La

---

[29] LINNÉ C., *Curiosité naturelle*, p. 137.
[30] LINNÉ C., *Discours sur l'accroissement de la terre habitable*, in *L'Équilibre de la nature*, trad. Bernard Jasmin, Paris, Vrin, 1972, pp. 29-30.
[31] *Idem.*

connaissance se définit ainsi comme la rencontre entre l'ordre de la raison et l'ordre de la nature.

Voilà comment se justifient, non seulement l'observation, mais aussi les inférences rationnelles, comme moyens d'accès à la connaissance de la nature. La classification, en histoire naturelle, est le résultat de la conjonction des observations et des inférences tirées des analogies entre les entités vivantes. Certains taxons, dès lors, relèveront davantage de la nature elle-même, tandis que d'autres seront davantage le résultat d'une construction rationnelle. Linné les distinguera de la manière suivante : les espèces et les genres, dit-il, sont d'authentiques unités formées par la nature elle-même, et ne doivent rien, quant à leur existence, à l'organisation humaine ; les classes et les ordres, au contraire, sont forgés par la pensée sur la base d'analogies observées dans la nature.

Fixiste et créationniste, Linné affirme que les espèces, en effet, ont été directement créées par Dieu. Il a créé chaque espèce par couples sexués, de sorte qu'elles se sont perpétuées à travers les âges par procréation de l'identique. Il n'y a donc pas eu d'évolution dans le sens d'une dérivation des espèces les unes à partir des autres : *Species tot numeramus, quod diversae formae in principio sunt creatae.*[32]

La science chez Linné se trouve ainsi structurée par de nombreux postulats métaphysiques : l'existence de Dieu, la création de la nature, le réalisme des espèces, la délimitation originelle des espèces dans des configurations définitives, etc. Il reconnaît que dans une science comme la botanique ou la zoologie, l'observation ne suffit pas. La raison est appelée au secours des sens pour inférer les lois et construire les taxonomies en formant, par exemple, certains taxons complémentaires des taxons naturels et amplifier ainsi l'organisation du monde vivant. Toutefois, cette inventivité humaine, selon Linné, n'est pas opposée structurellement à la nature, car l'organisation de la nature autant que celle de la pensée trouve son fonde-

---

[32] *Ibid.*, voir note, p. 30. La définition des unités naturelles se fonde sur un critère naturel et universel, tel que le critère sexuel. Les genres des plantes sont ainsi définis comme le groupe d'espèces dont les organes reproducteurs (fleurs, fruits) présentent la même structure anatomique et physiologique. Au contraire, la constitution des ordres et des classes repose sur une critériologie plus arbitraire, disposant la composition de ces deux unités artificielles à une fluctuation et à des réajustements permanents au cours de l'évolution de la pensée linnéenne. La classification des animaux présente à cet égard une bonne illustration de l'instabilité des unités artificielles dans les classifications linnéennes. Par exemple, dans les dernières versions de sa zoo-taxonomie, Linné dut substituer au critère des pattes, qu'il avait d'abord retenu dans la premières édition de *Systema naturae*, le critère des mamelles et de l'allaitement, pour distinguer la première classe du règne animal, qu'il avait d'abord nommée *Quadrupedia*, avant de la désigner par le nom *Mammalia*. Cette instabilité critériologique a, bien entendu, des incidences sur la composition des familles artificielles. La systématique est donc chez Linné, le résultat mixte de la nature et de la pensée ou plus précisément le résultat d'une coordination de la nature et de la pensée.

ment dans la volonté de Dieu. Dieu est en effet le créateur de l'ordre du monde et de l'ordre de la pensée. Il n'y a donc *a priori* aucune contradiction entre la pensée véritablement rationnelle et la pensée divine.[33]

Cependant, quelquefois, les croyances métaphysiques de Linné peuvent dérouter ses saines observations et le conduire à des thèses erronées. Une espèce est sans doute une donnée naturelle si, par-là, on entend qu'elle procède d'une division objective de la nature. Mais lorsque le naturaliste considère que toutes les espèces sont créées avec des caractères distinctifs qui les démarquent bien, une fois pour toutes, des autres espèces, ne subordonne-t-il pas les stricts résultats de ses observations à ses postulations métaphysiques ? Une telle affirmation est-elle conforme à ce qu'il a vu lui-même ? La nature nous donne-t-elle vraiment des espèces aux contours bien tranchés ?

À la vérité, les espèces sont loin d'avoir les configurations aussi bien délimitées et figées que le laisse supposer la taxonomie fixiste de Linné. Charles Darwin, à l'inverse du naturaliste suédois, montrera comment les faits, loin de conduire à une doctrine fixiste des espèces, en suggèrent plutôt une théorie évolutionniste. Dans *L'Origine des espèces*, il consacre de longs développements à la question de la configuration des taxons et à la difficulté d'établir une démarcation bien nette entre les variétés les plus prononcées, les sous-espèces et les espèces elles-mêmes. Certes, comme Linné, il pense que les espèces sont naturelles, c'est-à-dire qu'elles ne dérivent pas d'une simple organisation de la nature par l'esprit humain, mais qu'elles reproduisent les divisions naturelles du monde vivant. Toutefois, dira-t-il, la perception correcte de leur délimitation et la définition des critères de la spéciation restent du ressort des naturalistes, de sorte qu'il arrive que ces derniers ne soient pas d'accord sur les distributions à opérer et sur les classifications à choisir. En fait, dit Darwin, la délimitation des configurations d'une espèce n'est pas chose aisée et, d'un point de vue évolutif, le passage d'une espèce à une autre est un phénomène graduel qui traverse une série de variétés intermédiaires, de telle sorte qu'il n'y a pas une démarcation bien nette, entre les variétés mutantes les plus proches de l'espèce et l'espèce elle-même. Dans cette succession de variations, l'on ne peut dire à partir de quel moment, un changement doit être considéré comme étant devenu suffisamment décisif pour donner naissance à une espèce propre. Darwin relève que, dans de très nombreux cas, lorsque les naturalistes ne sont pas d'accord entre eux, ils conviennent de s'en remettre à la perspicacité des plus expérimentés, sans aucun autre critère que celui de leur « excellent jugement » et leur « grande

---

[33] Selon Linné, la pensée rationnelle et la pensée divine inspirent ensemble la croyance de l'homme à l'objectivité du monde et la nécessité de sa contemplation : « Non seulement les divines Écritures, dit-il, mais aussi la saine raison nous enseignent qu'il faut regarder avec étonnement la machine de cet Univers qu'a produite et créée la main de l'Artiste infini. » *Ibid.*, p. 29.

expérience ». Ainsi, « pour déterminer, par conséquent, si l'on doit classer une forme comme une espèce ou comme une variété, il semble que le seul guide à suivre soit l'opinion des naturalistes ayant un excellent jugement et une grande expérience ». Mais il arrive aussi, dit Darwin, « de décider à la majorité des voix, car il n'est guère de variétés bien connues et bien tranchées que des juges très compétents n'aient considérées comme telles, alors que d'autres juges tout aussi compétents les considèrent comme des espèces. »[34]

Ce conventionnalisme ajoute encore au caractère plutôt inventif de toute classification. En histoire naturelle, les taxonomies apparaissent toujours, au moins en partie, comme le fruit d'un libre procédé de rationalisation de la nature. Toutefois, pour Linné comme pour Darwin, aussi libres qu'elles puissent être, les subdivisions opérées par l'esprit pour organiser le monde vivant ne sont jamais des opérations purement arbitraires : elles visent à rencontrer autant que possible les opérations de la nature. C'est sans doute là que réside la grande leçon du naturalisme épistémologique. Dans l'élaboration taxonomique, Linné fut constamment préoccupé par une question : comment articuler, conformément à sa profession de foi réaliste, l'ordre des choses naturelles à l'ordre de la pensée rationnelle.

3- L'interprétation analogique des données empiriques : le cas de la déduction de la sélection naturelle chez Darwin

Si les analogies observées entre les différents êtres vivants permettent de construire des classifications, elles conduisent aussi à faire des extrapolations théoriques, en étendant la portée d'une loi valide pour une réalité connue à une réalité similaire ou quasi similaire. Dans *L'Origine des espèces*, Darwin donne l'exemple d'une exploitation judicieuse et féconde de ces inférences analogiques. Les quatre premiers chapitres de l'ouvrage développent en effet une illustration de la manière dont on peut, en biologie, transférer les lois d'une situation connue à une situation qui lui est semblable : Darwin part de l'étude des variations des espèces domestiques et l'explique par la sélection artificielle opérée par les agriculteurs et les éleveurs. Ensuite, il observe que des variations similaires se produisent chez les animaux et les plantes à l'état sauvage. Il en conclut que la variation des espèces sauvages est due à un principe similaire à celui qui explique les variations des espèces domestiques et en induit la loi fondamentale de l'évolution des espèces : celle-ci s'explique par la sélection naturelle qu'exerce l'évolution sur les espèces sauvages.

La méthode analogique, telle qu'elle est appliquée par Darwin, présente une structure quasi syllogistique. Elle se décline en trois grandes phases : a)

[34] DARWIN C., *L'Origine des espèces, au moyen de la sélection naturelle ou la préservation des races favorisées dans la lutte pour la vie* (1859), traduction de l'anglais par E. Barbier, Paris, Flammarion, 1992, p. 95.

d'abord, l'auteur procède à l'analyse minutieuse du phénomène de la variation des espèces à l'état domestique et en recherche les causes ; b) ensuite, il examine les analogies entre la variation des espèces domestiques et celle des espèces sauvages ; c) enfin il déduit la similitude des causes (sélection naturelle/sélection artificielle) à partir de la similitude des effets (variété des espèces sauvages/variété des espèces domestiques). D'un point de vue purement formel, le raisonnement en *modus ponens* paraît inattaquable : un phénomène A s'explique par une cause B ; or, il existe un phénomène A' similaire au phénomène A ; il s'ensuit que le phénomène A' s'explique par une cause B' similaire à B.

On remarque toutefois que le raisonnement analogique ne se fonde pas, comme dans un syllogisme traditionnel en *modus ponens*, sur une identité des termes, mais sur la similitude de leurs rapports. Dans le *modus ponens* traditionnel, on affirme d'abord : *si A alors B* ; puis on pose *A* ; enfin on en déduit *B*. Le raisonnement analogique offre en quelque sorte une faille ou une fragilité logique par l'introduction précisément du critère analogique. Le prédicat : *être semblable à*, ou *être analogue à* est un prédicat relatif, dans la mesure où tout ce qui est semblable ne l'est pas au même degré, ni suivant les mêmes critères. De cette manière, rien ne garantit *a priori* la validité matérielle de l'inférence qui, à partir de l'analogie des effets conclut à l'analogie des causes.

Cependant, d'un point de vue strictement formel, cette clause ne compromet en rien la validité du raisonnement analogique, car sa structure logique est schématiquement cohérente : *A implique B* ; or *il existe A' analogue à A* ; on peut en conclure effectivement qu'*il existe B' analogue à B*, tel que *A' implique B'*. C'est sur un simple parallélisme des formes que s'établit le principe d'analogie. Autant dire que la fiabilité logique de l'inférence s'accroît à mesure que le rapport entre la première et la deuxième analogie tend vers l'identité ou l'égalité ; mais, en revanche, celle-ci décroît à mesure que la différence entre les deux analogies s'accroît et s'éloigne qualitativement de l'identité ou quantitativement de l'égalité.

On voit bien que ce n'est pas dans sa forme que le raisonnement analogique est fragile, c'est dans sa matière. C'est pourquoi, dans les sciences et plus précisément en histoire naturelle, ce raisonnement ne peut se satisfaire de sa seule validité formelle. Il a besoin d'être jugé à l'expérience sur la force des analogies qu'elle croit pouvoir établir entre la situation des entités de référence et celle des entités analogues. Toute la fiabilité du raisonnement dépend de ce que l'on entend par *analogie* et de la manière dont la nature atteste celle que nous présumons.

Ce qui est justement remarquable dans la méthode telle qu'elle fut appliquée par Darwin, c'est que celui-ci y a respecté la règle du parallélisme, en n'inférant pas de la simple similitude des effets, par exemple, une identité des causes.[35] Dans le détail, la déduction analogique de la sélection naturelle a respecté les trois grandes étapes : d'abord la démonstration du fait que la variation des espèces domestiques s'explique par le mécanisme de la sélection artificielle (A implique B) ; ensuite la démonstration que les animaux et les plantes à l'état sauvage subissent une variation analogue à celle des espèces domestiques (A' est analogue à A) ; enfin la déduction, à partir des prémisses qui précèdent, de la sélection naturelle comme cause de la variation des espèces sauvages (A' implique B').

Première étape : la démonstration du rôle déterminant de la sélection artificielle dans l'évolution et la variation des espèces domestiques

Cette démonstration s'appuie sur des preuves empiriques autant que sur un raisonnement rigoureux. D'abord, les faits de l'expérience sont invoqués par Darwin pour établir la thèse suivant laquelle les espèces domestiques subissent des variations. Celles-ci présentent même des variétés individuelles plus apparentes que chez les espèces à l'état sauvage : « Quand on compare les individus appartenant à une même variété ou à une même sous-variété de nos plantes cultivées depuis le plus longtemps et de nos animaux domestiques les plus anciens, on remarque tout d'abord qu'ils diffèrent ordinairement plus les uns des autres que les individus appartenant à une espèce ou à une variété quelconque à l'état de nature. »[36]

Mais l'auteur ne s'étend pas davantage sur l'énumération des exemples de variation des espèces, sans doute parce que le phénomène est relativement bien connu et souvent observé. Par contre, il s'attache à montrer que cette variété n'est pas le résultat d'une formation spontanée et accidentelle, mais d'un changement évolutif et graduel transmis par l'hérédité de génération en génération. Après avoir noté que « les êtres organisés doivent être exposés, pendant plusieurs générations, à de nouvelles conditions d'existence, pour qu'il se produise chez eux une quantité appréciable de variations », Darwin remarque que « dès qu'un organisme a commencé à varier, il continue ordinairement à le faire pendant de nombreuses générations. On ne pourrait citer aucun exemple d'un organisme variable qui ait cessé de varier à l'état domestique. Nos plantes les plus anciennement cultivées, telles que le froment, produisent encore de nouvelles variétés, nos animaux réduits le plus longtemps à l'état domestique sont encore susceptibles de modifications et d'améliorations rapides. »[37]

---

[35] C'est en effet le respect de ce principe qui explique le fait que, à partir de la similitude observée entre la variation des espèces sauvages et celle des espèces domestiques, Darwin n'a pas conclu à l'existence d'une même et unique cause, naturelle ou artificielle, pour rendre compte de l'ensemble des variations.
[36] DARWIN C., *L'Origine des espèces*, op. cit., p. 51.
[37] *Ibid.*, p. 52.

L'hérédité joue donc un rôle important dans la transmission des variations spécifiques. Toutefois, Darwin en relativise la portée dans l'émergence progressive d'une variété. Les conditions de vie paraissent plus décisives encore pour provoquer des changements évolutifs notables dans les espèces domestiques : « Les jeunes plants d'un même fruit, et les petits d'une même portée, sont parfois considérablement différents les uns des autres, quoique les parents et leur progéniture aient été apparemment soumis aux mêmes conditions de vie, et ceci montre d'importance des effets directs des conditions de vie en comparaison avec les lois de reproduction, de croissance et d'hérédité ; car, en cas d'action directe des conditions de vie, si l'un des jeunes avait varié, tous auraient probablement varié de la même manière. »[38]

Après ces constats, Darwin cherche à expliciter le mécanisme par lequel s'opèrent les variations. L'hérédité ne permet que de transmettre un legs biologique, mais elle n'explique pas la génération d'une variété nouvelle dans une lignée évolutive. Quelle est donc la nature des facteurs déterminant chez les ascendants les transformations qui se traduisent chez les descendants par l'émergence d'une variation plus ou moins prononcée ? se demande le naturaliste. L'adaptation aux conditions de vie ne saurait être retenue comme le facteur décisif des variations dans les espèces domestiques, car cela signifierait que les variations spécifiques conduisent toujours à des modifications utiles ou favorables aux espèces. Or, constate Darwin, « un des caractères les plus remarquables de nos races domestiques, c'est que nous voyons chez elles des adaptations qui ne contribuent en rien au bien-être de l'animal ou de la plante, mais simplement à l'avantage ou au caprice de l'homme. »[39]

Finalement, Darwin retint l'hypothèse de la sélection artificielle comme la cause de la variation des espèces domestiques. En effet, dit-il, l'homme a de tout temps opéré des choix et des modifications sur les animaux et les plantes en vue d'obtenir des races qui lui soient utiles. Ainsi, « le pouvoir de sélection, d'accumulation, que possède l'homme, est la clef de ce problème ; la nature fournit les variations successives, l'homme les accumule dans certaines directions qui lui sont utiles. Dans ce sens, on peut dire que l'homme crée à son profit des races utiles ».[40]

D'abord formulée comme une hypothèse plausible, l'explication de la variation des espèces domestiques par la sélection artificielle est ensuite étayée par des faits pris dans l'agriculture autant que dans l'élevage, de sorte que, en fin de compte, dit Darwin, « la grande valeur de ce principe de sélection n'est pas hypothétique ».[41] C'était là une condition méthodologique

[38] *Ibid.*, p. 54.
[39] *Ibid.*, p. 74.
[40] *Ibid.*, p. 75.
[41] *Idem.*

importante car, pour que l'utilisation heuristique du transfert analogique soit féconde, il est nécessaire que le modèle auquel on se rapporte soit suffisamment bien établi pour constituer une référence solide et fiable.

Deuxième étape : la preuve que les espèces à l'état de nature subissent des variations

Le chapitre 2 de *L'Origine des espèces* est consacré à la recherche de preuves en faveur de la variabilité des espèces sauvages. En effet, écrit Darwin au début de ce chapitre, « avant d'appliquer aux êtres organisés vivant à l'état de nature les principes que nous avons posés dans le chapitre précédent, il importe d'examiner brièvement si ces derniers sont sujets à des variations. »[42]

La suite du texte montre comment les variations dans le monde des espèces sauvages épousent une grande diversité de formes. Elles s'observent aussi bien dans les différences individuelles, au niveau d'individus de la même parenté spécifique ou raciale (« nul ne peut supposer que tous les individus de la même espèce soient coulés dans un même moule »[43]), que dans les variations raciales à partir d'une même souche spécifique. Dans certains cas, ces variations sont simplement des nuances, dans d'autres cas, elles sont bien prononcées. De plus, Darwin remarque qu'il existe des différences notables dans les aptitudes des espèces à la variation. Cette disposition lui permet d'énoncer un certain nombre de lois qui paraissent gouverner la variabilité des espèces à l'état de nature. Par exemple, a) *les espèces les plus répandues sont celles qui varient le plus ;* b) *celles appartenant aux genres contenant beaucoup d'espèces varient plus fréquemment que celles appartenant à des genres qui contiennent peu d'espèces ;* c) *certaines espèces appartenant à des genres comprenant un grand nombre d'espèces sont si voisines les unes des autres que ces espèces ressemblent à des variétés*, etc.[44]

En définitive, on constate que le monde vivant est caractérisé par la richesse et la variété de ses populations. Et cette diversité s'observe à tous les échelons de son organisation : entre espèces, entre variétés appartenant à la même espèce, entre individus appartenant à la même variété, chez les animaux et plantes domestiques comme chez les êtres à l'état sauvage.

Troisième étape : Quelques preuves empiriques de la sélection naturelle

La diversité biologique trouve sa source dans la variabilité des êtres qui composent le monde vivant. Mais quel principe peut rendre raison de la variation des espèces à l'état naturel ? S'agit-il du même mécanisme sélectif que dans la variation des espèces domestiques ?

---

[42] *Ibid.*, p. 91.
[43] *Ibid.*, p. 92.
[44] *Ibid.*, p. 91.

En effet, Darwin est bien conscient que, quoique la simple similitude des effets soit nécessaire à la déduction analogique, elle ne suffit pas pour inférer une similitude des causes. Ainsi, « le seul fait de l'existence des variabilités individuelles et de quelques variétés bien tranchées, quoique nécessaires comme point de départ pour la formation des espèces nous aide fort peu à comprendre comment se forment ces espèces à l'état de nature, comment se sont perfectionnées toutes ces admirables adaptations d'une partie de l'organisme dans ses rapports avec une autre partie, ou avec les conditions de vie, ou bien encore, les rapports d'un être organisé avec un autre. »[45]

Pour que le principe sélectif puisse être reconnu comme déterminant également les variations naturelles, il faut que, à l'image de ce qui se passe pour les espèces domestiques, la variété acquise dans le monde sauvage se conserve d'une génération à une autre et qu'elle soit avantageuse pour l'espèce. Ce maillon manquant à la structure de l'inférence analogique, Darwin le trouve dans la thèse de la lutte pour la vie (*Struggle for life*), déjà formulée par Augustin Pyrame de Candolle et Charles Lyell ainsi que Herbert Spencer.[46] La lutte pour la vie, bien qu'elle ne puisse pas être attestée par une preuve irréfutable, reste en effet la seule explication plausible, selon Darwin, de la variation des espèces, de l'extinction de certaines races, ou de la raréfaction d'autres. Elle illustre bien en outre, l'idée de sélection opérée par la nature ou l'évolution. Pour Darwin, il n'y a « rien de plus facile que d'admettre la vérité de ce principe : la lutte universelle pour la vie ; rien de plus difficile – je parle par expérience – que d'avoir toujours ce principe présent à l'esprit ; or, à moins qu'il n'en soit ainsi, ou bien on verra mal toute l'économie de la nature, ou on se méprendra sur le sens qu'il convient d'attribuer à tous les faits relatifs à la distribution, à la rareté, à l'abondance, à l'extinction et aux variations des êtres organisés. »[47]

Le chapitre 3 de *L'Origine des espèces* est consacré à la formulation et à l'affirmation de cette thèse : les animaux, les plantes, tous les êtres vivants sont soumis, au cours du temps, à une lutte pour l'emporter sur l'adversité ; la nature évolue donc en ne conservant que les espèces les plus vigoureuses, sorties vainqueurs de cette lutte. Il faut cependant noter que chez Darwin, l'idée d'une lutte pour la vie n'est pas affirmée comme une certitude absolue, mais comme une hypothèse très probable qui se justifie par sa fécondité heuristique. C'est en effet ce principe qui permet à Darwin (qui s'inspire de Malthus) de dériver, au chapitre 4 de *L'Origine des espèces,* la thèse de la sélection naturelle. En effet, seule la lutte pour la vie est susceptible d'expliquer la sélection naturelle qui s'opère, au cours de l'histoire, parmi les espèces sauvages, en ne conservant que les plus fortes et les plus aguer-

[45] *Ibid.*, p. 111.
[46] *Idem.*
[47] *Idem.*

ries. Lorsqu'une espèce subit une variation, elle acquiert des caractères qui peuvent lui être utiles ou au contraire nuisibles. Là encore, la sélection naturelle vient faire le tri et ne conserve au cours de l'évolution dans les espèces que les caractères utiles à leur survie. L'idée de « sélection naturelle » renvoie par conséquent à « cette conservation des différences et des variations individuelles favorables et à cette élimination des variations nuisibles. Les variations qui ne sont ni utiles ni nuisibles à l'individu, ne sont certainement pas affectées par la sélection naturelle et demeurent à l'état d'éléments variables », dit Darwin.[48]

Ainsi se présentent les différentes étapes de la déduction analogique qui a permis à Darwin de formuler la théorie de la sélection naturelle. Mais la validité matérielle de cette idée avait besoin d'être fondée sur des faits. Darwin fournit quelques données naturelles qui attestent que la sélection naturelle est à l'origine de la variation des espèces sauvages. Les exemples choisis sont ceux des loups les plus rapides, seuls aptes à survivre en cas d'évolution de la vitesse de course chez les daims, dont ils ont l'habitude de se nourrir. Un autre exemple, pris dans le règne végétal, est évoqué : « Certaines plantes sécrètent une liqueur sucrée, apparemment dans le but d'éliminer de leur sève quelques substances nuisibles. Cette sécrétion s'effectue, parfois, à l'aide de glandes placées à la base des stipules chez quelques légumineuses, et sur le revers des feuilles du laurier commun. Les insectes recherchent avec avidité cette liqueur, bien qu'elle se trouve toujours en petite quantité. » Cette disposition physiologique est favorable à la survie des espèces concernées. En effet, dit Darwin, les insectes visitant les fleurs qui sécrètent ce nectar, se couvrent du pollen et le transportent d'une fleur à une autre, favorisant le croisement d'individus distincts de la même espèce. « Or, le croisement (...) engendre des plants vigoureux, qui ont la plus grande chance de vivre et de se perpétuer. » Ainsi, dit-il, « les fleurs aux glandes les plus larges, et qui, par conséquent, sécréteraient le plus de liqueur, seraient plus souvent visitées par les insectes et se croiseraient plus souvent aussi ; (...) elles finiraient, dans le cours du temps, par l'emporter. Les fleurs dont les étamines et les pistils seraient placés, par rapport à la grosseur et aux habitudes des insectes qui les visitent, de manière à favoriser, de quelque façon que ce soit, le transport du pollen, seraient pareillement avantagées ».[49] La sélection naturelle s'opère ainsi en faveur des plantes possédant les plus grosses anthères et la plus grosse quantité de pollen.

Ces exemples montrent comment la nature opère des sélections qui conditionnent l'évolution des espèces à l'état sauvage. Plusieurs autres faits sont évoqués par l'auteur dans les chapitres suivants pour servir de preuves en faveur du mécanisme sélectif.

---

[48] *Ibid.*, p. 130.
[49] *Ibid.*, pp. 141-142.

Finalement la structure de la déduction analogique de la sélection naturelle présente un double aspect : d'une part, la recherche d'un rapport analogique rigoureux entre la situation des espèces sauvages et celle des espèces domestiques ; d'autre part, la recherche de preuves empiriques fondant, non pas la vérité absolue des hypothèses, mais leur grande probabilité. En effet, Darwin est bien conscient que si la thèse de l'évolution des espèces domestiques au moyen de la sélection artificielle reçoit une preuve quasiment irréfutable avec les différentes variations qui s'opèrent sous l'effet des manipulations humaines, aucune preuve directe ne peut être apportée à l'hypothèse selon laquelle l'évolution des espèces sauvages procède d'un mécanisme similaire : la déduction analogique et les faits invoqués ne peuvent servir qu'à fonder la grande probabilité de cette hypothèse. D'une manière générale, on retiendra ce principe méthodologique important auquel souscrit la démarche darwinienne : la méthode analogique ne peut se dispenser de la recherche de preuves empiriques en faveur de la théorie déduite. Que ces preuves attestent la vérité de la théorie ou qu'elles témoignent simplement en faveur de la très grande probabilité de l'hypothèse.

La leçon qui se dégage de l'étude de ces différentes approches du vivant en histoire naturelle montre que les procédures heuristiques y sont toujours constituées par l'association des ressources de l'observation à celles de la théorisation. Dans la description des entités, autant que dans la construction des taxons et la déduction analogique des théories biologiques, la science s'appuie sur un système méthodologique fortement intégré, dans lequel l'idéal de découverte se réalise au moyen de processus inventifs. La base empirique des développements théoriques est, elle-même, déjà grosse de théorie car, comme dirait Jean Largeault, « aucune description n'est pure. Aucune n'étant absolument complète, rigoureusement similaire à ce qui est décrit, il y intervient un choix touchant à ce que l'on garde et ce que l'on néglige. »[50] Ainsi, lorsqu'on dit que les sciences d'observation sont objectives, ce caractère ne provient nullement du fait que l'homme n'y constituerait qu'un canal passif laissant libre cours à l'autorévélation de la nature. L'homme en effet participe par ses choix, par son activité empirique et rationnelle, par le déterminisme de ses objectifs heuristiques et de ses attentes, à la manifestation de la vérité, sous un angle qui, en définitive, ne peut qu'être partial et partiel.

---

[50] LARGEAULT J., *Principes de Philosophie réaliste*, Paris, Klincksieck, 1985, p. 21.

II

L'EXPÉRIMENTATION DANS LES SCIENCES DE LA VIE

Parmi les sciences de la vie, il y a celles qui sont restées quasiment astreintes à l'étude descriptive des organismes vivants. Ne pouvant guère provoquer leurs phénomènes par des moyens artificiels, elles se sont résignées à les attendre de la nature elle-même. Ces disciplines naturelles se distinguent par leur attachement à l'observation et par la part très réduite qu'y prend l'invention théorique. L'imagination n'y possède, en effet, qu'une mince marge de manœuvre pour risquer, lorsque cela est possible et rigoureusement contrôlé, quelques extrapolations directement inspirées par la régularité des faits. C'est le cas de la botanique et de la zoologie. D'autres disciplines biologiques en revanche, s'inspirant du modèle des sciences physico-chimiques modernes, sont devenues résolument expérimentales. En effet, à partir du 19ème siècle, avec le déclin du vitalisme, certaines composantes disciplinaires de la biomédecine telles que la physiologie, la pathologie et la thérapeutique, surmontant de farouches résistances souvent liées au dogme de la sacralité de la vie, purent enfin soumettre les corps vivants à l'épreuve de l'expérimentation. Puis la génétique, la biologie cellulaire et moléculaire leur emboîtèrent le pas dans cette aventure qui introduisait les sciences des corps organisés dans la modernité et qui, aux yeux des promoteurs de la méthode expérimentale, constituait la phase ultime de la rationalisation du vivant et de la maturation historique des disciplines biologiques et médicales.[51]

En se référant au modèle méthodologique des sciences de la nature, les inspirateurs de l'expérimentation en biologie visaient à engager celle-ci dans la voie de progrès comparables à ceux réalisés par la physique et la chimie à partir du 17ème siècle. Car il était reconnu que les conquêtes les plus significatives, les évolutions les plus fulgurantes réalisées par ces sciences avaient été consécutives à l'abandon de l'approche spéculative et qualitative des phénomènes naturels, chère aux savants de l'antiquité et du Moyen Âge. En fondant désormais leurs vérités sur le témoignage des faits et les théories issues de l'expérimentation, les sciences de la nature avait opéré une révolution majeure dans l'histoire de la connaissance, voire de l'humanité. Comme

[51] La rationalisation du vivant s'est réalisée progressivement à travers diverses étapes historiques, marquées tour à tour par la prédominance des approches naturalistes, empiristes et expérimentales. La phase expérimentale est présentée par le physiologiste Claude Bernard comme celle de la maturité des sciences biomédicales : « La médecine scientifique ne peut se constituer, ainsi que les autres sciences, que par voie expérimentale. » BERNARD C., *Introduction à l'étude de la médecine expérimentale*, Paris, Flammarion, 2008, p. 33.

l'affirme par exemple le biologiste et historien des sciences Jean Rostand, il n'est « pas exagéré de dire que l'introduction de la méthode expérimentale dans les sciences fut l'un des évènements les plus considérables de l'histoire humaine ». En effet, « c'est à l'utilisation de cette méthode que nous devons tous les progrès des sciences physiques et naturelles (...) et, par suite, non seulement la merveilleuse extension de notre savoir en ces domaines, mais aussi toutes les inventions ou découvertes qui, par leurs applications pratiques, ont transformé les conditions d'existence dans les pays civilisés ».[52]

Mais l'introduction en biologie de procédés méthodologiques qui avaient certes donné la preuve de leur fécondité dans les sciences de la nature pouvait-elle adéquatement se réaliser sans tenir compte de la spécificité du fait biologique ? Ou, au contraire, était-il nécessaire d'adapter la méthode, de la redimensionner, de procéder à des réglages conceptuels dans son nouveau champ d'application, pour la rendre non seulement possible, mais légitime et performante pour l'étude scientifique des phénomènes vitaux ? Ce furent les principales questions auxquelles se trouvèrent confrontés les théoriciens de la méthodologie expérimentale. Ceux-ci, à l'image du physiologiste français Claude Bernard, réfléchirent à montrer non seulement les nombreux avantages, mais aussi les exigences, voire les limites de l'usage de l'expérimentation dans les disciplines biologiques et médicales.

L'exigence d'une codification de la méthode expérimentale, telle que la ressentit Claude Bernard, s'expliquait par la nécessité de fonder la pratique expérimentale sur des règles universelles et d'étendre cette méthode aux sciences biomédicales dans lesquelles on notait encore des réticences à l'égard de l'expérimentation. Au moment où il écrivait l'*Introduction à l'étude de la médecine expérimentale* en 1865, Bernard était déjà un physiologiste de grand renom, auteur d'importantes découvertes comme celles de la glycogénie hépatique et la pathogenèse du diabète sucré(1853). Sa thèse de médecine sur *Le suc gastrique et son rôle dans la nutrition* (1843) et son *Mémoire sur le pancréas* (1856) eurent également un certain retentissement dans la communauté scientifique. En 1865, Bernard était donc un scientifique rompu à la pratique expérimentale, qui tirait de sa longue expérience les règles de l'expérimentation scientifique. Mais il n'était pas l'inventeur de cette méthode, titre auquel, du reste, il n'a jamais prétendu. Plus encore, l'*Introduction à l'étude de la médecine expérimentale* n'en constituait pas la première tentative de codification. Deux physiologistes suisses avaient précédé le physiologiste français dans cette voie : Johann Georg Von Zimmermann (1728-1795), auteur d'un *Traité de l'expérience en général et en particulier dans l'art de guérir* (1764) et Jean Senebier (1742-1809) qui publia en 1802 un *Essai sur l'art d'observer et de faire des expériences*. Mais ces

[52] Voir ROSTAND J., Préface de LECLERQ R., *Histoire et avenir de la méthode expérimentale*, Paris, Masson, 1960, p. 9.

ébauches, en comparaison de la méthodologie bernardienne, ne semblent pas avoir été nourries aux exigences de l'expérimentation moderne.[53] Bernard, lui, se révéla comme celui qui codifia sans doute le mieux la méthode expérimentale en lui donnant la formulation la plus proche de sa pratique dans les sciences modernes. Il est en outre celui qui, dans son *Introduction à l'étude de la médecine expérimentale*, en structura l'application aux phénomènes vitaux : non seulement il formula les étapes de la méthode expérimentale en général, mais énonça les raisons et les conditions de son applicabilité à l'étude des êtres vivants.

1- La structure de la méthode expérimentale

Selon Claude Bernard, le processus expérimental se décline en quatre grandes étapes. L'expérimentateur « 1) constate un fait ; 2) à propos de ce fait, une idée naît dans son esprit ; 3) en vue de cette idée, il raisonne, institue une expérience, en imagine et en réalise les conditions matérielles ; 4) de cette expérience résultent de nouveaux phénomènes qu'il faut observer, et ainsi de suite ».[54]

a) L'observation d'un fait-problème

Dans les sciences expérimentales, un fait ne retient l'attention du chercheur que s'il pose un problème d'ordre théorique : soit il s'oppose à une théorie admise, soit il fait face à l'inexistence de théories susceptibles d'en donner l'explication, soit il apporte la corroboration recherchée d'une hypothèse scientifique. Le fait qui inaugure un processus expérimental, s'il est souvent fortuit, n'est jamais gratuit, parce qu'il se justifie toujours par un intérêt théorique. Par exemple, c'est sans doute fortuitement qu'Alexander Fleming, en 1928, remarqua que dans l'une des boîtes de Pétri dans lesquelles il procédait à la culture expérimentale de staphylocoques dorés, celle précisément qui avait été contaminée par la moisissure verte (qui sera identifiée comme le *penicillium notatum*), ne se développaient pas les germes bactériens, contrairement aux boîtes non contaminées. Ce fait retint son attention parce qu'aucune théorie scientifique n'avait encore été formulée sur les propriétés bactéricides du *penicillium notatum*. Fleming dut donc s'engager dans la recherche d'une hypothèse pouvant expliquer le fait : la moisissure était sans doute dotée d'un pouvoir de lyse sur les staphylo-

[53] Bernard critiqua nommément la conception de Zimmermann, notamment la distinction que celui-ci établissait entre l'observation et l'expérimentation : « Zimmermann s'exprime ainsi : Une expérience diffère d'une observation en ce que la connaissance qu'une observation nous procure semble se présenter d'elle-même, au lieu que celle qu'une expérience nous fournit est le fruit de quelque tentative que l'on fait dans le dessein de savoir si une chose est ou n'est point. » En fait, dit Bernard, « dès qu'on descend dans la pratique expérimentale, on trouve que, dans beaucoup de cas, cette séparation est très difficile à faire et que parfois même elle entraine de l'obscurité. » *Introduction à l'étude de la médecine expérimentale,* Paris, Pierre Belton, 1966, p. 25.
[54] *Ibid.*, p. 68.

coques. Puis, orienté par cette hypothèse, il put enclencher le processus expérimental qui lui permettra d'isoler l'agent bactéricide (le jus de la moisissure), qu'il nommera *pénicilline*, après en avoir expérimenté les vertus au contact d'autres staphylocoques. Ainsi, dans l'expérimentation scientifique, le fait qui attire et retient l'attention de l'expérimentateur est toujours celui qui est porteur d'une signification théorique, que ce fait soit provoqué, attendu ou fortuit.

b) L'élaboration d'une hypothèse

La deuxième étape de la démarche expérimentale est constituée par l'invention et la formulation des hypothèses susceptibles de rendre compte des phénomènes observés. Cette phase est la plus ouverte du processus. Elle n'est pas fermée sur les acquis théoriques du passé et ne répond d'aucune autre règle que de celle de la liberté du chercheur. Claude Bernard est très explicite sur ce point : « Si une idée se présente à nous, nous ne devons pas la repousser par cela seul qu'elle n'est pas d'accord avec les conséquences logiques d'une théorie régnante. Nous pouvons suivre notre sentiment et notre idée, donner carrière à notre imagination, pourvu que toutes nos idées ne soient que des prétextes à instituer des expériences nouvelles qui puissent nous fournir des faits probants ou inattendus et féconds. »[55]

Le seul critère qui, en définitive, devrait guider le chercheur dans le choix des hypothèses en fonction desquelles il organisera ses expériences, c'est leur fécondité, non pas en tant que les hypothèses retenues viseraient à être vraies d'une façon inéluctable, mais en tant qu'elles conduiraient inéluctablement à la production expérimentale de faits nouveaux : « Il suffira, dit Bernard, de retenir en principe que l'idée *a priori* ou mieux l'hypothèse est le stimulus de l'expérience, et qu'on doit s'y laisser aller librement, pourvu qu'on observe les résultats de l'expérience d'une manière rigoureuse et complète. Si l'hypothèse ne se vérifie pas et disparaît, les faits qu'elle aura servi à trouver resteront néanmoins acquis comme des matériaux inébranlables de la science. »[56]

Les figures que peut prendre une hypothèse expérimentale sont diverses. Par exemple, lorsqu'il n'existe aucune théorie permettant d'expliquer le phénomène observé, l'hypothèse prendra la figure d'une supposition entièrement originale. La conjecture de Fleming sur le pouvoir bactéricide du *penicillium notatum* relève de cette catégorie d'hypothèses.[57]

---

[55] *Ibid.*, p.86.

[56] *Ibid.*, p.68.

[57] Certes, les propriétés antibactériennes de certains champignons n'étaient pas totalement inconnues. Depuis plus de deux millénaires, les Chinois par exemple savaient que la crème de soja sur laquelle s'étaient développées certaines moisissures pouvait guérir des maladies, notamment des infections : boutons, furoncles, anthrax, etc. Mais il s'agissait d'une connaissance empirique, à laquelle il manquait un fondement théorique solide. La découverte de

Mais quand le fait observé entre dans une opposition frontale et en contradiction radicale avec la théorie admise jusque-là, l'hypothèse doit d'abord relever la limite de la théorie régnante : le fait nouveau la falsifie-t-il totalement ou seulement d'une manière partielle? Empruntons à l'histoire de la chimie expérimentale un exemple célèbre, pour illustrer les étapes du processus de déconstruction d'une théorie mise à mal par un fait contrariant. Quand Lavoisier remarqua que le poids du plomb calciné augmente, il s'avisa d'abord qu'un tel phénomène était inexplicable par la théorie régnante, celle du phlogistique.[58] Selon cette théorie, la combustion d'un corps résulte de la perte d'une substance hypothétique, le phlogiston. Or, se dit Lavoisier, une telle perte devait provoquer, non pas l'augmentation, mais plutôt la diminution du poids des corps calcinés, même si on devait croire, comme l'affirmait un autre chimiste, Louis-Bernard Guyton de Morveau, que le phlogiston est une substance plus légère que l'air. L'hypothèse la plus vraisemblable aux yeux de Lavoisier était plutôt que la théorie du phlogistique devait être intégralement fausse, du fait même de l'inexistence du phlogiston. Il faut donc une théorie entièrement nouvelle qui explique l'augmentation du poids des métaux calcinés, et non pas, par exemple une hypothèse *ad hoc* qui comprendrait le cas du plomb (ou plus généralement celui des métaux) comme un cas isolé ou comme une exception. L'augmentation du poids d'un corps calciné doit s'expliquer, en toute logique, non par une perte mais par un gain, non par l'élimination d'une substance endogène, mais par la "fixation" d'une substance exogène sur le corps en combustion. Le développement et la vérification de ces hypothèses conduisirent Lavoisier à la découverte du rôle du gaz oxygène dans la combustion.

Il peut aussi arriver que l'opposition entre le fait nouveau et la théorie existante soit moins frontale, moins radicale que dans le cas précédent. Dans ce cas, l'hypothèse suggérée n'aura pas l'allure d'une antithèse à la théorie admise, mais elle contribuera à la compléter et à l'élargir. Par exemple, quand William Herschel observa l'existence des rayonnements infrarouges en 1800, il n'en conclut pas à l'invalidité totale que l'optique newtonienne qui avait identifié le rouge et le violet comme les limites internes du spectre de la lumière visible. L'existence de ces rayonnements nouveaux, dont la fréquence était inférieure à celle de la lumière rouge, lui suggéra plutôt une hypothèse qui complétait et prolongeait la théorie newtonienne : le spectre

---

Fleming est donc originale dans la mesure où, non seulement le chercheur paraissait ignorer cet usage thérapeutique des champignons, mais surtout il ne connaissait aucune théorie donnant l'explication scientifique du phénomène de lyse qu'exerçait sur les staphylocoques la présence du champignon cryptogamique *penicillium notatum*.

[58] Inspirée par les travaux de Johann Joachim Becher (1635-1682), la théorie du phlogistique fut forgée par le chimiste et médecin allemand Georg Ernst Stahl (1660-1734) qui l'exposa pour la première fois en1697 dans son ouvrage *Experimenta, observationes, animadvertiones chymicae et physicae*.

de la lumière visible est certes contenu dans les limites des rayonnements dont les fréquences sont comprises entre celle de la lumière rouge et celle de la lumière violette, mais il n'épuise pas l'ensemble des rayonnements naturels ; celui-ci s'étend potentiellement à des rayonnements de fréquence supérieure à celle du violet ou inférieure à celle du rouge. Cette prévision s'avéra conforme à la nature des choses et sera confirmée par la découverte ultérieure de plusieurs rayonnements électromagnétiques réels quoiqu'invisibles à l'œil nu.

Bien que l'élaboration des hypothèses constitue une étape décisive du processus expérimental, Claude Bernard indique qu'il est impossible de proposer des règles pour faire surgir du génie individuel une idée probante. Ici, ce sont les dispositions naturelles des individus qui rendent ceux-ci aptes ou non à découvrir des idées neuves. Les chercheurs, par conséquent, ne sont pas égaux devant cette exigence méthodologique. Ils ne sont pas dotés par la nature, au même niveau, des facultés nécessaires à l'invention scientifique. En fait, dit Bernard, « toutes les intelligences se ressemblent sans doute et des idées semblables peuvent naître chez tous les hommes, à l'occasion de certains rapports simples des objets que chacun peut saisir. Mais comme les sens, les intelligences n'ont pas toutes la même puissance ni la même acuité, et il y a des rapports subtils et délicats qui ne peuvent être sentis, saisis et dévoilés que par des esprits plus perspicaces, mieux doués ou placés dans un milieu intellectuel qui les prédispose d'une manière favorable ».[59]

L'inégalité des scientifiques devant les exigences créatrices de l'expérimentation soulève incontestablement la question de l'applicabilité universelle de la méthode proposée par Bernard. En effet, on peut se demander à quoi servirait, au fond, une méthode qui édicterait des principes et, en même temps, confesserait son impuissance à en livrer le mode d'emploi, laissant au génie individuel et à la spontanéité personnelle le soin de l'appliquer. Il faut cependant bien reconnaître que, même si l'on est dans l'impossibilité de prescrire des recettes sur l'art de bien inventer des idées expérimentales, la méthodologie bernardienne aide cependant le chercheur à mener l'ensemble du processus heuristique à son terme, c'est-à-dire jusqu'à la formulation de la théorie. « La méthode expérimentale ne donnera donc pas des idées neuves et fécondes à ceux qui n'en ont pas ; elle servira seulement à diriger les idées chez ceux qui en ont et à les développer afin d'en retirer les meilleurs résultats possibles. L'idée, c'est la graine ; la méthode, c'est le sol qui lui fournit les conditions de se développer, de prospérer et de donner les meilleurs fruits suivant sa nature. » Ainsi, « la méthode par elle-même n'enfante rien, et c'est une erreur de certains philosophes d'avoir accordé trop de puissance à la méthode sous ce rapport. »[60]

---

[59] BERNARD C., *Introduction à l'étude de la médecine expérimentale*, p.82.
[60] *Ibid.*, p.83.

c) La vérification expérimentale de l'hypothèse

Dans les sciences expérimentales, l'on dit qu'on « vérifie » une hypothèse lorsqu'on soumet celle-ci à des tests en vue de la confirmer par des faits. Lorsque tous les tests sont couronnés par des résultats favorables à l'hypothèse, on dit généralement que celle-ci est « vérifiée ». La vérification désigne par conséquent un processus et le résultat de ce processus.

Mais, en réalité, vu le caractère général et la portée universelle des théories scientifiques, leur vérité ne peut être prouvée que par des tests infinis s'étendant à la totalité des objets réels, virtuels et possibles. Certes, la solidité d'une idée peut être attestée si un nombre important de faits la supporte. En revanche, comme le savent tous les chercheurs, la multiplication des tests ne procure jamais la certitude absolue de la vérité d'une hypothèse. Il s'agit néanmoins d'une précaution utile puisqu'elle accroît la crédibilité et la probabilité de la théorie inférée, mais il s'agit aussi d'une précaution dérisoire si elle vise à asseoir la vérité définitive de l'hypothèse. C'est donc par abus de langage qu'on utilise le terme de vérification pour désigner, dans les méthodologies scientifiques, le processus ou le résultat du processus par lequel on soumet une idée suscitée par l'observation à des tests visant à la confirmer. À strictement parler, dans les sciences, aucune hypothèse ne se trouve *vérifiée* par des tests favorables, fussent-ils multipliés autant que faire se peut. Claude Bernard clarifie ainsi le sens et la portée toute relative de la vérification expérimentale : « Les théories ne sont que des hypothèses vérifiées par un nombre plus ou moins considérable de faits ; celles qui sont vérifiées par le plus grand nombre de faits sont les meilleures ; mais encore ne sont-elles jamais définitives et ne doit-on jamais y croire de manière absolue. »[61]

Cette mise au point étant faite, on peut interroger à présent les formes sous lesquelles se présentent les tests expérimentaux destinés à fonder la crédibilité scientifique des théories. Il y en a deux principales : l'une directe, l'autre indirecte ; dans l'une, l'on cherche les preuves en faveur de l'hypothèse, dans l'autre, on invoque les preuves qui, au contraire, pourraient la contrarier ou l'infirmer.

L'objectif de la preuve directe, c'est de montrer par exemple que quand la cause ou les conditions d'un phénomène se présentent, l'effet attendu suit inéluctablement. On procède à ce type de vérification en multipliant et en diversifiant les conditions d'apparition des causes ou des conditions présumées. Illustrons. Dans "la grande expérience" du Puy-de-Dôme sur le vide, pour tester l'hypothèse selon laquelle la pression atmosphérique est la cause de la suspension du mercure dans le tube de Torricelli, Florin Perier varia les conditions de l'expérience et refit celle-ci plusieurs fois, comme il le raconte lui-même : « Je la (l'expérience) fis encore cinq autres fois très exactement,

[61] *Ibid.*, p. 289.

en divers endroits du sommet de la montagne, tantôt à couvert dans la petite chapelle qui y est, tantôt à découvert, tantôt à l'abri, tantôt au vent, tantôt au beau temps, tantôt pendant la pluie et les brouillards qui nous y venaient voir parfois, ayant à chaque fois purgé soigneusement d'air le tuyau... »[62]

Quant à la contre-vérification proposée dans les tests indirects, elle se justifie par le fait que pour établir qu'un phénomène A est bien l'unique cause d'un phénomène B, il ne suffit pas montrer que toutes les fois que A est présent, B l'est également ; il est nécessaire de montrer également que, lorsque A n'est pas présent, B ne se présente pas non plus : la suppression de la cause doit entraîner celle de l'effet. C'est pourquoi, dans la méthode expérimentale, les contre-vérifications sont absolument nécessaires au fondement d'une théorie. Dans le cas cité plus haut, Blaise Pascal ne se limita pas aux preuves directes apportées par Florin Perier, mais il les compléta par les contre-expériences, consistant à supprimer l'air au-dessus du mercure : dans ces conditions, le mercure descend en chute libre, apportant ainsi la confirmation de l'hypothèse selon laquelle la pression et la pesanteur de l'air sont bien la cause de la suspension du mercure dans le tube.[63]

La confirmation de l'hypothèse par des épreuves et des contre-épreuves autorise l'expérimentateur à ériger en théorie l'hypothèse ainsi consolidée. Toutefois, celui-ci doit toujours être attentif à conformer la portée de théorie à l'extension du champ et à la classe des objets sur lesquels ont porté ses expériences. Par exemple, si les expériences de Pascal n'avaient concerné que le mercure, il n'aurait été en mesure d'énoncer sa loi qu'au sujet de cette liqueur spécifique. L'extension de la loi à l'équilibre de toutes les liqueurs exigeait qu'il variât les liquides dans ses expériences. C'est ce qu'il fit, comme il le relate dans ses *Expériences nouvelles touchant le vide*, dont le sous-titre : "*faites dans des tuyaux, seringues, soufflets et siphons de plusieurs longueurs et figures : avec diverses liqueurs, comme vif-argent, eau, vin, huile, air, etc.*", indique non seulement la variété des dispositifs expérimentaux, mais aussi celle des liqueurs utilisées dans les différentes expériences.

d) L'inférence des faits à partir des théories

La science recherche les théories dont la validité s'étende à des champs nouveaux d'expérience. L'hypothèse pascalienne aurait pu s'arrêter à l'équilibre de l'eau, puisque c'est le liquide qui, à partir des observations du jardinier florentin, avait suscité les premières questions et justifié les premières expériences notamment chez Torricelli. L'enjeu de ces expériences, commencées chez Torricelli et achevées par Pascal, concernait la validité ou

---

[62] PASCAL B., « Relation de l'expérience faite par Monsieur Perier », *Récit de la grande expérience de l'équilibre des liqueurs*, in *Œuvres complètes*, Paris, Gallimard, 1954, p. 397.
[63] PASCAL B., *Traité de la pesanteur de la masse de l'air*, in *Œuvres complètes*, op. cit., pp. 449-451.

l'invalidité de la thèse aristotélicienne contre le vide, d'où l'on avait érigé le dogme scolastique de l'*horror vacui* : la nature, pensait-on, a horreur du vide.

Galilée lui-même n'avait pas rejeté formellement cette idée, mais devant l'expérience apprise du jardinier de Florence, selon laquelle une pompe était incapable d'élever l'eau au-delà de 18 brasses (environ 10 m), il émit l'hypothèse que ''l'horreur du vide'' avait certaines limites. Son élève Torricelli qui reprit l'expérience, y substitua le mercure à l'eau. Il formula alors l'hypothèse selon laquelle, si l'eau est incapable de s'élever naturellement au-dessus d'un certain niveau, le mercure qui est 14 fois plus dense que l'eau sera incapable de s'élever au-dessus de 1/14 du niveau de l'eau, soit environ 76 cm. Pour vérifier cette supposition, il fit remplir un tube de verre d'un mètre avec du mercure et en boucha l'extrémité avec le doigt. Puis, ayant également rempli de mercure un vase, il renversa le tube dans le vase. Le mercure contenu dans le tube descendit dans le vase jusqu'au niveau de 76 cm puis s'arrêta de couler, laissant ainsi le vide au-dessus de ce niveau. Torricelli expliqua la suspension du mercure dans le tube par la pression qu'exerce l'air atmosphérique sur le contenu du vase. L'existence physique du vide venait de recevoir là une convaincante illustration.

Pascal reprit ces expériences entre 1646 et 1647, et parvint aux mêmes conclusions relatives à l'existence du vide. Mais il se heurta aux objections de quelques sceptiques comme le Père Etienne Noël qui réfutait l'existence du vide arguant que l'espace inoccupé dans le tube de Torricelli serait en réalité occupé par de la vapeur de mercure mêlé à de l'air entré dans le tube à travers les « pores du verre ». Pour y répondre, Pascal conçut et fit réaliser le 19 septembre 1648 par son beau- frère Florin Perier les expériences du Puy-de-Dôme. Si l'hypothèse de la pression atmosphérique est vraie, se disait- il, on devrait observer une différence de niveau de mercure entre l'expérience de Torricelli, réalisée au niveau de la mer et la même expérience effectuée en altitude, car la pesanteur et la pression de l'air sont moins importantes en altitude qu'au sol. Perier releva effectivement une différence de 0,8 cm entre les deux niveaux de mercure. Ainsi se trouvait confirmée la thèse de Torricelli, et Pascal pouvait conclure à la vanité de la croyance à l'horreur du vide. « Tous les effets que l'on a attribués à cette horreur (du vide) procèdent de la pesanteur et de la pression de l'air », affirmera-t-il dans son *Récit de la grande expérience de l'équilibre des liqueurs* (1648). Dans la continuité des expériences de Torricelli et de Pascal, on remarque comment les premières hypothèses suggérées par l'impossibilité de l'eau de s'élever au-dessus d'une certaine hauteur se sont élargies à d'autres liqueurs et ont permis d'inventer des expériences nouvelles, des faits nouveaux.

Selon Claude Bernard, l'un des facteurs du progrès des sciences se trouve précisément dans ce renouvellement et cette extension ininterrompus de la base factuelle des théories scientifiques. En effet, dit-il, ces dernières « sont comme des degrés successifs que monte la science en élargissant de plus en plus son horizon, parce que les théories représentent et comprennent nécessairement d'autant plus de faits qu'elles sont plus avancées. » Cette extension peut se faire au moyen de l'élargissement d'une même théorie en l'ouvrant à des expériences nouvelles ; mais elle peut aussi être obtenue par le changement des théories restreintes et l'adoption de nouvelles théories ayant une portée plus large, qui complètent et dépassent par leur amplitude les premières : « Le vrai progrès est de changer de théorie pour en prendre de nouvelles qui aillent plus loin que les premières, jusqu'à ce qu'on trouve une qui soit assise sur un plus grand nombre de faits. »[64]

La conception bernardienne du progrès scientifique n'est donc pas purement cumulative. Fidèle à une représentation dynamique et dialectique des principes scientifiques, Bernard établit une corrélation entre l'extension et l'intensivité ou la fécondité. Certes, des faits en grand nombre sont convoqués pour légitimer et justifier une théorie. Mais les faits qui justifient la théorie et la légitiment ne sont pas seulement ceux qui la suscitent : il y a également ceux qu'elle suscite et engendre par des expériences nouvelles. Lorsqu'une théorie génère ainsi un grand nombre de faits, elle montre aussi bien l'étendue de son champ que sa fécondité. Et là se trouve accrue sa portée explicative qui est fondamentalement liée à sa puissance génératrice, c'est-à-dire à son pouvoir d'anticiper, par l'invention, la découverte de faits nouveaux.

Si Bernard insiste tant sur le lien qui existe entre les progrès scientifiques et l'accroissement des expériences, c'est parce que, contrairement aux théories qui sont éphémères, les faits accumulés par l'expérimentation scientifique constituent le patrimoine indestructible de la science : « Ce sont là, affirme-t-il, les seuls matériaux sur lesquels l'édifice de la science s'élèvera un jour, quand elle possédera un nombre de faits suffisants et qu'elle aura pénétré assez loin dans l'analyse des phénomènes pour en connaître la loi ou le déterminisme exact. »[65] Ainsi, l'histoire des sciences n'est pas constituée par la seule succession des théories, elle l'est aussi par l'accumulation des expériences qui servent à établir ces théories en en élargissant la portée. Cet élargissement est de l'ordre d'un agrandissement continu et ininterrompu tandis que la succession et le dépassement des théories induisent un perfectionnement discontinu qui s'opère par ruptures et substitutions. Voilà pourquoi Claude Bernard fonde la continuité historique de la science sur l'accroissement et la permanence de son patrimoine expérimental.

---

[64] BERNARD C., *Introduction à l'étude de la médecine expérimentale*, op. cit., p. 288.
[65] *Ibid.*, pp. 288-289.

Quand Bernard affirme que « les théories ne sont que des hypothèses vérifiées », il veut dire qu'elles ne sont d'abord que des inventions humaines que l'on confronte aux faits disponibles pour voir si elles sont dignes d'être crues, jusqu'à ce que de nouveaux faits viennent éventuellement les remettre en cause. Elles ne sont jamais définitives et on ne doit « jamais y croire d'une manière absolue ». En revanche, même si dans l'expérimentation, l'homme participe activement à provoquer l'observation des faits, ceux-ci sont fondamentalement extérieurs et indépendants de lui ; ils peuvent par conséquent constituer le patrimoine permanent et indestructible de la science, pourvu qu'ils aient été observés avec toutes les précautions qui leur garantissent leur crédibilité. Bernard souligne cette extériorité et cette indépendance des faits scientifiques : « L'expérimentateur qui se trouve en face des phénomènes naturels ressemble à un spectateur qui observe des scènes muettes. Il est en quelque sorte le juge d'instruction de la nature ; seulement, au lieu d'être aux prises avec des hommes qui cherchent à le tromper avec des aveux mensongers ou par de faux témoignages, il a affaire à des phénomènes naturels qui sont pour lui des personnages dont il ne connaît ni le langage ni les mœurs, qui vivent au milieu de circonstances qui lui sont inconnues. »[66] Dans l'absolu donc, et lorsque les faits sont objectivement déterminés, on peut dire qu'il n'y a pas de mauvaises expériences, selon Bernard, car, « quand elles ne répondent pas à la recherche pour laquelle on les avait instituées, il faut encore profiter des observations qu'elles peuvent fournir pour donner lieu à d'autres expériences. »[67]

La méthode expérimentale telle qu'elle est conçue par Bernard repose, en définitive, sur l'usage cohérent des ressources de trois facultés humaines aux élans souvent contraires : les sens qui, par l'observation, apportent le matériau sensible ; l'imagination dont l'activité créatrice est sollicitée pour impulser les processus psychologiques de formation des hypothèses ou idées théoriques ; la raison qui procède au contrôle et à la validation des théories. Dans ce processus complexe et intégré qui conduit à la formation des théories scientifiques, si les phases opérées respectivement par nos sens (l'observation des phénomènes naturels) et par la raison (la vérification et la validation des hypothèses) peuvent être soumises à des régulations normatives, formelles et explicites, en revanche, on ne pourra jamais édicter de règles universelles pour l'invention des hypothèses, comme l'a dit Bernard : « Il n'y a pas de règles à donner pour faire naître dans le cerveau, à propos d'une observation donnée, une idée juste et féconde qui soit pour l'expérimentateur une sorte d'anticipation intuitive de l'esprit vers une recherche heureuse. L'idée une fois émise, on peut seulement dire comment il faut la soumettre à des préceptes définis et à des règles logiques précises

[66] *Ibid.*, p. 79.
[67] *Ibid.*, p. 273.

dont aucun expérimentateur ne saurait s'écarter ; mais son apparition a été toute spontanée, et sa nature est tout individuelle. »[68]

2- Les facteurs conjoncturels

Bien que la pratique expérimentale soit régie par un certain nombre de règles explicites, sa fécondité répond bien souvent de déterminants impondérables et conjoncturels, tels que l'imagination ou encore le hasard. D'une manière générale, les facteurs extra-méthodologiques de l'invention scientifique sont constitués par les atouts psycho-subjectifs du chercheur, les conjonctures socio-historiques et les circonstances égocentriques favorisant l'émergence des vérités scientifiques.

a) L'imagination

L'utilisation de l'imagination est nécessaire dans la conduite du processus expérimental. L'intervention de cette faculté désignée par le rationalisme classique comme la « folle du logis », du fait qu'elle est, selon la formule de Blaise Pascal, « maîtresse d'erreur et de fausseté », se situe à une phase cruciale de la méthode, là où s'opère le passage des faits aux théories. On pourra se demander si un rôle aussi décisif dévolu à l'imagination n'introduit pas dans la rationalité une part trop importante des facteurs extra-méthodologiques liés aux conditions psychologiques individuelles. N'altère-t-elle pas de cette manière le caractère strictement rationnel de la méthodologie des sciences expérimentales ? Il est certes vrai que même dans les phases de la méthode relevant des sens ou de la raison, ces facteurs ne sont pas totalement absents, mais leur rôle y reste relativement marginal et contrôlable. Au contraire, dans l'invention des idées scientifiques, ils deviennent à la fois inévitables et incontrôlables, et posent incontestablement, quoi qu'en dise Claude Bernard, la question de l'articulation de ces déterminants extra-méthodologiques aux objectifs d'une rationalité maîtrisée des démarches scientifiques.

Mais il est incontestable que la fécondité de l'imagination reste un facteur subjectif essentiel dans la conduite du processus expérimental. Dans la suggestion des hypothèses, l'imagination part des connaissances accumulées par le chercheur et les confrontent au phénomène nouveau. Puis, lorsque le sujet s'aperçoit qu'il ne connaît aucune théorie susceptible d'expliquer celui-ci, il forme toute sorte d'idées en guise d'hypothèses, des plus banales aux plus audacieuses, des plus farfelues aux plus judicieuses. Aucune entrave ne doit être dressée contre la totale expression de cette liberté d'imaginer des suppositions explicatives, en attendant de les soumettre à la critique expérimentale. C'est ainsi que les conjectures scientifiques sont d'abord des inventions de l'esprit, avant que la vérification expérimentale n'en fasse des découvertes.

---

[68] BERNARD C., *Introduction à l'étude de la médecine expérimentale*, Paris, Flammarion, Coll. Champs classiques, 2008, pp.81-82.

Il est rare qu'un chercheur ait d'un premier coup et d'un seul trait l'intuition de l'hypothèse qui convient. Devant un phénomène inexpliqué, il est plutôt généralement envahi par une foule d'idées explicatives dont *a priori* il n'a aucune raison de retenir certaines et d'écarter d'autres. C'est l'expérience et le raisonnement ultérieurs qui permettent d'éliminer les moins vraisemblables. Voici un exemple, rapporté par Carl Hempel dans *Philosophy of Natural Sciences* (1966). Cherchant la cause de l'épidémie de fièvre puerpérale qui décimait les patients de la salle n°1 du service d'obstétrique de l'hôpital de Vienne (entre1844 et 1846), le médecin Ignace Semmelweis élabora des conjectures de toutes sortes, les unes ayant déjà cours dans l'opinion, les autres de sa propre invention.[69] Et, s'il ne retint finalement que l'hypothèse de l'infection, ce ne fut qu'après avoir démontré l'inconsistance des autres hypothèses en les confrontant aux données de l'expérience.

Il arrive cependant quelquefois que l'imagination livre au chercheur, dans un éclair d'inspiration, l'hypothèse recherchée. L'étonnante histoire de la découverte de la forme hexagonale de la molécule de benzène, en 1865, par le chimiste allemand August Kekulé, est souvent citée comme une des illustrations les plus édifiantes du rôle bénéfique de l'inspiration en science. La solution du problème de la structure chimique de cet hydrocarbure fut apportée par l'interprétation d'un événement sans lien rationnel avec le phénomène étudié : les figures que dessinaient des volutes de flammes ! Une imagination fertile, débordante même, ne doit pas toujours être perçue comme un handicap pour le scientifique, ou comme un obstacle à l'expression de la rationalité.

b) Le hasard

Si de nombreuses théories scientifiques sont nées d'observations fortuites, en réalité, le hasard en science peut épouser les formes les plus diverses. Dans les expériences scientifiques, il se manifeste de différentes manières.

Lorsqu'une observation banale retient l'intérêt du chercheur

C'est sans doute, dans l'interrogation que suscita chez l'homme l'observation habituelle de certains de phénomènes de la nature que la science a trouvé son origine la plus lointaine, bien plus que dans l'apparition

[69]HEMPEL C., *Éléments d'épistémologie*, trad. B. Saint-Sernin, Paris, A. Colin, 1996, p 59. Diverses causes furent évoquées, telles que des ''influences épidémiques'', l'encombrement du service n°1, le régime alimentaire, les lésions provoquées chez les patientes lors des accouchements par des étudiants malhabiles, l'angoisse que provoquait chez les patientes le passage du prêtre portant les derniers sacrements aux mourants, etc. Semmelweis échafauda lui-même d'autres hypothèses expliquant la mortalité élevée dans le service n°1, telles que l'adoption de la position dorsale par les patientes lors des accouchements, ou encore l'infection que provoquaient chez elles le contact avec la ''matière cadavérique''...

de phénomènes véritablement nouveaux. Les sciences les plus anciennes, telles que l'astronomie, ne sont pas nées avec l'observation de faits exceptionnels, comme des éclipses ou des comètes, mais avec l'observation intriguée du rituel quotidien du mouvement du soleil, la périodicité de la lune, la récurrence des déplacements de Vénus... D'une manière générale, l'observation commune d'un phénomène naturel inexpliqué finit toujours par mobiliser l'intérêt des scientifiques. Quant au moment où la science "choisit" de s'y arrêter et de se livrer à l'étude de tels phénomènes pourtant observés de longue date, il dépend d'une connexion complexe de circonstances historiques, des progrès scientifiques ou de l'intérêt personnel manifesté par un savant pour le problème posé par le phénomène. Ce sont ces impondérables conjoncturels qui expliquent que, bien que les hommes aient observé depuis longtemps les déformations apparentes d'un bâton plongé dans l'eau, ce soit au 17ème siècle seulement que l'on ait pu, grâce à Descartes, expliquer ce phénomène par les lois de la réfraction. Ou encore, bien que toutes les ménagères aient remarqué que le couvercle d'une marmite se soulève lorsque l'eau qu'elle contient se met à bouillir, ce soit seulement aux 17ème et 18ème siècles que Denis Papin en recherche et découvre le principe et conçoive à partir de cette découverte le principe du piston et de la machine à vapeur.

Lorsque des faits anodins mettent les scientifiques sur la voie des découvertes

Le génie des scientifiques s'exerce souvent sur des faits anodins, considérés par la plupart des hommes comme dignes de peu d'intérêt. L'un des traits les plus remarquables des authentiques savants est de savoir s'arrêter sur un phénomène négligé par tous et avoir suffisamment de flair pour pressentir un intérêt scientifique dans un phénomène apparemment insignifiant. C'est cette perspicacité qui permit à Archimède, selon la légende, à partir de la simple observation de l'eau débordant d'une cuve à bain, de découvrir la loi de l'équilibre hydrostatique. C'est encore cette disposition mentale qui orienta le regard et l'attention de Galilée vers l'oscillation anodine de lustre de la cathédrale de Pise pour en tirer la loi de l'isochronisme du mouvement pendulaire. Ainsi n'est-il pas rare qu'un chercheur trouve sa gloire dans l'intérêt porté à un détail habituellement négligé par ses confrères. Henry Le Chatelier, dans son ouvrage *De la méthode dans les sciences expérimentales*, propose l'exemple du chimiste français Marcelin Berthelot (1827-1907), passé maître dans « l'habileté à saisir les détails intéressants d'une expérience. »[70] Il rapporte comment, « au cours d'analyses de gaz, (Berthelot) eut l'occasion de remarquer, dans les dosages d'oxygène par l'acide pyrogallique, la formation d'un petit résidu gazeux inabsorbable. Plusieurs chimistes

[70] Le CHATELIER H., *De la méthode dans les sciences expérimentales*, (1936), Paris, Dunod, rééd.1947, p. 49.

avaient déjà rencontré ce phénomène, mais ils l'avaient considéré comme négligeable et ne s'en étaient pas occupés davantage. En cherchant l'explication de ce fait de détail, Berthelot découvrit une réaction nouvelle très curieuse, le dégagement d'oxyde de carbone pendant l'oxydation du pyrogallate de potassium. »[71]

La survenue de faits inattendus dans une expérience provoquée.

Le hasard provoque la présence des faits imprévus, inattendus, et qui déroutent le chercheur parce qu'ils ne sont pas ceux qu'il espérait ou parce qu'ils sont inexplicables par les théories existantes. Ce type de faits peut être observé lors d'expériences de routine destinées à confirmer ou à illustrer des théories déjà éprouvées, ou dans des expérimentations sans but prédéfini, faites juste « pour voir ». L'observation qui conduisit Alexander Fleming à la découverte de la pénicilline relève du premier cas, la découverte d'Uranus par William Herschel en 1781, du deuxième[72].

c) L'équation personnelle

L'un des déterminants les plus impondérables des découvertes expérimentales tient au génie du chercheur, à sa personnalité profonde, à ses atouts innés ou acquis, bref à son équation personnelle. Ces dispositions qui ne favorisent que chez de très rares savants les inventions ou les découvertes les plus audacieuses, se rapportent à quelques variantes fondamentales : la culture scientifique du chercheur, le flair expérimental, la liberté d'esprit, la puissance de l'imagination.

La culture scientifique

La science, dit-on, ne parle qu'à ceux qui en sont instruits. Un ignorant passera à côté d'observations capitales pour telle discipline, sans y manifester le moindre intérêt, parce qu'il n'est pas instruit de l'état de problèmes scientifiques qui s'y rapportent. Le hasard même ne peut favoriser qu'un esprit déjà préparé et, pour ainsi dire, en attente. Pour emprunter une métaphore d'Henry Le Chatelier, on dirait ceci : « Un bœuf qui broute toute la journée, voit de temps en temps des herbes qu'il n'a jamais rencontrées auparavant, il ne devient pas pour cela un botaniste. »[73]

Mais la culture scientifique ne distingue pas seulement le scientifique de l'ignorant. En raison des spécialisations, les scientifiques pratiquant la même

---

[71] *Ibid.*, pp. 49-50

[72] La découverte d'Uranus ne procéda pas d'une recherche poursuivant un objectif prédéfini. Ce fut simplement par curiosité que William Herschel qui promenait l'objectif du télescope (de sa propre fabrication) dans le ciel, rencontra au hasard de cette randonnée céleste, le 13 mars 1781, une « curieuse étoile nébuleuse ou peut-être une comète. » Puis, après l'avoir régulièrement observée pendant un an, il comprit qu'il venait de découvrir la septième planète du système solaire (qui en comprend officiellement huit : Mercure, Vénus, Terre, Mars, Jupiter, Saturne, Uranus, Neptune).

[73] Le CHATELIER H., op. cit, p. 60.

discipline peuvent se trouver étrangers aux questions qui préoccupent et mobilisent les chercheurs d'un champ disciplinaire pourtant proche du leur. Un botaniste n'accordera peut-être aucune attention à un phénomène qui pourra intriguer un zoologiste et vice versa. Et chez les zoologistes eux-mêmes, des savants attentifs à l'étude des insectes, ne seront pas forcément les plus aptes à des découvertes sur de grands animaux même s'ils vivent et travaillent dans un environnement particulièrement propice à de telles découvertes. C'est donc la culture scientifique qui forge les intérêts et les attentes spécifiques du chercheur, qui oriente ses observations et le dispose aux découvertes.

Il y a certes la nature et le niveau de connaissance individuelle, mais il y a aussi l'état des progrès scientifiques et techniques qui peut être cité comme une variable déterminante dans la connaissance ou dans la reconnaissance d'un phénomène digne d'intérêt, alors que celui-ci a parfois été observé de longue date. Par exemple, la qualité technique du télescope de William Herschel (au pouvoir de grossissement inégalé à cette époque : 6450 fois plus) contribua beaucoup à l'observation, l'identification et la reconnaissance d'Uranus comme planète, alors même que celui-ci avait déjà été observé avec des outils moins performants dix-sept fois auparavant. John Flamsteed (1946-1719), directeur de l'observatoire de Greenwich, fut le premier à avoir vu ce corps céleste, en 1690, mais ne disposant pas des mêmes moyens techniques, il ne put l'identifier, à la manière de Herschel, comme une planète du système solaire situé au-delà de Saturne.

Le flair expérimental

Les découvertes scientifiques résultent souvent d'observations fortuites ou anodines. Mais la disposition d'esprit qui permet à un chercheur de remarquer de tels phénomènes dépend de la possession d'un atout psychologique particulier : le flair expérimental. Celui-ci se présente sous deux aspects : l'intuition pour reconnaître un phénomène intéressant, et la perspicacité à former, à titre d'hypothèses, les lois qui l'expliquent. Le flair expérimental est une disposition inégalement partagée chez les scientifiques. Il ne peut être codifié d'aucune façon, qu'il se rapporte à la capacité d'observer ou à celle d'imaginer les meilleures hypothèses, parce que son fonctionnement ressortit à des mécanismes inconscients. Bernard a raison : « Il n'y a pas de règles à donner pour faire naître dans le cerveau, à propos d'une observation donnée, une idée juste et féconde qui soit pour l'expérimentateur une sorte d'anticipation intuitive de l'esprit vers une démarche heureuse (...) C'est un sentiment particulier, *un quid proprium*, qui constitue l'originalité, l'invention ou le génie de chacun. »[74]

---

[74] BERNARD C., *Introduction à l'étude de la médecine expérimentale*, pp. 81-82.

La liberté d'esprit

L'indépendance de l'esprit vis-à-vis de toute sorte d'autorité constitue une des conditions essentielles de l'exercice de la science, comme le souligne Claude Bernard : « La première condition que doit remplir un savant qui se livre à l'investigation dans les phénomènes naturels, c'est de conserver une entière liberté d'esprit assise sur le doute philosophique. »[75] L'esprit scientifique en effet ne peut parvenir à des conquêtes nouvelles qu'en étant critique de ses acquis, qu'en rejetant toute forme de dogmatisme et de conservatisme. Toutes les grandes révolutions, toutes les découvertes originales et audacieuses, en sciences, s'expliquent par la posture critique et insoumise de leurs auteurs qui favorisa chez eux la remise en question des théories communément admises. Certes, les révolutions sont souvent provoquées objectivement par la survenue de phénomènes réfractaires aux théories existantes, et « quand le fait qu'on rencontre est en opposition avec une théorie régnante, il faut accepter le fait et abandonner la théorie, alors même que celle-ci soutenue par de grands noms, est généralement adoptée », dit Claude Bernard.[76] Mais, subjectivement, la remise en question d'une théorie n'est possible que si l'esprit est entièrement libre et prêt à renoncer à des vérités qu'il a d'abord crues pour en adopter de nouvelles, qui lui paraissent mieux fondées. De cette exigence générale de la méthode expérimentale dépend la capacité d'innover en science.

L'histoire des sciences est fournie en exemples montrant comment une prévention excessive en faveur des théories régnantes peut amener le chercheur à rater le train d'une révolution pourtant amplement à sa portée. Qu'il suffise de donner le cas du physicien américain Albert Michelson. Alors que des expériences infructueuses pour détecter le ''vent d'éther''[77] le conduisaient logiquement vers la remise en question de l'existence de l'éther, il se trouva que trop attaché à la théorie ondulatoire de la lumière, qui avait nécessité la postulation de l'éther par Huygens puis par Fresnel (comme milieu matériel de propagation des ondes lumineuses), il n'osa pas révoquer en doute ce milieu hypothétique, préférant mettre en question la fiabilité de ses propres observations. Einstein, lui, rejeta l'idée de l'éther, s'ouvrant ainsi la voie royale de la découverte de l'invariance de la vitesse de la lumière qui constitue l'un des principes de base de la théorie de la relativité.

L'attitude conservatrice est à l'opposé de la posture critique et novatrice qui caractérise l'esprit scientifique. Si Kepler était resté tenu par le dogme de

---

[75] *Ibid.*, p. 85.

[76] *Ibid.*, p. 287.

[77] Albert Michelson (1852-1937) effectua, d'abord seul en 1881 à Berlin et à Potsdam, les expériences pour détecter, au moyen de l'interféromètre, l'effet du vent d'éther sur la direction et la vitesse de la lumière. Ces expériences furent vaines. Aussi les reprit-il en 1887 à Cleveland en compagnie d'Edward Morley (1838-1923). Mais ces dernières expériences, non plus, ne permirent pas de détecter l'influence de l'éther sur le mouvement de la lumière.

la circularité des mouvements planétaires admis depuis l'antiquité, et approuvée par Copernic même, il n'aurait pas accepté le caractère elliptique des orbites alors que celui-ci s'offrait à l'évidence de ses observations et de ses calculs. Au contraire, ayant observé l'inadéquation de la trajectoire réelle de Mars avec celle prévue conformément au principe de la circularité, il n'hésita pas à privilégier le fait nouveau au détriment de la théorie ancienne et à remettre en cause la circularité du mouvement orbital de Mars. Cela devait le conduire à la découverte de la forme elliptique du mouvement orbital des planètes, bien qu'il fût copernicien et que Copernic n'eût pas explicitement renoncé au dogme de la circularité.

L'importance des facteurs conjoncturels dans la pratique expérimentale montre à quel point il est impossible de réduire la démarche scientifique à ses seules composantes rationnelles judicieusement codifiées. La fécondité des sciences dépend de l'apport dynamique, équilibré et complémentaire des ressources rationnelles et extra-rationnelles. Claude Bernard lui-même le sait et affirme clairement que la méthode expérimentale repose sur un trépied : « le sentiment, la raison et l'expérience. » En effet, dit-il, « dans la recherche de la vérité au moyen de cette méthode, le sentiment a toujours l'initiative, il engendre l'idée a priori ou l'intuition ; la raison ou le raisonnement développe ensuite l'idée et déduit ses conséquences logiques. Mais si le sentiment doit être éclairé par les lumières de la raison, la raison à son tour doit être guidée par l'expérience. »[78]

3- Les principes dialectiques de la pratique expérimentale

Dans l'application de la méthode expérimentale, le chercheur est souvent placé au carrefour d'exigences paradoxales, voire contradictoires. La nature même de l'expérimentation lui commande de faire recours complémentairement à ces principes dans une dynamique indispensable à l'émergence de la théorie scientifique. Ainsi, par exemple, le savant moderne, suivant la conception de Bernard, n'est pas un simple collectionneur de faits ; sa démarche est un va-et-vient permanent entre les faits et les raisonnements. Il n'utilise pas que l'induction comme le croyait Bacon, mais il associe l'induction à la déduction. Il allie les outils des sciences théoriques avec les ressources des techniques ; il est à la fois théoricien et praticien. Il fait fond des faits que lui procure aussi bien l'expérience méthodique que le hasard, etc.

a) Induction et déduction

La démarche expérimentale repose sur un usage mixte de l'induction et de la déduction. En effet, s'il est vrai que souvent l'investigation scientifique commence avec des faits pour en induire des théories, les théories à leur tour servent le point de départ pour déduire de nouveaux faits. Ainsi, en principe, l'induction et la déduction sont certes deux types d'inférence tout à fait dis-

---

[78] BERNARD C., *Introduction à l'étude de la médecine expérimentale*, p. 74.

tincts, mais « dans la pratique, dit Bernard, il me paraît bien difficile de justifier cette distinction et de séparer nettement l'induction et la déduction ».[79] En effet, explique-t-il, « si l'esprit de l'expérimentateur procède ordinairement en partant d'observations particulières pour remonter à des principes, à des lois générales, il procède aussi nécessairement de ces mêmes propositions générales ou lois pour aller à des faits particuliers qu'il déduit logiquement de ces principes ».[80] Voilà pourquoi l'auteur de l'*Introduction à l'étude de la médecine expérimentale* refuse l'affectation traditionnelle de l'induction aux sciences de la nature et de la déduction aux sciences logiques et mathématiques. Cette distribution lui semble ignorer la complexité des démarches scientifiques, dans lesquelles s'imbriquent des inférences de types différents.

En fait, selon Bernard, toutes les sciences, sans exclusive, procèdent aussi bien inductivement que déductivement. Par exemple, « quand les mathématiciens étudient des sujets qu'ils ne connaissent pas, ils induisent comme les physiciens, comme les chimistes ou comme les physiologistes (...) Les principes de théories qui servent de base à une science, quelle qu'elle soit, ne sont pas tombés du ciel ; il a fallu nécessairement y arriver par un raisonnement investigatif, inductif, interrogatif, comme on voudra l'appeler. »[81] Une différence subsiste néanmoins entre l'induction mathématique et celle qui a cours dans les démarches des sciences de la nature : les objets sur lesquels portent les inférences du physicien ou du naturaliste sont des faits observés ; ceux dont partent les inductions mathématiques sont des « relations de choses considérées dans des conditions extrêmement simples et que le mathématicien choisit et crée en quelque sorte dans son esprit ».[82] En retour, l'expérimentateur, lui aussi, procède déductivement, comme le mathématicien. Toutefois, si la déduction mathématique aspire à fonder la vérité formelle et absolue des théorèmes, celle en usage dans les sciences de la nature ne conduit qu'à des théories provisoires.

Mieux encore, aux yeux de Bernard, l'induction et la déduction ne sont pas seulement complémentaires dans les processus heuristiques, elles sont de la même nature car, en définitive, « il n'y a pour l'esprit qu'une seule manière de raisonner, comme il n'y a pour le corps qu'une seule manière de marcher. » Aussi, dit Bernard, « je ne crois pas que l'induction et la déduction constituent réellement deux formes de raisonnement essentiellement distinctes. L'esprit de l'homme a, par nature, le sentiment ou l'idée d'un principe qui régit les cas particuliers. Il procède toujours instinctivement d'un principe qu'il a acquis ou qu'il invente par hypothèse ; mais il ne peut

---

[79] *Ibid.*, p. 98.
[80] *Idem.*
[81] *Ibid.*, p. 100.
[82] *Ibid.*, p. 101.

jamais marcher dans les raisonnements autrement que par syllogisme, c'est-à-dire en procédant du général au particulier. »[83]

b) Faits et théories

Dans les sciences de la nature, le fait qui sert de point de départ d'une inférence inductive n'est jamais un fait brut, mais un fait déjà porté par une idée préconçue. En effet, comme on l'a dit, l'élection d'un fait pertinent ou intéressant est déjà un acte théorique et rationnel dont l'objectif est, par exemple, d'insérer ce fait dans un processus de confirmation ou de réfutation d'une théorie existante. Aucun fait ne s'impose ainsi à l'expérimentateur s'il n'est porté par une arrière-pensée théorique. Un fait scientifique est toujours, pour ainsi dire, un fait rationnel. Et donc finalement, la science ne commence par les faits que pour autant que ceux-ci sont virtuellement gros d'une charge théorique. Pour cette raison, on peut dire que même dans l'inférence inductive, le raisonnement expérimental ne commence pas avec les faits mais avec les théories. En science, il est difficile d'être un empiriste dogmatique parce que la croyance au fait brut se révèle toujours, en définitive, comme une illusion.

c) Hasard et nécessité

Bien souvent les idées expérimentales sont suggérées par les faits accidentels. Toutefois, même si l'origine d'une idée tient du hasard, celle-ci n'est admise dans le corps des théories scientifiques qu'après avoir été rationnellement testée à l'épreuve de l'expérience.

Bernard ne renie pas le hasard. Il sait que la science lui doit de nombreuses découvertes. Toutefois, dans une méthodologie rationaliste comme la sienne, il faut relativiser le rôle du hasard dans les processus heuristiques : celui-ci fournit parfois l'impulsion d'une découverte, mais, pour être assumée comme une authentique découverte scientifique, la théorie doit être reprise en charge *a posteriori* par un processus rationnel de validation, au terme duquel pourra être attestée sa vérité.

Le secours du hasard dans la science relève par conséquent des apports impondérables dont on a déjà parlé ; mais, pour Claude Bernard, cette occurrence n'a aucune signification ontologique : les phénomènes de la nature sont soumis en réalité à un déterminisme absolu et objectif. Tous les faits sont objectivement déterminés, et la science vise à découvrir les facteurs qui les déterminent. Aucun fait, aucun phénomène n'est donc dû au hasard : ils relèvent de causes naturelles qu'il appartient justement à la science de découvrir.

Le déterminisme universel est le postulat central de la science expérimentale. Croire à la science, c'est, dit Claude Bernard, croire au déterminisme,

---

[83] *Ibid.*, p. 102.

c'est-à-dire « au rapport absolu et nécessaire des choses, aussi bien dans les phénomènes propres aux êtres vivants que dans tous les autres. »[84] Même si le hasard se présente parfois comme la condition de l'observation de certains faits, de sorte qu'il peut favoriser le rapport subjectif et conjoncturel de l'homme à la nature, il n'intervient jamais en tant que cause objective des faits mêmes car les causes des faits sont toujours d'autres faits. C'est en vertu de ce principe que la connaissance rationnelle des phénomènes est possible. Toute science est donc d'abord une étiologie. Pour Bernard, la médecine expérimentale par exemple ne consiste tout entière qu'en recherche de causes : dans l'étude de la physiologie, on cherche à connaître et à maîtriser les causes du fonctionnement normal de l'organisme ; dans celle de la pathologie, on vise la connaissance des causes des dysfonctionnements organiques ; enfin dans la recherche thérapeutique, l'expérimentateur veut découvrir les facteurs qui expliquent l'efficacité des soins et le rétablissement du malade. C'est la croyance à ces causes qui justifie et motive la recherche expérimentale, notamment en médecine : « La médecine expérimentale est la science, non pas seulement des lois de classification ou d'espèces des maladies, mais la science qui donne les lois du mécanisme de leur évolution avec la connaissance de leur déterminisme étiologique et curatif », selon Bernard.[85]

d) Science et technique

Les sciences expérimentales, plus encore que toutes les autres, ont besoin d'instruments et d'outils fournis par les techniques, pour réaliser leurs investigations. «Tous leurs progrès se mesurent par le perfectionnement de leurs moyens d'investigation. »[86] Il y a en fait une solidarité très forte entre la science et la technique, car s'il est vrai que l'évolution des savoirs théoriques dépend des moyens que leur donnent les connaissances appliquées, ces dernières doivent à leur tour leurs progrès à l'évolution des premières.

Dans les sciences expérimentales, le chercheur est appelé à faire preuve d'une égale maîtrise de la théorie et de la pratique expérimentales. Il s'ensuit que même s'il n'est pas nécessairement l'inventeur de ses instruments, il doit en maîtriser parfaitement l'usage technique. Tout expérimentateur doit « être à la fois théoricien et praticien. S'il doit posséder d'une manière complète l'art et instituer les faits d'expérience que sont les matériaux de la science, il doit aussi se rendre compte clairement des principes scientifiques qui dirigent notre raisonnement au milieu de l'étude expérimentale si variée des phénomènes de la nature. Il serait impossible de séparer ces deux

[84] *Ibid.*, p .82.
[85] BERNARD C., *Principes de médecine expérimentale*, Paris, P. U. F. / Quadrige, 1987, p. 7.
[86] BERNARD C., *Introduction à l'étude de la médecine expérimentale*, p. 52.

choses : la tête et la main. Une main habile sans tête qui la dirige est un instrument aveugle : la tête sans la main qui réalise reste impuissante. »[87]

Ainsi, la méthode expérimentale moderne est établie sur l'articulation dialectique et dynamique de ses principes paradoxaux. Le progrès de la connaissance s'explique par l'apport complémentaire de ces exigences et se trouve ainsi régulé par la cohésion d'opérations distinctes, voire divergentes, dont l'équilibre assure la stabilité des processus de la découverte.

4- De l'usage controversé des mathématiques

D'un point historique, la méthodologie des sciences biologiques a été élaborée sur la base de la relativisation de l'importance des mathématiques comme puissance inventive. Or, si la physique théorique s'est dotée d'un tel instrument pour s'assurer d'une quête structurée et rationnelle des vérités scientifiques, pourquoi les promoteurs de la méthode expérimentale dans les sciences du vivant s'en méfient-ils et s'en privent-ils ? Le contraste est en effet saisissant entre un Galilée vantant à juste raison la fécondité heuristique des mathématiques et un Claude Bernard qui, bien qu'il rende hommage au génie méthodologique du savant florentin[88], met néanmoins en garde contre l'usage des mathématiques dans les sciences de la vie. S'agissait-il, pour ce dernier, de tenir une position de principe qui ne s'expliquerait pas par la spécificité des phénomènes vitaux ? On peut le croire puisque précisément l'extension de la méthode expérimentale à l'étude de ces phénomènes exigeait que soit mis entre parenthèses tout ce qui pouvait être présenté comme une caractéristique irréductible du vivant et justifier une posture vitaliste dans l'approche scientifique de la vie.

Sur les rapports des sciences expérimentales aux mathématiques en général, Claude Bernard avait noté, on s'en souvient, que les deux types de connaissances emploient à la fois l'induction et la déduction dans leurs inférences, et que c'est une erreur de croire que les méthodes des premières reposent exclusivement sur l'induction et celles des secondes sur la déduction. Elles partent, toutes les deux, dit-il, de l'observation pour s'élever vers des principes généraux, puis à partir de ces principes, elles dérivent les lois particulières. « Le mathématicien et le naturaliste ne diffèrent pas quand ils vont à la recherche des principes. Les uns et les autres induisent, font des hypothèses et expérimentent, c'est-à-dire font des tentatives pour vérifier l'exactitude de leurs idées » et, « quand ils partent d'un principe, le mathématicien et le naturaliste emploient l'un et l'autre la déduction. »[89]

---

[87] *Ibid.*, p. 34.
[88] *Ibid.*, p. 109 : L'expérimentation est une « méthode que Galilée et Torricelli ont si admirablement pratiquée… »
[89] *Ibid.*, p. 100 & p. 101.

Cependant les mathématiques et les sciences expérimentales diffèrent radicalement quant au statut de leurs principes. Non seulement les axiomes et postulats auxquels conduisent les inductions mathématiques expriment des vérités ''absolues''[90], parce que les mathématiques « représentent les rapports des choses dans les conditions d'une simplicité idéale »[91], mais encore les déductions mathématiques sont « absolues et certaines » parce que leur validité n'est soumise qu'aux exigences de la logique et n'a pas besoin d'être attestée par l'expérience. Au contraire, les principes des sciences de la nature sont provisoires et leur portée est relative « au nombre d'expériences et d'observations qui ont été faites ».[92] Cette relativité des vérités des inférences expérimentales oblige le chercheur à la plus grande circonspection dans l'utilisation des moyens et des outils mathématiques.

Claude Bernard ne refuse pas le droit aux sciences expérimentales portant sur les phénomènes naturels les plus simples de procéder à la manière des mathématiques et à saisir « certains rapports qui paraissent absolus ».[93] Mais, même dans les sciences de la nature les plus abstraites, procéder en dérivant des principes généraux les lois de la nature, par une voie purement logique, n'est pas sans danger. Dès que les inférences concernent les phénomènes de la nature, elles ne peuvent plus se soustraire à la validation expérimentale, sous peine de conduire à des extrapolations sans prises sur les événements naturels. Ainsi, « l'application de l'analyse mathématique à des phénomènes naturels, quoique très simples, peut avoir des dangers si la vérification expérimentale est repoussée d'une manière complète. Dans ce cas, l'analyse mathématique devient un instrument aveugle si on ne la retrempe de temps en temps au foyer de l'expérience », affirme Bernard. [94] On est loin de l'idée d'une déduction axiomatique des lois de la nature.

L'usage des procédés et des outils mathématiques, présente, aux yeux de Bernard, non seulement le risque de conduire les sciences à des conclusions qui n'ont aucun ancrage dans la réalité objective et naturelle, mais aussi de former des lois de la nature qui auraient la forme des principes absolus des mathématiques. Or, pense-t-il, c'est une différence essentielle entre les sciences naturelles et les disciplines mathématiques, que les premières sont des connaissances relatives et provisoires et le secondes absolues et définitives. « Quand nous faisons une théorie générale dans nos sciences, la seule chose dont nous soyons certains, c'est que toutes ces théories sont fausses absolument parlant. » Cela signifie qu'elles « ne sont que des vérités partielles et provisoires qui nous sont nécessaires, comme des degrés sur lesquels nous nous reposons, pour avancer dans l'investigation ; elles ne repré-

---

[90] *Ibid.*, p. 87.
[91] *Ibid.*, p. 75.
[92] *Ibid.*, p. 76.
[93] *Idem.*
[94] *Ibid.*, pp. 76-77.

sentent que l'état actuel de nos connaissances, et, par conséquent, elles devront se modifier avec l'accroissement de la science, et d'autant plus souvent que les sciences sont moins avancées dans leur évolution ».[95] C'est pourquoi, le type d'esprit qui y est en œuvre pour faire naître les théories doit être absolument libre, et l'imagination déliée de toute entrave.[96]

Dans la recherche mathématique une telle liberté n'existe pas, pense Claude Bernard. Elle n'existe ni dans l'érection des principes axiomatiques, ni dans la déduction des théorèmes. Les vérités mathématiques sont absolues et immuables et s'imposent d'une manière nécessaire : « Dans les mathématiques, quand on part d'un axiome ou d'un principe dont la vérité est absolument nécessaire et consciente, la liberté n'existe plus ; les vérités acquises sont immuables. Le géomètre n'est pas libre de mettre en doute si les trois angles d'un triangle sont égaux ou non à deux droits ; par conséquent, il n'est pas libre de rejeter les conséquences logiques qui se déduisent de ce principe. »[97]

Bernard a sans doute raison de voir une différence irréductible entre les objets des mathématiques et ceux des sciences de la nature et d'appeler à la plus grande circonspection quant à la mathématisation des sciences naturelles, les premiers étant rapportés aux *conditions d'une simplicité idéale*, les autres étant restitués aux conditions de leur complexité naturelle. Les sciences de la nature ne peuvent et ne doivent jamais être détachées de l'expérience ni se fonder exclusivement sur des raisonnements logiques.

On peut toutefois s'étonner qu'en 1865, Bernard puisse encore penser que les vérités mathématiques sont « absolues » et immuables, et que, par exemple, « le géomètre n'est pas libre de mettre en doute si trois angles d'un triangle sont égaux ou non à deux droits ». Depuis le 18ème siècle en effet, les travaux du père Giovanni Girolamo Saccheri, ainsi que ceux de Johann Heinrich Lambert et surtout de Carl Friedrich Gauss avaient ouvert une brèche dans la géométrie euclidienne, en montrant qu'il est possible de substituer au postulat des parallèles d'autres postulats. En 1823, János Bolyai et en 1826, Nikolaï Lobatchevski avaient jeté les fondements de la géométrie dite « hyperbolique », expression par laquelle Félix Klein désignera cette science de l'espace à courbure négative et dans laquelle la somme des angles d'un triangle est inférieure à deux droits. En 1854, Bernhard Riemann fondait la géométrie « elliptique », développant les conséquences mathématiques de la postulation d'un espace à courbure positive. L'une de ces conséquences est précisément que la somme des angles d'un triangle y est supérieure à deux droits. Le physiologiste ne semble tenir aucun compte de cette

---

[95] *Ibid.*, p. 85.
[96] *Ibid.*, p. 86.
[97] *Ibid.*, p. 87.

révolution qui mettait à jour la relativité et le caractère non absolu des postulats de la géométrie euclidienne.

Cependant Bernard reconnaît que les mathématiques peuvent être utiles aux sciences expérimentales lorsqu'elles leur permettent d'exprimer leurs lois avec toute la précision quantitative nécessaire. En effet, dit-il, « dans les sciences expérimentales, la mesure des phénomènes est un point fondamental, puisque c'est par la détermination quantitative d'un effet relativement à une cause donnée que la loi des phénomènes peut être établie ».[98] Cette disposition est valable aussi bien pour les sciences physico-chimiques que pour les sciences biomédicales. Mais, ajoute-t-il, comme « les conditions d'existence de tout phénomène sont déterminés de manière absolue », la précision mathématique des lois de la nature doit traduire une proportion certaine et non probabilitaire ou statistique. Bernard, fidèle à une vision entièrement déterministe de la science, rejette en effet les lois stochastiques : « J'avoue que je ne comprends pas pourquoi on appelle *lois* les résultats qu'on peut tirer de la statistique ; car la loi scientifique, suivant moi, ne peut être fondée que sur une certitude et sur un déterminisme absolu et non sur une probabilité. »[99]

Mais, là encore, une telle perception de la loi scientifique est-elle encore défendable aujourd'hui, après que l'usage des lois statistiques a donné la preuve de toute leur fécondité notamment dans les sciences humaines (sociologie, psychologie linguistique...), et qu'une science éminemment positive comme la physique quantique, a été entièrement construite sur des lois probabilitaires? En tout état de cause, Bernard qui défendait une orthodoxie classique de la science ne pouvait pas envisager que la révolution quantique viendrait bouleverser la conception déterministe de la science. Aussi croyait-il que les lois scientifiques ne consisteraient jamais en déterminations de fréquences statistiques, qu'elles procéderaient toujours à des généralisations universelles fondées sur un déterminisme absolu. Les lois statistiques apparaissent, d'un point de vue classique, comme l'expression d'un aveu d'échec de l'élaboration théorique, puisqu'elles ne sont en définitive que des synthèses descriptives au lieu d'être l'expression d'anticipations prospectives. Or aucune science théorique ne peut se contenter de décrire la nature, fût-ce au moyen de synthèses statistiques. Ce serait réduire la science aux faits, et contrarier son ambition de s'élever aux théories générales.

Finalement, Claude Bernard relativise la portée de l'utilisation des mathématiques à des fins heuristiques dans les sciences de la nature pour deux raisons opposées. Lorsqu'il s'agit du modèle géométrique, il le récuse parce ses procédures exclusivement déductives sont abstraites et ne conviendraient pas aux sciences expérimentales ; celles-ci doivent procéder toujours en se

---

[98] *Ibid.*, p. 230.
[99] *Ibid.*, p. 241.

fondant sur les faits. Quant à la statistique, elle ne fournit que les moyens d'une description empirique de la probabilité des phénomènes, sans permettre aux sciences expérimentales de s'élever au statut de disciplines théoriques.[100] Or, si les faits constituent la matière de l'investigation scientifique, aucune science théorique ne peut se réduire à accumuler des faits : « La simple constatation des faits ne pourra jamais parvenir à constituer une science. On aurait beau multiplier les faits ou les observations, que cela n'en apprendrait pas davantage. Pour s'instruire, il faut nécessairement raisonner sur ce que l'on a observé, comparer les faits et les juger par d'autres faits qui servent de contrôle. »[101]

5- La fécondité de la méthode bernardienne

La méthode expérimentale, telle qu'elle a été formalisée par Claude Bernard, est créditée d'une fécondité dont la preuve est donnée par les recherches du savant lui-même. Le premier chapitre de la troisième partie de l'*Introduction à l'étude de la médecine expérimentale*, intitulée : « Application de la méthode expérimentale à l'étude des phénomènes de la vie », fournit, à cet effet, quelques « exemples d'investigation expérimentale physiologique » pratiquée par Bernard. Cette exposition, dont l'objet est de décrire la diversité des contextes de la genèse des idées expérimentales, donne la mesure de l'application fructueuse des principes de la méthodologie de Bernard.

Les cas étudiés se rapportent à diverses découvertes. Le premier concerne un phénomène tout à fait étonnant : à jeun, tous les animaux se nourrissent de leur propre sang. Les autres découvertes exposées portent sur l'action digestive du suc pancréatique, la présence de l'oxygène dans le sang veineux des organes glandulaires, le mécanisme de l'intoxication par le curare, et l'explication de l'action toxique de l'oxyde de carbone; deux autres cas sont cités par la suite : la fonction glycogénique du foie et l'action de contraction et de dilatation exercée par les nerfs sur les vaisseaux artériels.

Les deux premiers exemples illustrent le rôle du hasard dans la genèse de l'idée expérimentale. C'est en effet l'observation fortuite de l'émission d'une urine claire et acide par des lapins apportés à son laboratoire qui constitua le point de départ de l'instigation expérimentale. Elle suggéra au savant l'hypothèse que « ces animaux devaient être dans la condition alimentaire des carnivores »[102], car il était connu que les carnivores émettent une urine claire et acide, au contraire des herbivores dont l'urine est trouble et alcaline. À cette hypothèse générale, il fallait toutefois adjoindre une hypothèse plus

[100] « La statistique ne saurait donc enfanter que les sciences conjecturales ; elle ne produira jamais les sciences actives et expérimentales, c'est-à-dire les sciences qui règlent les phénomènes d'après les lois déterminées. » *Ibid.*, p. 244.
[101] *Ibid.*, pp. 55.
[102] *Ibid.*, p. 269.

précise touchant à la nature de cette « condition alimentaire » exceptionnelle. C'est ici que Claude Bernard fit preuve du flair le plus remarquable, de l'imagination la plus féconde. En effet, devant un tel phénomène, plusieurs hypothèses étaient possibles : par exemple celles de la nourriture artificielle des lapins aux protéines animales, de lapins poussés au cannibalisme par la faim, et qui auraient dévoré d'autres lapins plus petits ou plus faibles, de lapins affamés réduits à se nourrir de toutes sortes de bestioles se hasardant dans leur cage, etc. Bernard optera pour une hypothèse qui s'avérera judicieuse, sans nous dire précisément, dans l'*Introduction*, s'il eut vraiment à hésiter avant de la choisir parmi toutes ces hypothèses possibles, ou si un indice l'avait d'emblée orienté vers l'explication retenue : « Je supposai qu'ils n'avaient probablement pas mangé depuis longtemps et qu'ils se trouvaient ainsi transformés par l'abstinence en véritables animaux carnivores vivant de leur propre sang. »[103] Cette hypothèse se confirmera puisque des expériences répétées sur des lapins à jeun puis repus, ainsi que sur des chevaux, montreront qu'il existe bien un rapport entre l'abstinence et le caractère acide de l'urine des herbivores, rendant ainsi plausible l'idée qu'à jeun, les herbivores se nourrissent de leur propre sang et sont ainsi dans la situation alimentaire des carnivores. Sur la structure du raisonnement qui conduisit le savant à cette découverte, voici ce qu'il dit : « Le *raisonnement* inductif que j'ai fait implicitement est le syllogisme suivant : Les urines des carnivores sont acides ; or les lapins que j'ai sous les yeux ont les urines acides ; donc ils sont carnivores, c'est-à-dire à jeun. C'est ce qu'il fallait établir par l'expérience. »[104]

Le processus expérimental qui devait conduire Claude Bernard à la découverte de l'action digestive du suc pancréatique sur les graisses et aussi sur les féculents et les matières albuminoïdes fut également suscité par une observation fortuite. Voici cette circonstance racontée par le physiologiste lui-même : « Il m'arriva, en sacrifiant les lapins auxquels j'avais fait manger de la viande, de remarquer que des chylifères blancs et laiteux commençaient à être visibles dans l'intestin grêle, à la partie inférieure du duodénum, environ à 30 centimètres au-dessous du pylore. » Ce fait retint l'attention de Bernard parce qu'il contrastait avec les faits jusque-là habituellement observés. Par exemple, chez les chiens, Bernard avait observé que « les chylifères commencent à être visibles beaucoup plus haut dans le duodénum et immédiatement après le pylore ».[105] Un examen attentif de ce phénomène lui révéla d'autres faits qui le mettront sur le chemin de son hypothèse : « Cette particularité chez le lapin coïncidait avec l'insertion du canal pancréatique, situé dans un point très bas, et précisément dans le voisinage du lieu où les chylifères commençaient à contenir du chyle rendu blanc et laiteux par l'émulsion

103 *Idem.*
104 *Ibid.*, p. 270.
105 *Ibid.*, p. 271.

des matières grasses alimentaires. »[106] D'où l'hypothèse selon laquelle le suc pancréatique devait être « la cause de l'émulsion des matières grasses, et par suite celle de leur absorption par les vaisseaux chylifères. »[107] Cette idée sera confirmée par l'expérience qui montrera que le suc pancréatique « mêlé avec de l'huile ou de la graisse fondue s'émulsionnait instantanément d'une manière persistante, et plus tard acidifiait ces corps gras en les décomposant, à l'aide d'un ferment particulier, en acide gras et glycérine ».[108] Ici encore, le raisonnement expérimental qui conduisit Bernard à sa découverte est de la forme d'une induction appuyée sur un syllogisme qu'il décrit ainsi : « Le chyle blanc est dû à l'émulsion de la graisse ; or chez le lapin, le chyle blanc se forme au niveau du déversement du suc pancréatique dans l'intestin ; donc c'est le suc pancréatique qui émulsionne la graisse et forme le chyle blanc. »[109]

Dans la genèse des hypothèses, s'il est vrai que le hasard joue souvent un rôle, parfois il est absent, et l'initiative expérimentale procède alors d'un acte volontaire du savant. C'est lui qui décide de s'intéresser à tel ou tel phénomène ou à telle théorie sans qu'une observation fortuite l'y conduise ou l'y contraigne. Cette situation se présente, selon Bernard, « en médecine quand on veut rechercher l'action d'un poison ou d'une substance médicamenteuse quelconque sur l'économie animale ; on fait des expériences pour voir, et ensuite on se guide d'après ce qu'on a vu ».[110] Il donne deux exemples personnels de cette genèse volontariste de l'idée expérimentale : l'étude des mécanismes de l'intoxication par le curare et celle de l'empoisonnement à l'oxyde de carbone.

Dans d'autres cas, c'est une théorie qui sert de point de départ et suggère l'hypothèse de recherche. Telle fut, par exemple, l'origine de la découverte de la fonction glycogénique du foie et du rôle constricteur et dilatateur des nerfs sympathiques sur les vaisseaux artériels. Cette dépendance de l'hypothèse de recherche vis-à-vis de la théorie exige, bien entendu, une grande indépendance d'esprit de la part du chercheur, qui doit être prêt, lorsque l'expérience le suggère fortement, à abandonner la théorie de référence ou à modifier son propre objectif théorique.

Singulièrement dans les recherches entamées par le savant en 1843 et qui devaient le conduire à la découverte de la glycogénie hépatique, il fit montre de ces qualités. Quelles étaient en effet les théories régnantes sur l'origine et la destinée du sucre présent dans le sang, et quel était l'objectif théorique qu'elles suggéraient à Claude Bernard ? On croyait, à cette époque, à

[106] *Idem.*
[107] *Idem.*
[108] *Ibid.*, p. 272.
[109] *Ibid.*, p. 271.
[110] *Ibid.*, p. 276.

l'origine exclusivement alimentaire du sucre contenu dans le sang des animaux et on pensait que seuls les végétaux possédaient la faculté de produire du sucre. Le foie n'était reconnu que pour sa fonction de sécréter la bile, conformément à la vieille doctrine selon laquelle les organes ne remplissent qu'une seule fonction. Mais, il restait un problème irrésolu, même si des hypothèses circulaient : l'élimination du sucre dans l'organisme. Dans sa thèse de doctorat en médecine, en 1843, Bernard montra que le glucose était destructible par le sang lorsqu'il avait été préalablement soumis à l'action du suc gastrique. Il restait à identifier l'organe dans lequel s'opérait l'élimination du sucre : étaient-ce les poumons, comme le prétendait alors une théorie en vogue,[111] mais qui n'avait encore reçu aucune confirmation expérimentale ? Étaient-ce les capillaires ou quelque autre organe ? Telles étaient les questions qui préoccupaient Bernard en 1848.

Mais bientôt, interpellé par un fait, le savant devait renoncer à ces objectifs, pour revenir à la question qu'il avait d'abord acceptée comme réglée, celle de l'origine du sucre contenu dans l'organisme des animaux. Ses expériences montraient en effet, la présence de sucre dans le sang d'animaux qui n'en avaient pas consommé. Cette observation battait ainsi en brèche la première composante de la théorie de l'aliment respiratoire, celle de l'origine alimentaire (et exclusivement d'extraction végétale) du sucre organique. Bernard dut alors réorienter ses recherches, pour s'attaquer à la question de l'origine des sucres dans l'organisme.

La découverte de la fonction glycogénique du foie fut l'aboutissement d'une série d'expériences qui montrèrent l'absence de sucre dans le sang prélevé sur le trajet qui va de l'intestin au foie, tandis que le sang des veines sus-hépatiques contenait du glucose. D'où l'hypothèse que, sans doute, le foie est « un organe où du sucre animal se formait dans certaines circonstances données pour se répandre ensuite dans toute la masse du sang et dans les tissus et liquides organiques. »[112] Cette hypothèse sera confirmée par l'expérience du foie lavé. Celle-ci consista à faire passer dans « un foie encore chaud et aussitôt après la mort de l'animal un courant d'eau injecté avec force » pour débarrasser le foie du sucre qu'il contient. Quelque temps après, le sucre se reconstituait dans le tissu hépatique, quand le foie était placé dans une douce température.[113] La preuve était ainsi apportée à l'hypothèse selon laquelle le foie des animaux même morts, continue pendant un certain temps encore à produire du sucre. Ce résultat confirmait l'idée de glycogénie hépa-

[111] C'était la théorie du sucre comme « aliment respiratoire », suivant laquelle, pour reprendre les mots de Claude Bernard, « le sucre qui existe chez les animaux provient exclusivement des aliments, et que ce sucre se détruit dans l'organisme animal par des phénomènes de combustion, c'est-à-dire de respiration. » *Introduction à l'étude de la médecine expérimentale*, op. cit., p. 286.
[112] *Ibid.* p. 287.
[113] *Ibid.*, pp. 291-292.

tique. Bernard identifiera même dans la *matière glycogène*, substance chimique contenue dans le foie, la matière à l'aide de laquelle le foie forme le sucre animal.

Ces différentes découvertes de Bernard se situent avant la rédaction et la publication de *l'Introduction à l'étude de la médecine expérimentale*. Elles sont exposées pour confirmer l'idée selon laquelle la méthodologie bernardienne fut instruite par une longue et fructueuse expérience du praticien. C'est sans doute en cela que résident son originalité et sa pertinence. Pour Jean Rostand par exemple, à la différence d'autres théoriciens de la méthodologie scientifique, qui n'étaient pas de grands savants, Bernard qui en était un, nous propose une approche nourrie à la source de sa propre pratique : « Ce qui fait l'originalité et le prix de l'*Introduction*, ce qui en fait un livre quasi unique dans l'histoire de la pensée humaine, c'est que son auteur - qui ''découvrait comme il respirait'', selon le mot d'un de ses élèves - possédait lui-même à un degré peu souvent égalé les hautes qualités dont il analyse le jeu et légifère l'emploi : l'imagination vive et juste, le don de saisir des rapports imprévus entre les phénomènes, la puissance d'observation qui permet d'apercevoir même ce qu'on ne recherche pas. » En définitive, dit-il, « Claude Bernard, par son *Introduction*, nous introduit véritablement dans le for intérieur du savant. »[114] C'est-à-dire à la fois, aux règles rationnelles qu'il emploie pour découvrir les théories scientifiques, ainsi qu'aux ressorts inconscients qui induisent chez le savant l'invention des idées expérimentales.

---

[114] ROSTAND J., *Hommes de vérité*, Paris, Stock, 1968, p. 141.

III

L'HORIZON PHYSICO-CHIMIQUE DE L'ANALYSE EXPÉRIMENTALE EN BIOLOGIE

La reconnaissance d'une unité profonde de la nature, par-delà la diversité des phénomènes et des plans qu'elle présente, est, sans conteste, une des conquêtes les plus remarquables de la science moderne. Chacune des grandes étapes de l'évolution des sciences a contribué à dissoudre l'illusion de discontinuités irréductibles entre les ordres de la nature.

Ainsi, la révolution copernicienne nous a légué un monde unifié, dans lequel les phénomènes célestes et terrestres, inconciliables dans l'onto-cosmologie aristotélicienne, sont désormais explicables par les mêmes lois physiques. La théorie darwinienne de l'évolution pour sa part, en proclamant la continuité généalogique des espèces, a réduit le rapport de l'homme à l'animal, d'une différence de nature à une simple différence de degré. Ces deux épisodes majeurs de l'histoire des sciences établissent ainsi l'unité du monde physique et l'homogénéité du monde animal.

Avec une portée moins forte et une dimension idéologique moins affirmée, d'autres unités et continuités ont été reconnues dans la nature. Par exemple, la physique moderne a révélé l'union de l'électricité et du magnétisme dans les phénomènes électromagnétiques (James C. Maxwell) et reconnu dans le comportement physique de la lumière (A. Einstein) et de la matière (L. de Broglie), l'association de manifestations corpusculaires et ondulatoires. Dans les sciences biomédicales, Broussais, par exemple, a posé le principe de l'unicité de la base physiologique de la maladie et de la santé… Si la méthodologie scientifique repose généralement sur l'analyse conceptuelle et la division expérimentale des entités physiques, le monde des sciences contemporaines reste marqué par la dissolution d'un certain nombre de dualismes qui caractérisaient le monde ancien.

De la même manière que dans les sciences des corps inertes, l'introduction de la méthode expérimentale dans les sciences de la vie a conduit à la réduction des dualismes, notamment du dualisme de la vie elle-même. Parce qu'elle permet de pousser l'analyse des phénomènes vitaux et des organismes vivants jusqu'à révéler leur composition la plus irréductible, l'étude expérimentale dissipe les pseudo-clivages entre la vie animale et la vie végétale, et révèle les ressorts de la continuité entre le monde vivant et le monde inerte. La thèse de l'unité de la vie est quasiment inéluctable pour quiconque pousse l'analyse structurale des faits biologiques dans ses derniers retranchements, dans ses retranchements physico-chimiques.

C'est donc tout naturellement que la thèse de *l'unité vitale*, comme il l'appelait, constitua la dernière grande théorie scientifique et philosophique développée par Claude Bernard avant sa mort, en 1878. En effet, le physiologiste, après avoir longuement étudié les phénomènes vitaux chez les animaux, en était venu à s'intéresser de plus près à la physiologie végétale à la faveur de ses cours au Muséum d'histoire naturelle de Paris, entre 1868 et 1878. Dans ces cours, publiés quelque temps après sa disparition sous le titre de *Leçons sur les phénomènes de la vie communs aux animaux et aux végétaux* (1878), il affirme être parvenu à l'idée que la vie est identique à elle-même dans ses manifestations les plus générales et les plus profondes, chez les animaux et chez les végétaux. Cette thèse de l'unité vitale renversait les théories de la dualité vitale qui distinguaient une vie spécifique à chacun des deux règnes. Convaincu que toute vie s'exprime, sous sa forme la plus élémentaire, non dans la cellule, mais dans le protoplasme, Bernard récuse le dualisme vital fondé sur les spécificités anatomiques, éthologiques, voire physiologiques des deux règnes et trouve dans l'unicité du chimisme protoplasmique le fondement de l'unité vitale. Contre l'opinion de Jean-Baptiste Boussingault, Jean-Baptiste Dumas et d'autres chimistes, il montre que dans le protoplasme végétal comme dans le protoplasme animal, la vie consiste dans la conjonction des activités de création et destruction organiques.

Toutefois, cette thèse qui propose ainsi la démonstration chimique de la tautologie de la vie, n'induit pas une réduction de la diversité biologique ; elle souligne simplement l'unité de la vie, sans en conclure l'identité des êtres qu'elle traverse.

1- La preuve chimique de l'unité de la vie

Au moment où, vers 1868, Claude Bernard entreprenait l'étude des phénomènes de la vie communs aux animaux et aux végétaux, un des aspects de la question de la continuité du monde vivant et du monde inerte venait d'être fraîchement tranché à la faveur de l'épilogue de la controverse sur les générations spontanées qui opposa Pasteur à Pouchet, entre 1858 et 1861. Le triomphe de la thèse anti-spontanéiste de Pasteur avait en effet mis fin à l'idée d'une possible production de la vie à partir de la matière inerte et montré la spécificité irréductible de la vitalité. La vie ne peut naître dans la matière inorganique comme une simple expansion de la minéralité. S'il est vrai que le vivant peut, par la putréfaction, se décomposer en ses éléments physico-chimiques et rejoindre ainsi le monde minéral, en revanche, le mouvement inverse n'est pas possible : ni les animaux inférieurs (asticots, poux, cloportes, limaces, etc.), contrairement à ce qu'avaient cru Aristote, Pline, Galien et bien d'autres, ni les animalcules et infusoires, contrairement à ce que soutenait Pouchet, ne naissent spontanément de et dans la matière putride. Francesco Redi, par des expériences ingénieuses, était parvenu à montrer, en 1668, que les vers et les asticots ne proviennent pas de la sanie elle-même, mais des œufs que les mouches y déposent. Pasteur, pour sa part, démontra que les infusoires non plus ne surgissent pas spontanément dans le milieu de la matière en décomposition, mais résultent du développement de germes disséminés dans l'air et prospérant au contact de l'infusion.

Claude Bernard reconnaissait que la vie ne peut être réduite à ses facteurs physiques et chimiques. Certes, dans son *Introduction à l'étude de la médecine expérimentale*, on le voit développer une conception résolument déterministe et expérimentale des sciences biomédicales. L'approche scientifique de la vie exige, selon lui, que l'on ne s'intéresse qu'aux déterminants physico-chimiques des phénomènes vitaux, à l'exclusion de toute force hypothétique ou de tout principe occulte ou métaphysique. Voilà ce qui expliquait son rejet du néovitalisme (notamment de Xavier Bichat). Mais, en même temps qu'il assumait une sorte d'empirisme méthodologique, inspiré de Magendie (qu'il dépasse cependant par une perspective plus ouverte à l'imagination et au raisonnement), il récuse tout réductionnisme car, dit-il, la vie est toujours portée par une « idée directrice » inexplicable par la constitution physico- chimique du vivant.[115]

La conception fondamentalement dynamique et évolutive de la vie (qui rapproche Bernard des vitalistes autant que sa représentation mécaniste et déterministe des sciences biomédicales le rapprochait des matérialistes) pose la question de l'horizon de l'analyse expérimentale qui doit conduire vers les supports les plus élémentaires de la vitalité ou la forme primitive du vivant, c'est-à-dire celle à partir de laquelle, chez l'individu, s'élabore le processus d'évolution vitale. Sur cette question, deux thèses concurrentes divisaient la communauté scientifique à l'époque de Bernard : la théorie cellulaire et la théorie protoplasmique. En effet, depuis que Robert Hooke, examinant au microscope la structure de fines coupes de liège, s'était aperçu qu'elles étaient formées d'un assemblage de ces petites loges auxquelles il donna le nom de « cellules », la théorie cellulaire était en marche. Mathias Schleiden développa, en 1838 dans *Sur la Phytogenèse*, l'idée d'une constitution cellulaire des plantes avant que Theodor Schwann, en 1839, n'en généralise le principe en l'étendant aux animaux dans ses *Recherches microscopiques sur la concordance dans la structure et dans la croissance des animaux et des plantes*. La conception de Schwann n'exprimait cependant que l'ébauche d'une théorie qui allait connaître des améliorations et des extensions notables. Par exemple, alors que Schwann admettait l'idée d'une génération

[115]« Dans tout germe vivant, il y a une idée qui se développe et se manifeste par l'organisation. Pendant toute sa durée, l'être vivant reste sous l'influence de cette même force vitale créatrice, et la mort arrive lorsqu'elle ne peut plus se réaliser. » BERNARD C., *Introduction à l'étude de la médecine expérimentale*, Paris, Flammarion, Collection « Champs », 1984, pp. 142-143.

spontanée de la cellule dans le *cytoblastème* initial, Robert Remak montra que les cellules proviennent toujours d'autres cellules (1842); et alors que Schwann n'avait vu dans la cellule que le constituant élémentaire des organismes vivants, Rudolf Virchow, en 1849, développa dans *Pathologie cellulaire*, la thèse selon laquelle celle-ci est aussi le siège primitif de toute vie, et que dans l'organisme aucune vie n'apparaît hors de la structure cellulaire. Comme Remak, Virchow affirma que les cellules nouvelles ne pouvaient provenir que de cellules antérieures et résuma cette thèse dans une formule qui devint célèbre : *omnis cellula e cellula.*

C'est au caractère originaire de la vie cellulaire que s'opposent les partisans de la théorie protoplasmique. Comme Schwann et contre Virchow, ils pensent que les cellules sont formées à partir d'une matière vivante originaire, le protoplasma. C'est Hugo von Mohl qui proposa, en 1843, de désigner par le terme « protoplasma » la substance gélatineuse dont, disait-il, dérivent les cellules, et qui avait déjà été identifiée, en 1835 par Félix Dujardin sous le nom de « sarcode ».

Lorsqu'il soumet le vivant à l'analyse expérimentale, Claude Bernard en arrive à reconnaître la validité scientifique de la version « structurale » de la théorie cellulaire (Hooke, Schleiden, Schwann). Il admet que les cellules sont les pièces constitutives de toute matière vivante : « Dans l'analyse intime d'un phénomène, on aboutit toujours au même point, on arrive au même agent élémentaire, irréductible, l'élément organisé, la cellule. »[116] Mais, il s'oppose à la version « généalogique » de la théorie cellulaire (Remak, Virchow), à laquelle il préfère la théorie protoplasmique dans la droite ligne de Dujardin, Jan Purkinje, von Mohl et Schwann. Pour lui, la vie se trouve déjà dans le protoplasme, antérieurement à la cellule. La cellule, disait- il, se situe déjà à un stade avancé de l'élaboration vitale, et possède une structure complexe (elle est formée d'un noyau et d'une couche corticale) qui la rend susceptible de former déjà, à elle seule, un organisme vivant. Le protoplasme, au contraire « n'est que la matière vivante ; il n'est pas réellement un *être vivant.* Il lui manque la forme qui caractérise la *vie définie* ».[117] Sans doute, la cellule représente-t-elle le stade primitif de « la vie définie » ou la phase élémentaire du « protoplasme façonné », mais « il y a une substance vivante, le protoplasma, qui donne naissance à la cellule et qui lui est antérieure », affirme Bernard.[118] Toutefois, il s'empresse de préciser que la théorie protoplasmique ne tire pas sa validité scientifique de l'expérience, mais qu'elle est déduite du caractère évolutif de la matière vivante : « Nous n'assistons pas à la synthèse directe du protoplasma primitif, non plus qu'à

[116] Cité par Georges CANGUILHEM, « La théorie cellulaire », in *La connaissance de la vie*, Paris, Vrin, 1965, p. 69.
[117] BERNARD C., *Leçons sur les phénomènes de la vie communs aux animaux et aux végétaux*, (1878), Paris, Vrin, 1966, p. 293.
[118] *Ibid.*, p.187.

aucune autre synthèse primitive dans l'organisme vivant. Nous constatons seulement le développement, l'accroissement de la matière vivante ; mais il a toujours fallu qu'une sorte de levain vital ait été le point de départ. »[119]

L'idée fondamentale défendue par Bernard est que la vie procède de deux synthèses complémentaires quoique distinctes : une « synthèse chimique », par laquelle s'opère la constitution matérielle des substances organiques, et une « synthèse morphologique » ou constitution *formelle*, qui inscrit dans la substance l'idée directrice conditionnant tout le processus évolutif. Cette double synthèse (chimique et morphologique) est la condition minimale de la vie. Or, antérieurement à la cellule, c'est dans le protoplasme que celle-ci s'opère, la synthèse chimique donnant lieu à une structure chimique particulière (qui sert de matériau à la constitution des cellules) et à laquelle la synthèse morphologique transmet la « forme » du protoplasma de l'ancêtre. C'est ainsi que tout protoplasme apparaît comme « une substance atavique » en tant que « continuation du protoplasma de l'ancêtre ».[120] Pour Claude Bernard, « au début du développement d'un être vivant quelconque, il y a un protoplasma préexistant qui vient des parents et siège dans l'œuf. Ce protoplasma s'accroît, se multiplie et engendre tous les protoplasmas de l'organisme. En un mot, de même que la vie de l'être nouveau n'est que la suite de la vie des êtres qui l'ont précédé, de même son protoplasma n'est que l'extension du protoplasma de ses ancêtres. C'est toujours le même protoplasma, c'est toujours le même être. »[121]

Ainsi, face à l'alternative que proposent la théorie cellulaire (Schwann, Virchow) et la théorie protoplasmique (Cohn, Remak, Schultze), et bien qu'il reconnaisse une certaine validité scientifique de la théorie cellulaire, Bernard pense que la manifestation primitive de la vie se trouve déjà dans le protoplasme, qui doit être perçu comme la substance vivante originaire. La cellule représente le stade primitif de « la vie définie » ou la phase élémentaire du « protoplasme façonné », mais la vie est déjà présente dans le protoplasme amorphe.

La théorie protoplasmique soutient l'idée selon laquelle la vie prend sa source dans le protoplasme du plus lointain ancêtre, et traverse le temps en animant l'organisme de ses descendants successifs. Elle intègre une dimension historique ou « atavique », sans analogue dans le monde minéral.[122]

---

[119] *Ibid.*, p. 208.
[120] *Ibid.*, p. 352.
[121] *Ibid.*, p. 208.
[122] Toutefois, l'idée que les caractères héréditaires sont transmis par le protoplasme est une hypothèse qui ne résistera pas à la découverte des gènes, qui consacrera la victoire de la théorie cellulaire et ultérieurement celle de la théorie moléculaire.

L'échec de la thèse des générations spontanées avait montré que le règne animal jouissait d'une autonomie à la fois généalogique et ontologique vis-à-vis du monde inerte. Bernard ajoute que la transmission ininterrompue de la vie qui s'opère dans les lignées généalogiques s'effectue au niveau protoplasmique : la vie se transmet du protoplasme des ancêtres à ceux des descendants. Mais les lignées généalogiques remontent- elles finalement vers une source protoplasmique unique pour tous les êtres vivants ? Il ne le dit pas. Ce qu'il affirme par contre, c'est que les processus de transmission de la vie sont restés inchangés depuis les origines, depuis les protoplasmes des plus lointains ancêtres. La vie s'est toujours léguée de protoplasme à protoplasme.

Mais au-delà de l'invariabilité des processus ataviques, c'est l'identité des phénomènes physico-chimiques à la base de la vie qui est soulignée. L'idée que les espèces ont entre elles des liens de parenté et forment ainsi des classes fondamentalement homogènes est une opinion que le darwinisme était en train de faire comprendre et admettre, certes contre de vives résistances. Mais la thèse d'une unité vitale globale est une idée originale, sous sa forme scientifique. Bien sûr, quelques naturalistes avaient reconnu chez les végétaux des propriétés et des fonctions vitales traditionnellement affectées aux animaux. Par exemple, Sébastien Vaillant et Carl von Linné avaient reconnu l'existence d'une sexualité chez les plantes. Mais généralement, on admettait que ces propriétés reposaient sur des principes physiologiques et chimiques complètement différents de ceux qu'on observe chez les animaux. Or c'est à ce dogme de la dualité de la vie que Claude Bernard va s'attaquer en montrant comment, rapportées à l'échelle du protoplasme, les fonctions physiologiques reposent sur des principes identiques chez les animaux et chez les végétaux.

En récusant la dualité vitale, Claude Bernard savait qu'il s'attaquait à une croyance fort ancienne qui se fonde essentiellement sur l'évidence des observations. L'idée « d'opposition entre les deux règnes a dû exister à toutes les époques parce qu'elle résulte de l'apparence des choses », relève-t-il.[123] Un nombre de faits observés depuis toujours montre en effet qu'il existe une différence entre animaux et végétaux, relativement à leur aspect extérieur, leur composition respective, la mobilité des animaux et l'immobilité des plantes, etc., même si les deux règnes se trouvent, par ailleurs, unis par des propriétés communes : croissance, nutrition, reproduction…

Mais la thèse de la dualité vitale que récuse Claude Bernard ne concerne pas les opinions et les représentations populaires de la vie. Elle se rapporte à

---

[123] BERNARD C., *Leçons sur les phénomènes de la vie communs aux animaux et aux végétaux*, op. cit., p. 131.

une doctrine scientifique défendue par certains chimistes, notamment Dumas et Boussingault en France, Liebig en Allemagne, Tyndall en Angleterre, etc. Selon cette doctrine, la vie chez les animaux et chez les végétaux mobilise des facteurs qui ressortissent à des processus physico-chimiques radicalement différents, voire opposés. Pour l'essentiel, les dualistes affectent aux animaux et aux végétaux des opérations vitales spécifiques, par exemple, aux plantes l'activité de création organique et aux animaux celle de destruction organique.

C'est Lavoisier qui avait découvert que les phénomènes vitaux se répartissent entre phénomènes créatifs et phénomènes destructifs. De la destruction relèvent la combustion, la putréfaction, la fermentation... La création organique, elle, se manifeste dans les phénomènes tels que la constitution tissulaire, la génération organique, la régénération, la rédintégration. Mais, alors que le père de la chimie moderne n'avait fait que distinguer, les dualistes vont partager et répartir. Ainsi, la différence observée par Joseph Priestley dans le processus chimique de la respiration chez les animaux et chez les végétaux leur fournit un argument en faveur de cette répartition : l'animal, lors de la respiration, absorbe de l'oxygène et rejette du gaz carbonique ; à l'inverse, la plante absorbe du gaz carbonique et rejette de l'oxygène. Il semble, au moins dans le cas précis de cette fonction physiologique, que les animaux consomment et détruisent les substances que les plantes, au contraire, forment et produisent. Dumas et Boussingault étendent la portée de cette hypothèse en indiquant que, non seulement les animaux inhalent l'oxygène et brûlent le carbone, mais encore ils consomment et détruisent les matières grasses, albuminoïdes ou sucrées que les végétaux produisent. L'animal, dès lors, apparaît, selon l'expression de Claude Bernard, comme « un appareil de combustion, d'oxydation, d'analyse ou de destruction », et la plante, au contraire, comme « un appareil de réduction, de formation et de synthèse ».[124]

D'autres phénomènes de la chimie vitale paraissent encore opposer les deux règnes. Bernard cite le fait que l'animal dégage de la chaleur, tandis que la plante en absorbe. Le corps des animaux s'apparente à un fourneau : il transforme en force vive, selon la thèse dualiste, la force potentielle produite par les végétaux qu'il consomme. De cette activité chimique de destruction des matières combustibles résulterait ainsi la production mécanique de travail, avec dégagement de chaleur. La dynamique spécifique de la vitalité animale s'exprimerait aussi par d'autres fonctions et propriétés telles que la mobilité et l'irritabilité..., sans analogues chez les végétaux.

[124] *Ibid.*, p 131.

Voici le tableau synoptique de la distribution des activités chimiques entre animaux et végétaux selon les dualistes, telle que résumée par Claude Bernard dans les *Leçons sur les phénomènes de la vie* :

Un végétal	**Un animal**
Produit des matières sucrées, albuminoïdes	*Consomme* des matières sucrées, graisse, albuminoïdes
Réduit : avec dégagement d'oxygène	*Produit* avec absorption d'oxygène :
CO_2	CO_2
Ho	Ho
AZH4O	AZH4O
Absorbe la chaleur	*Dégage* de la chaleur
Est immobile	*Se meut*

C'est cette répartition des activités chimiques entre les deux règnes, posée comme la base du dualisme vital, que rejette Claude Bernard, pour qui tous les êtres vivants, animaux comme végétaux, possèdent et exercent à la fois la faculté de réduire et celle de produire, celle de détruire comme celle de créer. D'une manière plus générale, c'est l'existence de connexités vitales et de phénomènes physiologiques transversaux qui donne, selon Bernard, la preuve scientifique de l'unité de la vie.

2- Les connexités vitales et les phénomènes transversaux

La thèse de la dualité vitale est irrecevable au moins à deux niveaux, selon Claude Bernard. D'abord parce qu'elle sépare deux phénomènes (création et destruction) qui sont en réalité liés dans la nature et qui dépendent l'un de l'autre. Ensuite parce qu'elle distingue les deux règnes vivants sur la base d'une croyance à l'existence de vitalités spécifiques. L'argument bernardien consiste par conséquent, d'une part, à montrer que la vie se réalise, non dans l'exclusion ou l'affrontement, mais par la convergence et la succession harmonique des phénomènes créatifs et destructifs chez les animaux comme chez les végétaux et, d'autre part, à démontrer qu'il n y a pas de vitalité spécifique.

Avant de s'intéresser à la question de la dualité vitale, Claude Bernard avait déjà remarqué que les phénomènes de création et de destruction s'opèrent bien dans la vie animale. Dans chaque être, vie et mort, création et destruction se précèdent et se secondent mutuellement, dans un processus dynamique, aussi bien au niveau de l'être tout entier que de celui de la moindre de ses parties. Dans *Principes de médecine expérimentale*, il résuma ainsi la connexion des activités créatrices et destructrices dans tout l'être : « la vie (...) est composée de deux choses : la création vitale d'un organe, d'un organule ou d'un organisme ; puis la destruction normale et évolutive de cet organisme. En effet, la vie suppose un mouvement dans le temps, un commencement, un milieu, une fin ; une création, une mort ou cessation. La substance organique, une fois créée, doit se détruire et sa destruction est ce qui constitue sa manifestation vitale. Chaque organule se détruit sans cesse, se renouvelle sans cesse et est remplacée par de nouvelles créations. »[125]

Si la vie engendre la mort et si, réciproquement, la mort engendre la vie, si destruction et création concourent ensemble au maintien et à la croissance de la vie biologique chez les animaux, il est inexact de prétendre que la nature a séparé les deux règnes en affectant aux animaux la faculté exclusive de destruction organique. Ceux-ci en effet ne font pas que consommer et détruire. Ils créent aussi, mais l'activité créatrice en eux est discrète : elle s'exprime dans la constitution chimique du protoplasme, dans sa synthèse morphologique, dans la régénération plastique des tissus, dans la formation des principes premiers, etc. L'activité destructrice, elle, en revanche, s'observe plus facilement puisqu'elle s'opère dans tous les processus fonctionnels des organismes : respiration, circulation, nutrition, ainsi que dans toutes les autres activités physiologiques dans lesquelles des substances puisées dans le milieu extérieur sont réduites pour servir au fonctionnement des appareils : « Il y a, dit Bernard, deux sortes de phénomènes vitaux en apparence opposés, les uns de rénovation organique qui sont cachés en quelque sorte, les autres de destruction organique qui se manifestent toujours par le fonctionnement ou l'usure des organes. Ce sont ces derniers qu'on qualifie généralement du nom de phénomènes de la vie ; de sorte que ce que nous appelons la vie est en réalité la mort.»[126]

S'il refuse l'antagonisme fonctionnel des phénomènes destructifs et formatifs, en revanche, Bernard les sépare dans leurs causes ou leurs facteurs déterminants. Les phénomènes de création organique ne sont possibles que dans des contextes organiques : le vivant naît du vivant, c'est dans le germe que se trouve la puissance créatrice et non dans la matière chimique. L'activité créatrice n'est possible que dans les êtres vivants et par leur action spécifique. Voilà pourquoi Bernard définit la vie comme « création ». Au contraire, l'activité de destruction organique, même si elle a lieu dans les êtres vivants et concourt à l'expression de leur vitalité, reste une activité essentiellement chimique. Elle résulte de phénomènes de combustion, de

---

[125] BERNARD C., *Principes de médecine expérimentale*, Paris, Quadrige/ PUF, 1987, p. 159.
[126] Voir KAHANE E., *Claude Bernard, pages choisies*, Paris, Éditions Sociales, 1961, pp. 53-54.

putréfaction et de fermentation comme l'a montré Lavoisier. D'ailleurs, pour Claude Bernard, la putréfaction et la combustion organique se ramènent à la fermentation et consistent en décomposition chimique de structures organisées, sous l'action de ferments, solubles ou figurées.[127] Mais, en dépit de cette différence entre les processus créatifs et destructifs, « les phénomènes de destruction fonctionnelle sont eux-mêmes les précurseurs et les instigateurs de la rénovation matérielle du processus formatif qui s'opère silencieusement dans l'intimité des tissus. Les pertes se réparent à mesure qu'elles se produisent et, l'équilibre se rétablissant dès qu'il tend à être rompu, le corps se maintient dans sa composition. »[128]

Cette alternance et cette complémentarité de la création et de la destruction dans le processus vital chez les animaux, Claude Bernard les perçoit comme une règle universelle de la vie, comme un « axiome » physiologique général. Dans ses *Leçons sur les phénomènes de la vie*, il fonde précisément son rejet de la dualité vitale sur la portée universelle de cet axiome : « La grande objection de principe que nous adressons à la doctrine de la dualité vitale, écrit-il, c'est d'être en contradiction radicale avec notre conception fondamentale de la vie qui exige dans tout être animal ou végétal la réunion des phénomènes de création et de destruction organique. »[129] En effet, l'existence se manifeste comme une perpétuelle alternative de vie et de mort, de composition et de décomposition. Cela est vrai pour les animaux, cela l'est aussi pour les végétaux. Bernard établit ce grand principe biologique sur les résultats d'expériences qu'il a lui- même réalisées ou qui ont été effectuées par d'autres savants.

Pour montrer la réalité de la connexion des phénomènes formatifs et destructifs, et pour montrer comment cette unité s'observe aussi bien chez les animaux que chez les végétaux, les expériences évoquées par Bernard se rapportent à la vitalité saisie dans son expression la plus simple, telle qu'elle a lieu dans le protoplasme. C'est là en effet, pense-t-il, que se réalisent les phénomènes les plus significatifs de la vie biologique et que s'expriment les caractères vraiment essentiels des êtres vivants. Cette approche permet d'éviter de considérer comme des différences fondamentales ce qui, dans les organismes élaborés, ne relève en fait que d'apparences spécifiques ne pouvant guère remettre en cause l'identité de la fonction vitale elle-même. Par exemple, Cuvier avait observé entre l'animal et le végétal une différence

---

[127] Contre la théorie physiologique de la fermentation développée par Pasteur, Claude Bernard distinguait deux types de levures : les levures d'origine organique ou ferments figurés et les levures purement chimiques ou ferments solubles. Pasteur, quant à lui, pensait que les ferments étaient tous des micro-organismes, en l'occurrence des champignons cryptogamiques (notamment dans la fermentation lactique) et des vibrions (dans la fermentation alcoolique).
[128] BERNARD C., *Leçons sur les phénomènes de la vie communs aux animaux et aux végétaux*, p. 127.
[129] *Ibid.*, p. 140.

anatomique qui induisait, à ses yeux, une différence physiologique importante. Cette différence concernait la nutrition : les végétaux, au contraire des animaux, ne possèdent pas d'appareil digestif. Mais, relève Bernard, cette observation n'est pas incontestable puisque certains animaux inférieurs ne possèdent pas non plus de tube digestif et, « dans des degrés plus élevés, les mâles de certaines espèces, telles que les rotifères, en sont dépourvus, tandis que les femelles le possèdent. »[130] De plus, l'appareil digestif n'est chez les animaux que l'instrument particulier d'une fonction physiologique qui, elle, est universelle et nécessaire à toute vie : la nutrition. Celle-ci ne se réduit pas à l'alimentation, dont l'appareil digestif est l'instrument chez certains animaux. Les instruments, les moyens ou les mécanismes de l'alimentation peuvent donc différer d'une espèce ou d'un règne à l'autre, sans remettre jamais en cause l'exigence physiologique essentielle et universelle : la nutrition, c'est-à-dire le fait de prendre « au monde ambiant des matériaux tombés dans un état plus ou moins profond d'indifférence chimique. L'animal comme le végétal modifient ces matériaux, les élaborent et en forment des réserves appropriées à leur nature et utilisées ultérieurement pour leur propre compte. »[131]

L'erreur des dualistes vient de leur tendance à ériger les propriétés spécifiques présentées par les espèces en caractères biologiques essentiels et à fonder sur eux le principe d'une distinction voire d'une discrimination biologique. La plupart des différences sur lesquelles l'on a ainsi établi le dualisme vital ne s'expliquent que par le fait que l'observation n'est pas remontée jusqu'à la substance vivante élémentaire, le protoplasme animal et végétal. Dès qu'on se rapporte à ce niveau, disparaissent les différences anatomiques et physiologiques qu'on relève lorsqu'on observe les entités naturelles. Par exemple, une autre différence avait été notée par les dualistes dans la constitution chimique des végétaux et des animaux : les tissus des animaux sont, disent- ils, formés d'azote alors que ceux des végétaux seraient formés de matières ligneuses et de cellulose.

À vrai dire, selon Claude Bernard, « le protoplasma, seule partie active et travaillante du végétal, a la même constitution que le protoplasma animal : c'est une substance azotée. L'azote, au lieu d'être un élément accessoire, est donc essentiel et fondamental dans les deux règnes ».[132] L'inexistence de matières azotées dans la constitution de certaines parties du corps de certains végétaux est donc purement accidentelle, et tient au fait que « les éléments anatomiques des plantes, cellules, fibres et vaisseaux, perdent dans certaines régions leur protoplasma et n'interviennent plus dans la constitution végétale que comme des parties de soutien. »[133] À l'opposé, on observe que certains

[130] *Ibid.*, p. 133.
[131] *Ibid.*, p. 150.
[132] *Ibid.*, p. 134.
[133] *Idem.*

tissus chez des animaux ne contiennent pas ou contiennent peu de matière azotée : c'est le cas des carapaces d'insectes ou de squelettes de crustacés. Si l'on ajoute à cela le fait que la cellulose qu'on trouve comme constituant principal des parties de soutien chez les végétaux se retrouve aussi dans la constitution de certains tissus chez les animaux, (par exemple l'enveloppe des Tuniciers), on ne peut dès lors établir une différence entre animaux et végétaux sur la base de la constitution chimique de leurs tissus, argumente Claude Bernard.

Une autre différence supposée par les dualistes existerait entre la respiration animale et la respiration végétale. Mais, là encore, explique Bernard, celle-ci repose sur la confusion de la fonction chlorophyllienne avec la fonction respiratoire proprement dite chez les végétaux. La fixation de l'acide carbonique, identifiée grâce aux travaux d'Ingen-Housz, de Senebier, et de Théodore de Saussure, comme la fonction chlorophyllienne,[134] n'est qu'une propriété des plantes vertes à l'exclusion des autres, comme les champignons. Or, si toutes les plantes respirent, il faut admettre que la respiration ne consiste pas dans la réduction chlorophyllienne de l'acide carbonique. Par ailleurs, la chlorophylle n'est pas, comme on pourrait le croire, la propriété exclusive des plantes. Certains petits animaux comme *Euglena viridis* et *Stentor polymorphus*, que cite Claude Bernard, en sont dotés. Une fois cette confusion levée, on devrait voir que le mécanisme de la respiration est identique chez les animaux et chez les végétaux : il consiste à absorber de l'oxygène et rejeter du gaz carbonique. La réduction de l'acide carbonique qui relève de la fonction chlorophyllienne, « n'a aucun rapport avec la respiration qui est identique dans les deux règnes. Le protoplasma végétal, les parties incolores, racines graines, etc., ont les mêmes propriétés respiratoires que les tissus animaux. Le végétal comme l'animal absorbe de l'oxygène, exhale de l'acide carbonique et produit de la chaleur ».[135] Ainsi, la fonction respiratoire qui est destructrice de gaz oxygène se manifeste comme telle aussi bien chez les animaux que chez les végétaux.

De même qu'on observe dans les deux règnes des phénomènes de destruction organique, de même on y observe concomitamment une activité de création organique. Dès 1853, la découverte de la glycogenèse animale avait permis à Claude Bernard de montrer la capacité des animaux à opérer la

---

[134]Johannes Ingen-Housz (1730-1799) fut le premier à exposer le principe de la photosynthèse. Dans *Expériences sur les plantes vertes, démontrant leur haut pouvoir de purifier l'air à la lumière solaire, mais à le corrompre à l'obscurité* (1779), il montre que dans la lumière, les plantes produisent de l'oxygène (respiration diurne) et dans l'obscurité du gaz carbonique (respiration nocturne). Nicolas Théodore de Saussure (1767-1845) révèle l'importance du gaz carbonique pour la vie des plantes (1804). Jean Senebier (1742-1809) prouve, en 1807, que les plantes transforment le gaz carbonique en oxygène en absorbant le carbone pour libérer l'oxygène.

[135] BERNARD C., *Leçons sur les phénomènes de la vie communs aux animaux et aux végétaux*, p.146.

synthèse d'un principe immédiat : le sucre, dont le foie est l'organe reproducteur dans l'organisme.[136] C'était déjà un indice contre la dualité vitale : le sucre présent dans le sang et l'urine des animaux n'est pas d'origine purement végétale, comme l'écrit Claude Bernard : « L'animal fabrique lui-même cette substance indispensable au fonctionnement vital, aux dépens des matériaux alimentaires très différents qu'on lui fournit. J'ai prouvé de plus que le sucre se produit dans l'animal par un mécanisme identique à celui qui a lieu dans le végétal. »[137] Il en est de même pour les matières grasses et albuminoïdes, que l'animal produit indépendamment de celles qu'il consomme.

Ainsi, aucune différence physiologique majeure n'autorise à séparer radicalement la vie des animaux de celle des végétaux. Même la sensibilité (ou l'irritabilité) qu'on a parfois présentée comme une propriété exclusive des animaux [138] est présente aussi chez les végétaux. Claude Bernard qui a soumis des plantes à des expériences d'éthérisation a découvert que, contrairement à une opinion répandue, les végétaux ne sont pas insensibles à l'effet des anesthésiques (éther et chloroforme principalement). Il s'en confia à Mme Raffalovich, dans une lettre de 1876 : « Dans mes recherches sur la sensibilité des plantes, j'ai vu qu'on peut arrêter la végétation et la floraison par les anesthésiques. Si l'on prend une plante, comme une renoncule, par exemple, qui a la faculté de continuer à fleurir dans l'eau, et qu'on ajoute quelques gouttes d'éther ou de chloroforme à cette eau, on voit que tout s'arrête et que la plante reste stationnaire. »[139] En fait, la prétendue insensibilité des plantes dont parlent les défenseurs de la dualité vitale repose sur une idée dont Claude Bernard, qui a longuement expérimenté sur l'action des anesthésiques, va démontrer la fausseté. Selon cette idée, l'action des anesthésiques s'exercerait exclusivement sur le système nerveux, d'où son inexistence supposée chez les plantes. Or les études dc Bernard montrent que les anesthésiques agissent sur tous les tissus de l'organisme : « Chez les animaux, l'éthérisation n'agit pas seulement, comme on l'a cru longtemps, sur le système nerveux, mais sur tous les tissus, sans exception. » [140] Ainsi, sous l'influence des anesthésiques, « les muscles deviennent rigides et perdent momentanément leurs propriétés ; (...) chez les grenouilles on voit

[136] BERNARD C., *Recherches sur une nouvelle fonction du foie, considéré comme organe producteur de matière sucrée chez l'homme et chez les animaux*, Thèse de Doctorat ès Sciences, Paris, 1853.
[137] *Leçons sur les phénomènes de la vie communs aux animaux et aux végétaux*, p.143.
[138] Linné, le premier, distingua les règnes par les propriétés suivantes : les minéraux *sont* ; les végétaux *sont et croissent* ; les animaux *sont, croissent et sentent*.
[139] BERNARD C., *Lettres beaujolaises*, publiées et annotées par J. Godart, Villefranche-sur-Saône, 1950, p. 191.
[140] « Éthérisation appliquée aux végétaux et aux animaux », *Comptes rendus de la Société de Biologie*, n° 28, 1876, p.263, cité par Mirko D.GRMEK, *Le legs de Claude Bernard*, Paris, Fayard, 1997, p. 319.

s'arrêter les mouvements du cœur, des cils vibratiles, etc. De même dans le règne végétal, on voit l'action de l'éther arrêter les mouvements de la sensitive, et ce n'est pas là un fait isolé ; tous les actes vitaux, dans le règne végétal comme dans le règne animal, subissent l'influence des anesthésiques. »[141]

La réactivité des plantes à l'action des anesthésiques indique la limite de la thèse linnéenne selon laquelle les végétaux sont dépourvus de la faculté de sentir : « *La diagnose exclusive de Linné* : vegetalia crescunt et vivunt ; animalia crescunt, vivunt et sentiunt, *n'est pas exacte en ce qu'elle s'en tient aux apparences comme à l'écorce des choses.*»[142] Ramenée à sa forme physiologique élémentaire, c'est-à-dire, à l'irritabilité[143], « propriété que possède tout élément anatomique (*i.e.* le protoplasma qui entre dans sa constitution) d'être mis en activité et de réagir d'une certaine manière sous l'influence des excitants extérieurs »[144], la sensibilité est une caractéristique essentielle des vivants, puisque toute manifestation de la vie exige une réaction à l'excitation des conditions extérieures.

Bernard montre ainsi que, pris un à un, les arguments développés en faveur de la dualité de la vie ne résistent pas à la critique et peuvent donc être aisément rejetés. À condition, bien entendu, de regarder la vie dans son expression la plus simple et la plus générale, telle qu'elle se manifeste à l'échelle du protoplasme.

3- Les enjeux philosophiques de l'unité vitale

La question de l'unité de la vie fut - avec celle de la nature des ferments[145] - un des deux grands problèmes auxquels Claude Bernard, vers la fin de sa vie, consacra sa plus grande attention. Sans doute, d'un point de vue strictement scientifique, elles étaient importantes pour elles-mêmes ; mais c'est surtout en rapport aux enjeux touchant l'équilibre et à la stabilité des «axiomes» de sa philosophie biologique qu'il faut apprécier l'intérêt que le savant leur a porté.

La question de la nature des ferments concerne en effet l'interprétation physico-chimique de la vitalité. Selon le physiologiste, « toutes les actions chimiques de l'organisme, sans exception, sont dues à des ferments solubles ou insolubles », et « toutes les propriétés vitales des éléments organiques sont précisément des propriétés semblables à celles des ferments solubles » ; en conclusion, « la vie n'est que fermentation. »[146] Or il conçoit la fermenta-

---

[141] *Idem.*
[142] BERNARD C., *La science expérimentale*, Paris, Baillière, 1878, p. 225.
[143] « *La sensibilité n'est, au fond, qu'une modalité particulière de l'irritabilité, seule propriété vitale élémentaire, dont l'existence est commune aux deux règnes* ». BERNARD C., *Leçons sur les phénomènes de la vie communs aux animaux et aux végétaux*, p.143.
[144] *Ibid.*, p. 242.
[145] Il semble en réalité que la question des ferments l'ait préoccupé au moins depuis 1854.
[146] Cité par Jean ROSTAND, *Hommes de vérité*, Paris, Stock, 1968, p.132, note 2.

tion dans les phénomènes de la vie sous le modèle de la fermentation alcoolique qui, selon lui, contrairement ce qu'en dit Pasteur, n'est pas due à l'action d'un micro-organisme, mais à celle d'un ferment soluble dérivant spontanément des matières fermentescibles.[147]

L'enjeu de l'interprétation chimique des fermentations est de montrer la possibilité et la pertinence de l'explication de tous les phénomènes vitaux par des facteurs physico-chimiques, même si ces facteurs sont d'une « nature spéciale », sans analogue dans le monde inorganique. Pour Bernard, « l'explication des phénomènes vitaux doit toujours être ramenée à des lois, à des propriétés, à des *conditions*, à des *phénomènes physico-chimiques*. Seulement ces phénomènes physico-chimiques sont de nature spéciale. Ils ont des agents spéciaux quoiqu'ils rentrent dans les lois physico-chimiques générales. Ce sont des ferments, des noyaux de cellules, en un mot des instruments chimiques qui n'existent que dans les êtres vivants. »[148]

En repoussant l'horizon de la perspective physiologique jusque dans les mécanismes les plus élémentaires de la vitalité, à savoir ses facteurs physico-chimiques, Claude Bernard veut montrer comment toute forme de vie repose en définitive sur des principes identiques. Il n'y a, dit-il, qu' « une seule manière de vivre ». Il y a par conséquent une physiologie générale qui recense et explique, par leurs mécanismes physico-chimiques, les phénomènes de la vie communs à tous les vivants.[149]

La thèse de la dualité vitale est désastreuse pour l'idée de science expérimentale, dans la mesure où elle sonne comme l'aveu d'un échec de la médecine expérimentale à déconstruire les configurations et les entités naturelles. Basée sur la différence des règnes, elle reproduit une organisation naturaliste qu'elle était appelée à surmonter par l'analyse expérimentale. Il y a certes la possibilité d'envisager l'étude de physiologies spécifiques propres aux animaux ou aux végétaux. Mais ces physiologies ne doivent pas constituer le terme de l'analyse expérimentale. Claude Bernard rejette la perspective de deux physiologies si elles sont présentées comme inconciliables et irréductibles : « Que l'on fasse des animaux et des végétaux des catégories distinctes, nous n'y contredisons certes point, mais que l'on parte de là pour

---

[147] L'idée d'une production par génération spontanée des ferments solubles est évidemment fausse même si l'existence d'un ferment soluble, capable de déterminer la fermentation alcoolique est une thèse bien admise aujourd'hui.

[148] Notes manuscrites de Claude Bernard, rapportées Léon Delhoume dans sa préface aux *principes de médecine expérimentale*, Paris, Quadrige/ PUF, 1987, XXVII.

[149] « La physiologie générale, qui ne considère la vie que dans ses phénomènes essentiels et généraux, ne nous permet pas d'admettre une dualité des animaux et des végétaux, une physiologie animale et une physiologie végétale distinctes. Il n'y a qu'une seule manière de vivre, qu'une seule physiologie pour tous les êtres vivants. C'est la physiologie générale qui conclut à l'unité vitale dans les deux règnes. » *Leçons sur les phénomènes de la vie communs aux animaux et aux végétaux*, pp. 148-149.

établir entre les deux groupes d'êtres une différence tellement profonde qu'elle comporterait en quelque sorte deux physiologies différentes, l'une animale, l'autre végétale. C'est là une manière de voir que nous devons combattre. »[150] Ce rejet ne signifie donc pas la négation du statut scientifique des physiologies spécifiques, il exprime seulement la possibilité et surtout l'exigence de remonter, dans l'étude scientifique du vivant, jusqu'à l'échelle d'une physiologie générale et universelle.

S'il est vrai que l'idée de physiologie générale est imposée par l'unité de la vie protoplasmique, il faut aussi convenir que, chez Claude Bernard, celle-ci répond surtout à une exigence épistémologique liée au statut particulier de la physiologie en tant que base de la médecine expérimentale[151] et de toutes les sciences biologiques.[152] La démonstration de l'unité de la vie a été en effet motivée par la nécessité de préserver l'unité à la base physiologique de l'édifice biologique. Car une théorie fondatrice est toujours caractérisée par la recherche de l'unité au fondement du système. Fonder, c'est faire porter la diversité par l'unité, dériver la complexité de la simplicité, faire reposer les pilotis intermédiaires sur le socle unifié de la fondation. Cette exigence d'une base unitaire pour l'édifice biologique et médicale est, sans doute, aux yeux de Claude Bernard, le principal enjeu de l'unité vitale. Comme on a dit, l'existence et l'exigence de la physiologie générale ne disqualifient pas la physiologie végétale et de la physiologie animale comme disciplines scientifiques ; elles signifient seulement que ces physiologies spéciales qui portent sur les fonctions vitales spécifiques, sans être dépourvues de légitimité épistémique, ne peuvent pas constituer la discipline fondamentale à la base des sciences biomédicales. Car les disciplines spéciales, qu'elles soient naturelles ou expérimentales, sont destinées à étudier la vie dans des entités particulières. Elles s'arrêtent, dans leur investigation scientifique à une échelle où les caractéristiques de ces entités divergent de façon significative. En revanche, en physiologie générale, l'analyse remonte jusqu'aux structures irréductibles du vivant, là où les spécificités se réduisent et où les caractères distingués par les niveaux d'observation naturaliste s'unifient sous leur forme élémentaire.

Ainsi, la thèse de l'unité vitale, en tant qu'elle est fondée sur la dislocation des entités naturelles, n'a donc pas une signification ontologique comme pourrait en avoir une thèse naturaliste. L'opinion de Bernard est qu'il existe

---

[150] *Ibid.*, p. 133.

[151] « Nous avons toujours soutenu que la médecine n'est une science réelle qu'à condition d'être fondée sur la physiologie. » BERNARD C., *Principes de médecine expérimentale*, p. 91.

[152] Les sciences naturelles qui prennent pour objets les entités naturelles ne peuvent parvenir à la connaissance des fonctions vitales essentielles. Celles-ci ne sont accessibles qu'aux sciences expérimentales, notamment à la physiologie expérimentale en tant que « physique et chimie des corps vivants ». *Idem*, p. 88.

entre les sciences naturelles et les sciences expérimentales une grande différence liée à l'incommensurabilité de leurs perspectives ou angles d'approche. Cela signifie, par exemple, que la physiologie expérimentale, bien que portant sur le « même objet » que des sciences naturelles, n'en parle pas du même «point de vue» et ne poursuit pas le même objectif scientifique : « La physiologie n'est point une science naturelle, mais bien une science expérimentale. Les sciences naturelles et les sciences expérimentales étudient les mêmes objets (corps bruts ou corps vivants) mais ces sciences se distinguent néanmoins radicalement, parce que leur point de vue et leur problème sont essentiellement différents. »[153]

Les sciences expectatives, qui s'arrêtent aux entités naturelles qu'elles étudient comme des objets irréductibles, divergent des disciplines expérimentales qui, elles, remontent par-delà les *formes vivantes* à l'échelle des *formes vitales*, en pénétrant aussi loin que possible dans l'analyse structurelle et fonctionnelle des phénomènes de la vie. Voilà comment, d'une manière générale, les disciplines expérimentales, lorsqu'elles pénètrent, par l'analyse, les structures les plus intimes des entités naturelles, se trouvent, pour ainsi dire, libérées de toute contrainte ontologique. Au contraire des sciences naturalistes et expectatives. Ainsi, la différence méthodologique entre sciences d'observation et sciences expérimentales induit une incommensurabilité de leurs échelles d'engagement ontologique. Cette différence suffit à interdire, par exemple, toute déduction anatomique de la physiologie, qu'il s'agisse d'expliquer les fonctions physiologiques par les structures organiques et tissulaires ou d'induire, à partir des écarts anatomiques, des différences physiologiques essentielles.

Dans les sciences, on peut le dire, ce sont les options méthodologiques qui déterminent les échelles de la réalité et non l'inverse. La science ne repose pas sur une ontologie universelle, c'est-à-dire sur l'affirmation *a priori* d'entités reconnues par l'ensemble des disciplines portant sur le même objet. Au contraire, chaque discipline, en raison du problème qu'elle poursuit, de la méthode qu'elle adopte et, littéralement, de son «point de vue», définit son territoire, c'est-à-dire les limites extensionnelles et intensionnelles de sa *réalité*. Par exemple, les entités qui paraissent irréductibles au botaniste apparaissent au physiologiste comme des constructions complexes et, relativement à leur statut ontologique, comme des *idéalités*. C'est pourquoi les entités naturelles de la botanique et de la zoologie disparaissent de la physiologie expérimentale comme des références objectives, de même que les entités morbides de la médecine expectative disparaissent de la médecine expérimentale. Du point de vue du physiologiste, «animal» et «végétal» désignent des constructions mentales qu'il faut déconstruire et analyser jusque dans leurs retranchements physico-chimiques. Les taxons du naturaliste tels que

---

[153] BERNARD C., *De la physiologie générale* (1872), Paris, Hachette, 1968, p. 186.

« genre » ou « espèce », ne désignent à ses yeux que des catégories ou rubriques conceptuelles sous lesquelles l'esprit organise la nature à l'échelle du naturaliste. Ils ne peuvent constituer les références externes des théories qu'il construit : ce sont de pures constructions mentales. C'est pourquoi les sciences expérimentales ne construisent pas de taxonomie : « La zoologie admet des classifications que la physiologie tend à détruire. Pour le physiologiste expérimentateur, il n'y a pas d'espèce comme entité à classer ; l'espèce est une idéalité. ».[154] Le référentiel de la physiologie qui se décline en études organologiques, histologiques, cytologiques, protoplasmiques, n'inclut aucune entité naturelle.

Chaque type de science (naturel ou expérimental), définissant, au regard de sa méthode, le type d'objets auxquels il consacre ses recherches (entités naturelles, objets sensibles, structures physico-chimiques, etc.), il apparaît que la légitimité d'une science n'exige pas qu'elle porte sur ce qui *est*, mais que sa méthode soit adaptée à son objet propre. Ainsi l'objet scientifique couvre un champ qui s'échelonne sur diverses échelles à mesure qu'on accède, par l'analyse, à l'intérieur des choses. Et plus les sciences sont expérimentales, plus on y procède en profondeur dans l'investigation analytique, et plus on a de chance de voir se réduire les différences entre les choses, se constituer les facteurs universels des phénomènes et finalement se dissoudre tout principe naturel de différenciation.

La philosophie biologique de Claude Bernard assume ainsi une sorte de relativité de l'ontologie qui l'amène à la fois à reconnaître la légitimité des prétentions ontologiques des sciences naturelles, et à rejeter la naturalisation de la médecine qui, en raison de la nature particulière de son objet (la maladie), ne peut être une science légitime et efficace qu'en devenant expérimentale. « La médecine expérimentale n'est pas au même point de vue que la médecine d'observation », dit-il. Ce qu'il rejette dans la médecine d'observation, c'est le fait que celle-ci considère les maladies comme des entités naturelles à observer et à classer dans des taxinomies nosologiques. Les maladies y sont étudiées comme entités autarciques, distinctes des phénomènes physiologiques, alors qu'elles ne sont, selon Bernard, que des dérangements quantitatifs de fonctions physiologiques normales. Dans le cas précis des nosographies médicales, la prétention ontologique devient ainsi illégitime, parce que l'entité morbide est le fruit d'une illusion née de la séparation du physiologique et du pathologique.

Toutefois, dès lors qu'une discipline adopte une méthode appropriée à son dessein et à son objet, elle devient parfaitement légitime. Il s'ensuit, par exemple, que la physiologie générale ne peut prétendre ruiner les prétentions

---

[154] BERNARD C., *Principes de médecine expérimentale*, p. 98.

ontologiques des sciences naturelles.[155] De même, les différences révélées par l'observation des naturalistes ne peuvent prétendre recouvrir l'unité profonde de la vie protoplasmique. Il y a donc place pour affirmer à la fois la différence entre animaux et végétaux et l'unité de la vie. Mais ces deux affirmations ne relèvent pas de la même échelle dans l'approche scientifique du vivant. L'une ressortit aux sciences d'observation et l'autre aux sciences expérimentales, précisément à la physiologie générale.

Avec la relativité de l'ontologie, Claude Bernard assume également un relativisme épistémologique. Quoiqu'il reconnaisse la scientificité des disciplines naturelles, Bernard marque une nette préférence pour les sciences expérimentales, en raison de leur puissance opérative. Dans *Principes de médecine expérimentale*, il justifie cette position : « Il y a deux espèces de sciences, qui toutes deux sont rationnelles mais qui cependant n'atteignent pas le même but ni la même puissance. Les unes peuvent seulement prévoir les phénomènes ; les autres peuvent non seulement prévoir les phénomènes mais encore agir sur eux, les modifier et les régler. C'est sur ce degré de puissance différent qu'est fondée la distinction des sciences d'observation et des sciences expérimentales. »[156] La médecine naturaliste doit être dépassée par la médecine expérimentale parce qu'« on n'agit pas physiologiquement sur l'espèce physiologique, on n'agit pas thérapeutiquement sur une entité morbide ; on agit physiologiquement et pathologiquement sur un phénomène physico-chimique quelconque, qui donne ensuite naissance à un phénomène vital déterminé ».[157]

Toutes les sciences n'ont donc pas la même valeur épistémique. Celle-ci est fonction des méthodes qu'elles emploient et qui les dotent d'une plus ou moins grande capacité d'agir sur la nature.

En montrant que l'explication des phénomènes vitaux n'est véritablement complète que lorsqu'elle remonte aux facteurs physico-chimiques qui ont cours dans le protoplasme, Bernard indique la limite des enquêtes physiologiques circonscrites à l'étude des mécanismes qui conduisent à admettre des différences irréductibles entre la vie animale et la vie végétale. Cependant, bien qu'il n'y ait qu'une seule manière d'être vivant et que celle-ci soit par-

---

[155] À ceux qui objectaient contre la médecine expérimentale le fait que, selon eux, celle-ci détruirait les entités morbides, Bernard répondait que la médecine ne détruit pas les entités, mais les explique en les rapportant aux mécanismes physiologiques qui les provoquent. « Quant à cette objection, elle ne signifie qu'une chose, c'est que la médecine expérimentale n'est pas au même point de vue que la médecine d'observation. J'ai déjà dit que la médecine d'observation est une science naturelle, comme la zoologie par exemple, et que la médecine expérimentale est une science expérimentale, comme la chimie. Or, si le chimiste montre que l'aragonite, le marbre est du carbonate de chaux, il ne détruit pas l'espèce du géologue pour cela. Il montre seulement au géologue que ces espèces se reproduisent dans des conditions spéciales. » BERNARD C., *Principes de médecine expérimentale*, p. 112.

[156] *Ibid.*, p. 82.

[157] *Ibid.*, p. 98.

tagée par les deux règnes, les physiologies spécifiques, animale et végétale, sont tout à fait légitimes lorsqu'elles étudient les manières propres par lesquelles chaque règne exprime et réalise ses opérations de création et de destruction organique, sans remettre en cause le principe d'unité vitale. Il y a par conséquent, entre la physiologie générale et la physiologie animale ou végétale non une différence de nature, mais seulement de degré, ce qui ne saurait introduire une incommensurabilité comparable à celle qui sépare les sciences expérimentales et les sciences d'observation. Puisque entre physiologies, la méthode est identique, elle est expérimentale et que le but est également le même, à savoir rapporter les phénomènes vitaux aux mécanismes physico-chimiques qui les provoquent, la différence entre la physiologie animale ou végétale et la physiologie générale ne se trouve que dans la profondeur respective de leurs horizons.

La double affirmation de la relativité ontologique et de l'incommensurabilité des sciences naturelles et expérimentales définit le cadre d'interprétation philosophique de l'unité vitale. Il s'agit d'une thèse d'épistémologie physiologique, destinée à fonder la médecine expérimentale sur la physiologie générale et non d'une thèse d'ontologie biologique. Cela est d'ailleurs conforme à l'esprit général de la philosophie de Claude Bernard. Quand il s'est engagé sur des questions philosophiques, ce fut pour résoudre des problèmes d'épistémologie médicale. Il n'a jamais été question, pour lui, de définir les êtres ou la vie pour eux-mêmes, de dire ce qu'ils sont en soi, mais, simplement, de déterminer les conditions de leur intelligibilité scientifique, c'est-à-dire de montrer comment ils peuvent être légitimement étudiés dans le cadre d'une investigation rationnelle. Or, les principes qui s'imposent à la base de cette investigation sont que le vivant est soumis au même déterminisme que les phénomènes physiques, qu'il est possible de l'appréhender rationnellement en le rattachant à ses conditions physico-chimiques et que ces conditions sont identiques dans la vie animale et végétale… La thèse de l'unité vitale est la démonstration scientifique de ce dernier principe épistémologique.

On peut à présent comprendre pourquoi les deux théories biologiques, de Darwin et de Claude Bernard, qui, au 19ème siècle, brisaient les barrières entre les vivants, en établissant respectivement l'unité de la vie et la continuité des espèces, n'ont pas suscité les mêmes passions et controverses idéologiques. Alors que la théorie darwinienne, qui procède d'une approche naturaliste, possède une charge ontologique indéniable, la thèse de Claude Bernard qui résulte d'une approche expérimentale en est globalement dépourvue. En faisant descendre les espèces supérieures des espèces inférieures par simple évolution, le darwinisme établit une relation généalogique entre des entités naturelles et peut donc à juste titre être accusé, par exemple, de réduire l'humanité à l'animalité. Il n'y a rien de tel chez Claude Bernard. Paul Bert, dans un hommage posthume au savant, relevait la vraie signification de sa thèse unitariste : celle-ci montre, selon lui, « que de l'infinie variété des phénomènes fonctionnels, en rapport avec la diversité sans nombre des formes organiques, se dégagent des vérités fondamentales, universelles, qui relient en un faisceau commun tout ce qui a vie, sans distinction d'ordres ni de classes, de vie animale ni de vie végétale, le foie faisant du sucre comme le fruit, la levure de bière s'endormant comme l'homme sous l'influence des vapeurs éthérées. »[158]

Bernard apporte simplement la démonstration scientifique et expérimentale de la tautologie de la vie : toute vie est vie. La vérité profonde de cette tautologie procède donc, en définitive, d'un jugement analytique sur la vitalité. Au contraire, la théorie darwinienne est de la nature d'un jugement synthétique : elle affirme une relation conjoncturelle forgée par les aléas de l'histoire entre des entités naturelles distinctes. C'est pourquoi, alors que le darwinisme induit une idéologie déroutante dans sa résonance ontologique, la thèse de Bernard ne peut, au pis, que susciter une contradiction de ses arguments scientifiques[159], même s'il est vrai qu'en définitive, l'unité vitale, qui désigne l'identité de la vie à elle-même, relève d'une évidence tautologique et paraît, de ce fait, logiquement incontestable.

La thèse bernardienne tire ainsi sa vérité d'abord de son caractère analytique et tautologique, à telle enseigne que l'insuffisance éventuelle de certaines des preuves scientifiques qui la soutiennent, ne saurait en rien entamer sa crédibilité philosophique. Le choix du protoplasme plutôt que de la cellule comme support de la de transmission de la vie et des caractères héréditaires, la réfutation de l'authenticité de la respiration chlorophyllienne et la généralisation du modèle respiratoire par absorption d'oxygène et rejet de gaz carbonique, l'idée de génération spontanée des ferments solubles… sont sans doute des points discutables de la théorie bernardienne. Cependant, l'idée qu'« il n'y a qu'une manière de vivre » exprime l'incontestable tautologie de la vie.

Mais, pour Bernard, l'affirmation de l'unité de la vie dans son expression physiologique permet d'atteindre un objectif épistémologique, dont la nature n'est pas tautologique mais synthétique. Selon lui, toutes les expressions de la vie peuvent être ramenées à son expression physiologique et, en dernière instance, à la physiologie générale. La thèse de l'unité vitale fonde et renforce la prééminence de la physiologie sur les autres sciences du vivant. À cet égard, la philosophie biologique de Bernard qu'on peut qualifier de panphysiologique est, en un sens, réductionniste : toute la vie biologique est

[158] Discours de Paul Bert aux funérailles de Claude Bernard, reproduit en avant- propos *des Leçons sur les phénomènes de la vie communs aux animaux et aux végétaux*, p. XXVIII.
[159] Aujourd'hui, on admet par exemple que, contrairement à ce que pensait Claude Bernard, la synthèse hépatique du glucose s'effectue suivant des mécanismes qui diffèrent profondément de la production du sucre dans les plantes. Voir GRMEK M. D., *Raisonnement expérimental et recherches toxicologiques chez Claude Bernard*, Genève- Paris, Droz, 1973, pp. 43-44.

réduite à ses manifestations physiologiques, et les fonctions physiologiques elles-mêmes rapportées aux métabolismes biochimiques du protoplasme. Or, ici une question se pose nécessairement : N'y a-t-il vraiment aucune dimension de la vitalité qui échappe à l'explication physiologique ?[160] En revanche, par d'autres aspects, cette philosophie donne l'image d'une pensée tolérante, voire relativiste. Elle n'assume aucune disqualification dogmatique de sciences naturelles, auxquelles elle ne conteste, en définitive, que leur prétention à constituer des sciences fondamentales de la vie.

[160] Georges Canguilhem a admirablement montré comment le pan-physiologisme de Claude Bernard pèche de ne pouvoir concevoir l'autonomie du pathologique. Dans sa célèbre thèse de médecine, *Essai sur quelques problèmes concernant le normal et le pathologique* (1943), il développe l'idée que la pathologie ne consiste pas en une simple modification quantitative de l'état physiologique, comme le pense Claude Bernard. Elle « est une expérience d'innovation positive du vivant (...) Le contenu de l'état pathologique ne se laisse pas déduire, sauf différence de format, du contenu de la santé : la maladie n'est pas une variation sur la dimension de la santé ; elle est une nouvelle dimension de la vie. » CANGUILHEM G., *Le normal et le pathologique*, Paris, PUF, 1979, p. 122.

IV

LES LIMITES DU RÉDUCTIONNISME : LA RECONNAISSANCE DES SPÉCIFICITÉS DU VIVANT

Bien qu'elle repousse jusque dans ses retranchements physico-chimiques l'horizon de l'analyse expérimentale des phénomènes vitaux, la doctrine biologique de Claude Bernard ne fournit pas seulement un bon exemple des possibilités d'un réductionnisme matérialiste de la vie, elle en montre aussi les limites, en soulignant les spécificités irréductibles du vivant. Pour ceux qui n'ont perçu qu'un seul de ces deux aspects, la philosophie bernardienne ne peut que constituer un sujet de controverse. Une querelle d'exégètes oppose en effet partisans et adversaires d'une interprétation matérialiste de sa philosophie. Si certains commentateurs comme, par exemple, son disciple puis successeur au Collège de France, Paul Bert, ou le chirurgien Jean-Louis Faure, présentent le grand physiologiste sous les traits d'un antispiritualiste radical et engagé à l'image d'un Ernest Renan ou d'un Marcelin Berthelot, à l'opposé, des auteurs comme Antonin-Dalmace Sertillanges croient déceler chez lui des soupçons de vitalisme, voire des allures d'un spiritualisme d'inspiration thomiste.[161] Or, quand on y regarde de près, sa philosophie qui est surtout une épistémologie biologique, c'est-à-dire une réflexion sur les fondements et les exigences méthodologiques de la biomédecine, ne propose une définition de la vie ou du vivant que pour en circonscrire la représentation scientifique, sans jamais perdre de vue que la vie totale déborde incontestablement la vie biologique, ni que les facteurs matériels sont insuffisants à expliquer l'essence de la vitalité. Ainsi, alors que dans ses *Leçons sur les anesthésiques et l'asphyxie* (1875), Claude Bernard déclare : « Nous devons continuer nos études sans relâche et ne nous arrêter que lorsque nous serons arrivés à ramener aux lois physico-chimiques l'expression de tous les phénomènes de la vie »[162], ailleurs, notamment dans les *Principes de médecine expérimentale* (posthume), il précise en des termes clairs la fonction et le statut des facteurs chimiques dans l'économie de la vie : « Les phénomènes

---

[161] SERTILLANGES A. D., *La philosophie de Claude Bernard*, 1944.
[162] KAHANE E., *Claude Bernard, Pages choisies*, Paris, Éditions sociales, 1961, p.57.

chimiques n'engendrent pas la vie quoiqu'ils en soient une condition de manifestation. »[163]

Toute la perspective philosophique de la biologie scientifique est ainsi exprimée par Bernard dans l'articulation d'un programme matérialiste pour la médecine expérimentale avec une conviction profonde dans l'irréductibilité de la vie à ses facteurs physico-chimiques. Affranchir la nouvelle médecine aussi bien du vitalisme de la médecine *théurique* que de l'empirisme de la médecine d'observation d'héritage hippocratique, fonder l'étude scientifique de la vie sur l'analyse expérimentale des phénomènes physiologiques en les rattachant aux processus physico-chimiques qui les provoquent, tel est le but de la réforme des sciences biomédicales qu'entreprend Claude Bernard dans son *Introduction à l'étude de la médecine expérimentale* et ses *Principes de médecine expérimentale*, ses deux principaux ouvrages de philosophie médicale. Mais, bien que la détermination des mécanismes physiques et chimiques des processus organiques suffise ainsi au dessein théorique de la médecine expérimentale, elle ne permet pas, par exemple, d'expliquer, selon Claude Bernard, l'origine de la dynamique évolutive et créatrice des corps vivants.

1- La conception matérialiste de la vie : une exigence épistémique

La philosophie de Claude Bernard est d'abord un projet épistémologique tournée vers un objectif bien précis : fonder la médecine comme discipline expérimentale, c'est-à-dire appliquer, dans l'étude des phénomènes vitaux normaux ou pathologiques, les mêmes procédures qui ont donné la preuve de leur fécondité dans l'étude des corps bruts avec Galilée, Torricelli, Pascal... Ce qui le préoccupe avant tout, c'est par conséquent de désigner et de circonscrire l'objet de la médecine expérimentale, cette « science qui explique les maladies et cherche leur déterminisme afin de pouvoir les modifier ». [164] Instruit par le cas du diabète sucré, dont il a montré qu'il résultait d'une perturbation de l'économie normale de la glycogenèse animale[165], Claude Bernard, récusant l'existence d'entités morbides, définit toute maladie comme la modification quantitative d'une fonction physiologique normale, faisant ainsi de la physiologie expérimentale « le pivot scientifique sur lequel tour-

---

[163] BERNARD C., *Principes de médecine expérimentale*, Paris, Quadrige/PUF, p. 244.

[164] *Ibid.*, p. 9.

[165] « Il y a longtemps qu'on avait constaté que le diabète sucré est une maladie caractérisée par l'apparition du sucre dans les urines, mais on avait considéré ce sucre comme un produit pathologique dans l'organisme animal. On considérait, en un mot, que la maladie avait créé une aptitude à faire du sucre qui n'existe pas à l'état normal. » Or les expériences effectuées par Bernard avaient « démontré qu'il en est tout autrement et qu'il existe à l'état physiologique une aptitude glycogénique et que l'état pathologique n'a en réalité rien créé, mais seulement troublé la nutrition et les phénomènes glycogéniques de telle sorte que le sucre devînt apparent dans les liquides où il ne l'est pas normalement ». BERNARD C., *Principes de médecine expérimentale*, p. 300.

nent toutes les sciences médicales. »[166] La physiologie, la pathologie et la thérapeutique (qui consiste au rétablissement ou à la restauration des fonctions physiologiques altérées) ont ainsi la même base théorique. Aussi le médecin doit-il chercher à « réduire aux mêmes lois vitales, à l'aide de l'expérimentation, les phénomènes physiologiques, pathologiques et thérapeutiques, au lieu de les étudier séparément, comme s'ils formaient des catégories distinctes, des phénomènes régis par des lois spéciales ».[167]

En désignant les phénomènes physiologiques, pathologiques et thérapeutiques comme les objets de la médecine expérimentale, Claude Bernard, sans réduire la vie à ces manifestations vitales, montre simplement les aspects sous lesquels le vivant peut et doit être saisi et étudié rationnellement. Il est donc conscient que ce n'est pas la vie dans la totalité de ses charges et de ses représentations qui est concernée par les études biomédicales, mais seulement telle qu'elle s'exprime à travers ses manifestations observables dans les organismes, les appareils et les tissus vivants. C'est donc le vivant, en tant que support concret des manifestations vitales, que scrutera le médecin expérimentateur, au lieu du concept abstrait de la vie ou de la vitalité. C'est là une conversion et une restriction *sine qua non* de la médecine scientifique

La constitution d'une science expérimentale exige, en effet, que son objet existe comme phénomène objectif et accessible à l'expérimentation. Cela implique que c'est, non pas à la vie mais au vivant, étudié dans ses manifestations les spécifiques (reproduction, respiration, nutrition, irritabilité, etc.) que doit être appliquée la méthode expérimentale. La connaissance rationnelle de la vie sera possible du seul fait de l'existence de ces manifestations objectives, régulières et universelles dans les organismes vivants qui peuvent faire l'objet d'une modification empirique : « La médecine expérimentale existe virtuellement, par cela seul qu'elle peut modifier empiriquement l'organisme vivant de l'homme et des animaux. »[168] Pour Bernard, l'interprétation matérialiste de la vie n'est donc pas réductionniste, mais répond à l'exigence minimale de l'expérimentation en médecine.

La grande révolution méthodologique que veut opérer l'auteur de *l'Introduction à l'étude de la médecine expérimentale* s'étend en effet au-delà de la simple promotion d'une approche empirique des phénomènes vitaux. Bernard veut aller au-delà de la conception de ses prédécesseurs, Galien, Vésale ou, plus récemment, Harvey, Spallanzani et son propre maître au Collège de France, François Magendie, qui ont résolument fondé cette science sur l'expérience. Il veut constituer une médecine résolument expérimentale qui, pour dépasser la perspective purement empirique, doit devenir une discipline *théorique*. Or une science est dite théorique lorsqu'elle est

---

[166] BERNARD C., *Leçons de pathologie expérimentale*, Paris, Baillière, 1880, p. 9.
[167] BERNARD C., *Principes de médecine expérimentale*, p. 301.
[168] *Ibid.*, p. 123.

comme un corps d'hypothèses provisoirement vérifiées et toujours susceptibles, au vu d'expériences nouvelles, d'être revues, corrigées, voire abandonnées. C'est à cette condition que la médecine cessera d'être une discipline systématique et dogmatique.[169]

Le caractère théorique de la médecine expérimentale implique donc que, comme la physique ou la chimie, cette discipline recherche l'*explication* des phénomènes vitaux en les rapportant à leurs facteurs efficaces. Déterministe et réaliste, l'épistémologie bernardienne conçoit l'explication scientifique comme la découverte d'un lien causal entre les phénomènes. La cause recherchée n'est cependant ni la cause première, ni l'essence des choses, mais simplement les conditions matérielles régulières de leur manifestation. Concrètement, dit Bernard, « pour que sa science soit complète », le médecin expérimentateur doit « étudier : 1) comment les choses se passent à l'état de santé, c'est-à-dire savoir par quel mécanisme la vie s'entretient, quels sont les agents de la vie favorables ou défavorables ; 2) comment les maladies naissent, par quels mécanismes et sous l'influence de quels agents l'état de santé passe à l'état de maladie ; 3) comment les maladies guérissent ou ne guérissent pas ; quelles sont les conditions de la guérison, quel est le mécanisme de la vie et de la mort, de la santé et de la maladie. »[170]

Deux principes structurent toute la représentation bernardienne de la causalité scientifique : le déterminisme et le mécanisme. « Le déterminisme, dans les conditions des phénomènes de la vie, doit être un des axiomes du médecin expérimentateur ». Cela signifie que « dans les corps vivants comme dans les corps bruts, les lois sont immuables et les phénomènes que ces lois régissent sont liés à leur condition d'existence par un déterminisme nécessaire et absolu ».[171] Les phénomènes vitaux sont provoqués par des facteurs efficaces qui suffisent à expliquer leur manifestation. Autrement dit, les faits physiologiques, pathologiques et thérapeutiques peuvent être totalement rapportés à leurs conditions matérielles dans le cadre de leur étude scientifique.

En fondant les études médicales sur les études physiologiques, Claude Bernard indique comment, en définitive, toute explication en médecine revient d'abord à comprendre le déterminisme des phénomènes physiologiques normaux et à leur rapporter les autres manifestations vitales, soit comme leur altération par excès ou par défaut (cas pathologiques), soit comme leur restauration (cas thérapeutiques). Ainsi, par exemple, comprendre l'origine physiologique de la glycémie constitue une étape indispensable dans

---

169 *Ibid.*, p. 79.
170 *Ibid.*, pp. 136-137.
171 BERNARD C., *Introduction à l'étude de la médecine expérimentale*, Paris, Pierre Belton, 1966, p. 123.

l'étiologie du diabète sucré et la connaissance de l'action thérapeutique des régulateurs artificiels du sucre dans le sang et dans l'urine.

Une erreur souvent dénoncée par Claude Bernard consiste à réduire l'explication physiologique à une simple déduction anatomique. On a en effet parfois pensé qu'on pouvait comprendre les fonctions organiques en les déduisant de l'anatomie des organes et des tissus qui les accomplissaient. Or, on ne saurait de cette manière déduire la fonction physiologique d'un organe ou d'un tissu : la structure de l'œil, de l'ouïe ou de l'odorat ne peut seule nous permettre de comprendre la physiologie de la vision, de la perception auditive et olfactive. La connaissance du déterminisme des phénomènes physiologiques exige une expérimentation sur les fonctions vitales elles-mêmes.

L'analyse physiologique montre qu'à la base des phénomènes vitaux s'effectuent des processus physico-chimiques plus ou moins complexes. Mais d'une manière générale, ils consistent tous, selon Claude Bernard, soit en destruction, soit en création organique.[172] Déjà, la respiration et la chaleur animale furent expliquées par Lavoisier comme des phénomènes de combustion organique, c'est-à-dire de destruction. Pour leur part, la génération, la régénération, la rédintégration, la cicatrisation, offrent des exemples de synthèse ou de création organique. Tous ces phénomènes vitaux peuvent être expliqués comme le résultat, à l'échelle de leur organisation élémentaire, de processus chimiques de création ou de destruction. L'analyse chimique ne s'arrête pas cependant à la reconnaissance du type créatif ou destructif de la manifestation vitale. Elle continue jusqu'à l'identification des facteurs chimiques élémentaires de la réaction physiologique. Par exemple, Claude Bernard ne se serait pas satisfait de sa découverte de la fonction glycogénique du foie, s'il n'avait cru identifier à la base de cette fonction physiologique exemplaire une substance chimique, la matière glycogène : « Le sucre se produit dans le foie à l'aide d'une matière diastasique réagissant sur une substance amylacée que j'ai isolée et que j'ai appelée matière glycogène.» [173] Voilà comment l'étude du déterminisme spécial des maladies devra montrer que celles-ci sont dues à l'influence toxique de certains facteurs chimiques sur les organismes, y provoquant des « empoisonnements évolutifs, rapides ou lents »[174] dans les organes et dans les tissus. L'action thérapeutique des médicaments consistera donc, selon Bernard, à éliminer l'effet des substances toxiques et à restaurer la normalité fonctionnelle dans les constituants des appareils.

---

[172] Voir BERNARD C., *Leçons sur les phénomènes de la vie communs aux animaux et aux végétaux*, Paris, Vrin, 1966.
[173] BERNARD C., *Introduction à l'étude de la médecine expérimentale*, Paris, Pierre Belton, pp. 280-281.
[174] BERNARD C., *Principes de médecine expérimentale*, p. 139.

Deux éléments très importants fondent, on le voit, toute l'originalité du déterminisme biologique chez Claude Bernard : d'abord la réduction physiologique de toutes les manifestations vitales ; ensuite le déterminisme physico-chimique de la vitalité biologique. En effet, sachant qu'au 19ème siècle, la chimie, en plein essor depuis les travaux de Lavoisier, avait montré l'existence de liens étroits entre les phénomènes chimiques et biologiques, Claude Bernard trouve dans l'explication chimique des processus organiques l'horizon le plus profond de toute analyse physiologique. Toutefois il faut indiquer les limites de cette compréhension du vivant permise par le rapport à l'élément chimique: les organismes vivants ne sont pas plus explicables par l'analyse de leur structure anatomique que par celle de leur structure chimique. Car, dit Claude Bernard, « quoiqu'on puisse parvenir à décomposer les parties vivantes en éléments chimiques ou corps simples, ce ne sont pourtant pas ces corps élémentaires chimiques qui constituent les éléments du physiologiste ».[175]

Qu'est-ce qui forme donc le corpus physiologique ? Pour le savoir, interrogeons le mécanisme, autre principe de la philosophie bernardienne. Le physiologiste appelle à comprendre les organismes vivants non comme des ensembles d'éléments, mais comme des enchaînements solidaires de leurs parties. Les corps vivants sont en effet des systèmes dont la spécificité morphologique tient moins à la complexité de leur composition qu'à leur articulation. L'organisme entier est formé d'appareils eux-mêmes constitués d'organes composés de tissus ; les tissus, à leur tour, sont formés de cellules, et, antérieurement à la cellule, la vie existe déjà dans le protoplasma. Mais si la matière vivante peut être analysée dans ses principes immédiats (sucres, graisses, matières albuminoïdes) et dans les éléments chimiques simples (carbone, hydrogène, azote, oxygène, phosphore, soufre) qui la constituent, la vie se manifeste toujours comme l'effet d'un agencement particulier des pièces anatomiques. Tout est dans les enchaînements et la composition et non dans les éléments. C'est pourquoi, dit Claude Bernard, « la vie, telle que doivent la considérer pratiquement le physiologiste et le médecin, n'est en effet qu'un mécanisme. »[176]

La vitalité, c'est-à-dire la fonctionnalité physiologique, est induite par le mécanisme, c'est-à-dire l'articulation des pièces anatomiques. Dès lors, les éléments chimiques (corps simples ou principes immédiats) apparaissent comme les constituants élémentaires des systèmes organiques, mais leurs véritables éléments actifs sont leurs parties vivantes irréductibles, à savoir le protoplasme et la cellule. Ce sont ces parties qui, en se combinant de telle ou telle manière, donnent tel ou tel tissu. Le vivant n'est pas explicable dans sa vitalité par sa composition chimique, mais par son organisation. La vie sup-

---

[175] BERNARD C., *Introduction à l'étude de la médecine expérimentale*, p. 129.
[176] BERNARD C., *Principes de médecine expérimentale*, p. 12.

pose toujours l'articulation d'éléments vivants irréductibles, quoique chimiquement complexes.

Mais le mécanisme vital ne désigne pas seulement cette articulation interne du protoplasme, de la cellule, du tissu ou de l'organe au sein de l'organisme. Il désigne aussi le fait que la vie est nourrie par l'action directe, sur les éléments organiques, des excitants vitaux prélevés dans le milieu extérieur et transformés par le milieu intérieur. Toutes les fonctions vitales (respiration, nutrition, irritation...) sont le résultat du contact entre des principes prélevés dans le monde physique extérieur et les appareils organiques. Un passage important de l'*Introduction à l'étude de la médecine expérimentale* résume cette pensée de Claude Bernard : « L'organisme n'est qu'une machine vivante construite de telle façon qu'il y a, d'une part, une communication libre du milieu extérieur avec le milieu intérieur organique, et, d'autre part, qu'il y a des fonctions protectrices des éléments organiques pour mettre les matériaux de la vie en réserve et entretenir sans interruption l'humidité, la chaleur et les autres conditions indispensables à l'activité vitale ».[177] Les manifestations vitales sont conditionnées ainsi par ce rapport incessant entre les substances du monde extérieur et les éléments organiques, au point que la maladie et la mort surviennent dès qu'il se trouve entravé ou gravement perturbé.

L'intérêt scientifique de cette représentation mécaniste du vivant réside dans le fait qu'elle trouve dans l'interaction de facteurs matériels externes avec l'organisme l'explication des phénomènes morphologiques normaux et pathologiques, sans qu'il y ait besoin de recourir, pour en expliquer le mystère, à l'action de forces extra-physiques. La philosophie biologique de Bernard assume ainsi une conception de la vie qui, bien qu'elle soit matérialiste, n'est pas réductrice : la vie ne réside pas dans la chimie de la constitution organique, mais dans l'élément vital atavique : la cellule, et antérieurement, dans la matière vivante pré-organique : le protoplasme.

Cependant, bien qu'elle récuse le réductionnisme physico-chimique, la philosophie biologique de Claude Bernard n'est pas une philosophie vitaliste. La principale raison pour laquelle le physiologiste rejette le vitalisme réside dans le fait que cette doctrine nie ou relativise le déterminisme objectif dans l'ordre du vivant. Bien sûr, elle ne nie pas toute forme de déterminisme, puisqu'elle affecte un rôle déterminant à une pseudo-force vitale. Mais la sorte de déterminisme sur laquelle reposent les lois scientifiques est d'une tout autre nature : elle implique l'action de la matière sur matière. Or, l'appel à une force occulte comme cause de vie rend vaine et dérisoire la recherche d'un tel déterminisme, objectif et régulier, dans la manifestation des phénomènes de la vie. « Le vitalisme qui peut avoir autant de nuances que d'individus est donc la négation de la science et l'abandon de toute es-

[177] BERNARD C., *Introduction à l'étude de la médecine expérimentale*, p. 134.

pèce de recherche pour se livrer aux fantaisies de l'imagination. En effet, se demande Claude Bernard, si une force vitale agit à son gré sans être soumise à des conditions de la matière que nous pouvons déterminer, à quoi sert de rechercher à connaître par un labeur incessant ces conditions en analysant péniblement les phénomènes ? »[178]

Pour autant, le vitalisme n'est pas rejeté comme une doctrine fausse ; il est récusé simplement pour son incompatibilité avec l'option épistémologique et méthodologique d'une rationalisation de la vie. Ainsi, par exemple, selon la conception vitaliste, la force vitale imprègne et régit la totalité du corps, de sorte que le vivant doit être considéré comme un tout indivisible. Or, dans les sciences, l'on a besoin de représenter les corps comme formés de parties et de pièces, et de dévoiler le déterminisme fonctionnel qui lie les parties entre elles : « Au lieu de considérer l'organisme comme un tout indivisible, (la médecine expérimentale) ne doit voir dans l'organisme total qu'un ensemble composé par un nombre considérable d'organismes élémentaires ayant chacun leur spécialité et vivant dans le milieu intérieur qui est le théâtre réel de toutes les actions physiologiques, pathologiques, thérapeutiques. »[179]

Cette conception analytique du vivant s'oppose à la représentation holistique des vitalistes, et présente l'organisme comme un système dans lequel les parties entretiennent des rapports les unes avec les autres, et chacune avec l'ensemble du corps. Analytique, la médecine expérimentale étudie la structure et la fonction des pièces anatomiques. Synthétique, elle ne perd pas de vue que toutes les parties concourent, par la convergence de leur action, à l'unité du corps vivant. Les éléments constitutifs du corps humain par exemple (éléments musculaires, nerveux, épithéliaux, glandulaires, l'élément sanguin, l'élément conjonctif ...) sont, d'un certain point de vue, autonomes, puisqu'ils constituent des systèmes bien délimités dans leur nature et dans leur fonction. Mais ces systèmes sont, par ailleurs, fortement imbriqués et subordonnés les uns aux autres : l'élément sanguin n'est-il pas le *milieu intérieur* dans lequel baignent tous les autres organes, et l'élément musculaire n'est-il pas présent dans la constitution de la quasi-totalité des organes ? Le système nerveux qui impulse le dynamisme du corps n'est-il pas « le principal système harmonisateur des mécanismes (qui) relie entre eux les éléments autonomes et constitués des mécanismes qui sont composés de pièces vivantes distinctes »[180] ?

Cet aspect est essentiel. En effet, il montre comment le corps vivant, en tant que système intégré et organisé, ne peut pas être réduit à la pure matière, mais suppose un ordre immanent, une organisation intime dont la construc-

---

[178] BERNARD C., *Principes de médecine expérimentale*, p. 205.
[179] *Ibid.*, pp. 11-12.
[180] *Ibid.*, p. 11.

tion est informée par une idée directrice. Mais la médecine expérimentale n'a pas pour ambition de saisir le fondement de cette harmonie préétablie, ni de l'expliquer : elle n'a pour tâche que de comprendre les mécanismes matériels impliqués dans les fonctions vitales et non de rechercher l'origine ou la cause première de l'harmonie qui se manifeste dans la cohérence du plan de constitution d'un organisme vivant.

La conception bernardienne de la médecine expérimentale paraît dès lors toute positiviste, car la fonction qu'elle assigne à celle-ci consiste à chercher, grâce à une expérimentation rigoureuse, les lois qui structurent les mécanismes physiologiques. Et ce dessein est conforme, aux yeux de Claude Bernard, à celui de toute science. Il n'est pas lié au caractère particulier des phénomènes vitaux. Comme le commente Jean Rostand, « le grand physiologiste dénie à toute science le moyen d'aller au fond des choses. Loin de penser comme Bergson que les sciences physico-chimiques atteignent leur objet tandis que les sciences de la vie manquent à atteindre le leur, il tient que toute science est essentiellement limitée à la détermination des causes prochaines, ce qui est, en somme, l'attitude positiviste. »[181]

Certes, les tenants du positivisme ne croient pas, en général, à une approche positive de la vie. Claude Bernard, lui, étend l'approche expérimentale à l'étude des phénomènes vitaux en prenant le soin de préciser que l'objet de la biologie scientifique doit être non pas la vie mais les manifestations physiologiques qui l'expriment. Il assume ainsi un positivisme plus universel et moins discriminatoire. Les faits de la vie sont des faits déterminés et, à cet égard, semblables aux faits de la nature brute. Cela justifie donc l'application d'une méthode identique dans les sciences biomédicales et dans les sciences de la nature. Du point de vue méthodologique, il fait tomber la barrière entre ces deux ordres de sciences. En fait, « pour lui, explique Jean Rostand, il n'y a pas deux ordres de sciences, les unes où tout est précis, fixe et immuable, les autres où tout subsisterait du vague et de l'incertain. Le déterminisme est partout aussi absolu ; aucune science n'est moins science qu'une autre ».[182]

Le projet de Claude Bernard prend ainsi manifestement le contre-pied d'une opinion scientifique répandue de son époque, soutenue par des savants comme Xavier Bichat. Celui-ci affirmait : « Les propriétés physiques étant fixes, constantes, les lois des sciences qui en traitent sont également constantes et invariables ; on peut les prévoir les calculer avec certitude. Les propriétés vitales ayant pour caractères l'instabilité, toutes les fonctions vitales étant susceptibles d'une foule de variétés, on ne peut rien prévoir, ni calculer dans leurs phénomènes. D'où il faut conclure que des lois absolu-

---

[181] ROSTAND J., *Hommes de vérité*, Paris, Stock, 1968, p. 147.
[182] *Ibid.*, p.146.

ment différentes président à l'une et à l'autre classes de phénomènes ».[183] Claude Bernard ne nie pas la spécificité des phénomènes vitaux. Ce qu'il récuse, c'est l'idée selon laquelle les caractères spécifiques des êtres vivants rendent les phénomènes de la vie impénétrables à l'esprit scientifique. Pour lui, la vie n'est pas totalement une énigme ; elle peut être étudiée et comprise, jusqu'à un certain point, par la détermination de ses facteurs matériels.

2- L'ontologie du vivant et les limites du réductionnisme

Les êtres vivants se distinguent essentiellement des corps bruts par leur dynamisme interne, c'est-à-dire leur faculté de se développer à partir d'un principe intérieur. Toutes les fonctions physiologiques concourent au maintien des constantes et à la modification normale des variables physiologiques dans l'être. Alors que les objets de la nature inerte peuvent certes s'accroître, mais seulement sous l'effet d'une cause nécessairement externe, les êtres vivants sont dotés de la capacité de se développer par eux-mêmes, suivant un plan intériorisé. Le vivant se caractérise sans doute par de nombreuses propriétés qui le distinguent des corps bruts. Mais c'est dans la force de développement organique que la vie a, selon Claude Bernard, son *essence primitive.*

En définissant la vie comme *création*, Bernard ne nie pas l'importance des phénomènes destructifs dans l'activité vitale. Ce qu'il cherche à souligner, c'est que la capacité de réduction chimique ou de destruction organique n'appartient pas en propre, ni exclusivement aux corps vivants. Des substances et des phénomènes du monde physique possèdent en effet la faculté de réduire, par la combustion, la fermentation ou la putréfaction, d'autres corps en substances chimiques élémentaires. Le feu et les levures sont les plus connus de ces réactifs naturels. Mais ce qui est propre aux corps vivants, c'est la faculté créatrice qui se manifeste initialement par la synthèse chimique et morphologique du protoplasme et qui, toute la vie durant, s'exprime à travers l'auto-développement de l'organisme, la réparation ou la reconstitution des organes et des tissus. Aussi, Claude Bernard affirme-t-il : « S'il fallait définir la vie d'un seul mot, qui, en exprimant bien ma pensée, mît en relief le seul caractère qui, suivant moi, distingue nettement la science biologique, je dirais la vie, c'est la création » ; car, poursuit-il, « ce qui caractérise la machine vivante, ce n'est pas la nature de ses propriétés physico-chimiques, si complexes qu'elles soient, mais bien la création de cette machine qui se développe sous nos yeux dans les conditions qui lui sont propres

[183] Cité par Ernest KAHANE, dans son introduction à *Claude Bernard, pages choisies*, op. cit., p. 35. Vers la fin de sa vie, Claude Bernard rendra néanmoins cet hommage au célèbre anatomiste : « Bichat s'est trompé comme les vitalistes, ses prédécesseurs sur la théorie de la vie, mais il ne s'est pas trompé sur la méthode immédiate des phénomènes. » Voir CANGUILHEM G., « Claude Bernard et Bichat », Communication lue à Cracovie, le 28 août 1965, à l'occasion du XIème Congrès International d'Histoire des Sciences, et publiée par l'auteur dans *Études d'histoire et de philosophie des sciences,* Paris, Vrin, 1968.

et d'après une idée définie qui exprime la nature de l'être vivant et l'essence même de la vie. »[184]

On comprend bien que, en disant que la vie est création, Bernard n'entendait pas s'allier aux adversaires créationnistes de l'évolutionnisme. La création dont il parle n'est pas le résultat d'un acte extérieur, mais celui d'un processus immanent de la matière organique. Elle désigne tous les processus physiologiques par lesquels la vie est transmise d'un être à un autre ou croît à l'intérieur d'un organisme, en développant ses supports anatomiques, en créant ou en corrigeant ses propres tares, en rétablissant la vitalité des organismes altérés. Alors que, à son époque, l'on en est à opposer créationnistes et évolutionnistes, Claude Bernard jette un pont entre *création et évolution*, ramenées, il est vrai, à l'échelle ontogénétique. Ici, création et évolution ne s'opposent pas, mais se complètent et se prolongent mutuellement. Dans l'individu, en effet, la vie n'est pas une transformation de l'inerte. Elle est déjà là dès les premiers moments de la constitution de l'œuf, dans la cellule primitive. Une fois donnée, elle est constamment en lutte pour vaincre les forces d'inertie. Cette confrontation entre édification et dégradation, évolution et dégénérescence, exprime le dynamisme du vivant.

Claude Bernard nomme cette représentation du dynamisme vital *la théorie des évolutions*, sans doute pour la distinguer de *la théorie de l'évolution* de Lamarck ou de Darwin. En effet, la première se rapporte essentiellement aux changements biologiques subis par les individus au cours de leur vie, la seconde désigne les mutations que connaissent les espèces et qui impulsent l'émergence de nouvelles espèces. La pluralité des évolutions individuelles s'explique par la pluralité des individus eux-mêmes, de sorte que si, d'une manière générale, ces changements sont induits par les mêmes mécanismes physico-chimiques, ils s'expriment chez chaque individu en fonction de dispositions personnelles telles que les facteurs génétiques. En outre, ces évolutions organiques, soutenues par divers métabolismes biochimiques, produisent chez les individus aussi bien le développement ascendant et la croissance de l'organisme que des régressions, des dysfonctionnements organiques, des pathologies et, à terme, la mort. La théorie des évolutions se rapporte ainsi aux changements qui interviennent dans une pluralité d'histoires closes ; la théorie de l'évolution concerne les mutations à l'origine de l'extinction et l'émergence des espèces ; elle se rapporte par conséquent à une histoire ininterrompue, constamment renouvelée, ouverte.

Dans ce mouvement permanent qui porte l'organisme, s'exprime un double déterminisme lié à l'action conjuguée de facteurs externes et internes. Pour se développer, l'organisme a besoin d'éléments externes tels que l'air, l'eau, la chaleur, l'humidité, la lumière, les aliments et les micronutriments qui sont donnés par le milieu cosmique ambiant. Mais ces données doivent

[184] BERNARD C., *Introduction à l'étude de la médecine expérimentale*, p. 161.

être ensuite reçues et transformées par les dispositifs internes du vivant. C'est pourquoi un des caractères du vivant sur lequel Claude Bernard insiste particulièrement, c'est précisément la *nutrition*, c'est-à-dire la faculté qu'a tout organisme vivant d'absorber et d'assimiler des substances présentes dans le milieu externe. « L'être vivant est essentiellement caractérisé par la nutrition, dit-il. L'édifice organique est le siège d'un perpétuel mouvement nutritif, mouvement intestin qui ne laisse de repos à aucune partie ; chacune, sans cesse ni trêve, s'alimente dans le milieu qui l'entoure et y rejette ses déchets et ses produits. »[185] Par *nutrition*, ici, Claude Bernard ne désigne donc pas seulement l'assimilation et la digestion des aliments, mais tous les métabolismes opérés par l'organisme vivant, à l'échelle protoplasmique. C'est cet ensemble d'échanges entre le milieu intérieur et le milieu extérieur qui caractérise l'être vivant. Dès lors, le milieu extérieur ne suffit pas à donner le déterminisme intégral de la vitalité biologique. Il n'en donne que les facteurs externes. Pour en offrir une vision plus complète, on doit aussi tenir compte de la part des conditions offertes par le milieu intérieur, c'est-à-dire l'environnement physiologique des cellules, des tissus et des organes.

L'intériorité biologique, voilà ce qui distingue radicalement les organismes vivants des corps inertes. Mais, alors que les vitalistes voyaient dans l'intériorité la source mystique de la spontanéité, voire de la liberté, Bernard, lui, ne désigne qu'un milieu physico-chimique spécial, accessible à l'expérimentation, et non une instance métaphysique inaccessible à la raison scientifique. L'existence d'un tel milieu n'entraîne donc pas l'impénétrabilité du vivant. Elle n'introduit pas non plus à des considérations anthropomorphiques qui s'opposeraient à la connaissance expérimentale des fonctions physiologiques. Par exemple, le milieu intérieur n'est doté d'aucune initiative réfléchie qui règlerait la spontanéité des mécanismes vitaux : « Il y a si peu d'intelligence dans l'estomac que si on introduit une pierre à la place de la viande, le suc gastrique se sécrétera de même », dit Bernard.[186] L'existence du milieu intérieur et d'un déterminisme spécifique des êtres vivants établit juste une complexité plus grande dans l'approche expérimentale des phénomènes vitaux, puisque ceux-ci requièrent, outre la connaissance du milieu cosmique ambiant, celle du milieu intérieur, à la différence des phénomènes du monde inanimé, dont la connaissance des conditions externes suffit à nous en livrer tout le facteur déterminant.

L'une des contributions théoriques les plus importantes de Claude Bernard à la compréhension du monde vivant réside incontestablement dans la découverte de ce double déterminisme des fonctions biologiques par le milieu extérieur et le milieu intérieur. La fécondité heuristique de cette conception est incontestable. Par exemple, des phénomènes comme la *chaleur ani-*

---

[185] Voir KAHANE E., op. cit., pp. 55-56.
[186] BERNARD C., *Principes de médecine expérimentale*, p. 206.

male ou encore la glycogénie hépatique n'auraient sans doute jamais pu être adéquatement expliquées si la physiologie s'était exclusivement fondée sur le déterminisme du milieu externe : ces phénomènes n'ont pas une cause atmosphérique ou alimentaire, mais s'expliquent essentiellement comme des réactions chimiques du milieu intérieur, selon l'interprétation de Claude Bernard. C'est aussi l'existence du milieu intérieur qui explique la relative indépendance des êtres vivants par rapport aux conditions de leur milieu externe. Bien entendu, cette indépendance croît à mesure que l'on passe des êtres les plus simples, comme les infusoires, aux êtres les plus complexes tels que l'homme. Chez les premiers, la dépendance vis-à-vis des conditions externes est quasiment absolue. Beaucoup d'êtres unicellulaires sont en général incapables de résister à la moindre modification de leur milieu de vie. Ils se trouvent désarticulés dès qu'on supprime certains éléments de leur milieu habituel ou qu'on y substitue d'autres. Ainsi l'exposition à l'air libre suffit-elle à provoquer la dessiccation des virus anaérobies et à en annihiler ou, tout au moins, à en atténuer la virulence. C'est par la dessiccation du virus de la rage que Pasteur produisit, par exemple, son vaccin antirabique. La dépendance quasi-totale des organismes les plus élémentaires vis-à-vis de leur milieu de vie a été observée par Spallanzani étudia le phénomène chez des anguillules qui, desséchées depuis de longues années, retrouvent leur vitalité dès qu'ils reçoivent une simple goutte d'eau. On a pu aussi voir chez les végétaux et chez certains animaux à sang froid une singulière dépendance vis-à-vis des conditions climatiques, à l'influence desquelles le milieu intérieur n'est guère apte à résister.

Mais il en va autrement chez les animaux à sang chaud chez qui le milieu intérieur dispose l'organisme à une résistance plus grande et à une meilleure adaptabilité aux modifications des conditions extérieures. Ainsi ces animaux peuvent-ils conserver une température interne constante en dépit de fortes variations climatiques observées dans le milieu extérieur. Ils peuvent s'adapter aux modifications de leurs conditions alimentaires. Ainsi, par exemple, l'absence de végétaux dans l'environnement immédiat des herbivores transforme ceux-ci en carnivores se nourrissant de leur propre sang, ainsi que Claude Bernard a pu l'observer chez des lapins. Mais, en dépit de ces différences, tous les animaux et tous les végétaux possèdent un milieu intérieur et subissent, à divers degrés, l'action réciproque des milieux intérieur et extérieur.

Les caractéristiques générales de la vie (dynamisme interne, nature évolutive, faculté de nutrition, déterminisme du milieu intérieur, capacité d'autorégulation...) sont ainsi partagées par tous les vivants. Au-delà des spécificités qui peuvent distinguer les règnes ou les espèces entre eux, il y a l'unité et l'unicité de la vie : celle-ci est la même, qu'elle concerne les végétaux ou les animaux, les animalcules ou les mammifères. Les règnes ne présentent, dès lors, entre eux qu'une différence de degré et non de nature, dans la mesure où les spécificités qui permettent de les définir n'ont aucun caractère absolu, et qu'il existe des fonctions physiologiques transversales, des « phénomènes de la vie communs aux animaux et aux végétaux », comme les appelle Bernard.

Si la vie manifeste son unicité, le monde des vivants, lui, en revanche, se caractérise par sa diversité qui résulte de l'inventivité de la vie même. Un des phénomènes qui frappent, en effet, chez les animaux et les végétaux, c'est la différenciation individuelle. Dans le règne minéral, un tel phénomène est inexistant. Au contraire, dans le règne animal, deux individus, fussent-ils de la même espèce, présentent inévitablement des différences morphologiques, physionomiques ou physiologiques qui permettent de les distinguer comme des êtres irréductiblement uniques.

Bernard explique que des animaux de même espèce, issus d'une même souche, d'un même ancêtre, donnent naissance, au fil de l'évolution, à des individus différents les uns des autres et de plus en plus éloignés des premiers ascendants. La différenciation spécifique est le résultat d'un long processus, d'une longue métamorphose phylogénétique : « Les individus qui proviennent de race et de souche commune, à mesure qu'ils s'éloignent de la souche, se différencient de plus en plus et au point de perdre la propriété d'être greffés les uns sur les autres et de pouvoir se reproduire entre eux. »[187]

La différenciation individuelle, rapportée aux métamorphoses ontogénétiques et à la morphogenèse, implique cependant des facteurs génétiques qui n'étaient guère connus à l'époque de Claude Bernard. Le mystère des transmissions héréditaires commençait à peine à être percé, mais les travaux de Gregor Mendel (*Versuche über Pflanzenhybriden*, 1866), contemporain de Claude Bernard, ne suscitait alors que peu d'intérêt chez les scientifiques. Cette méconnaissance des mécanismes héréditaires rendait difficile l'étude des lois de la différenciation individuelle comme on peut s'en rendre compte à travers l'imprécision des présomptions bernardiennes. Ce qu'on savait, en revanche, c'est que la différenciation s'opère dès les premiers moments de la constitution de l'œuf et de l'évolution de l'individu. Elle se précise au fur et à mesure de la croissance jusque dans les ultimes phases de la dégénérescence. De l'embryon au fœtus, déjà les caractéristiques individuelles de l'enfant se mettent en place en raison de dispositifs héréditaires et congénitaux. Mais on remarquera que tous les caractères qui forment les variétés idiosyncrasiques ne sont pas le fait de facteurs héréditaires. Certains sont acquis au fil de l'histoire individuelle, l'organisme étant capable d'inventions normales ou pathologiques. Les variétés idiosyncrasiques caractérisent les êtres vivants au même titre que leurs traits généraux, car, l'individu combine les éléments particuliers et ceux relevant du modèle spécifique ou du type.

---

[187] *Ibid.*, p. 143.

L'ontologie biologique doit dès lors concilier nécessairement, pour ainsi dire, nominalisme et réalisme, et affirmer simultanément la réalité de l'individu et la permanence de l'espèce dans celui-ci. Le vivant procède en effet d'un équilibre plus ou moins stable entre l'élément *original* et l'élément *originel*. Il contient, au plan biologique, l'héritage du passé commun de l'espèce et celui de sa propre histoire personnelle. Ces caractères ne constituent certes pas les seules différences entre les corps vivants et les corps bruts. Néanmoins, c'est ceux sur lesquels Claude Bernard insiste le plus et qui paraissent suffire à justifier une idée très importante chez lui : l'identité méthodologique des sciences de la nature et des sciences de la vie ne s'opère pas au prix d'une réduction ontologique. C'est pourquoi il insiste sur le fait que « la biologie doit prendre aux sciences physico-chimiques la méthode expérimentale mais garder ses phénomènes spéciaux et ses lois propres ».[188]

3- Les perspectives créatrices de la science du vivant et la nécessité de la « bioéthique »

Les organismes vivants diffèrent radicalement, par leurs propriétés spécifiques, des corps bruts. Certes, les phénomènes vitaux peuvent être expliqués par des processus physico-chimiques, mais ceux-ci induisent chez les êtres vivants des propriétés et des facultés très spéciales qu'on ne trouvera jamais chez les corps bruts. C'est la reconnaissance de cette disposition spéciale qui distingue Claude Bernard des matérialistes réductionnistes. Cependant, il n'en devient pas un vitaliste pour autant. Ce qu'il reproche au vitalisme, ce n'est pas de croire à la spécificité du vivant ni à l'irréductibilité de la vie à un simple mécanisme physico-chimique, mais de conclure, à partir de l'échec du réductionnisme matérialiste, à l'impossibilité d'étudier rationnellement les processus vitaux. Contrairement aux vitalistes, il pense que les phénomènes spéciaux de la vie et leurs lois peuvent être connus par l'étude de leur déterminisme matériel. Il nourrit même l'espoir que la connaissance rationnelle du vivant permettra à l'homme, un jour, de maîtriser si bien les mécanismes de la vie qu'il sera en mesure de la reproduire artificiellement : « J'admets parfaitement que lorsque la physiologie sera assez avancée, le physiologiste pourra faire des animaux ou des végétaux nouveaux comme le chimiste produit des corps qui sont en puissance, mais n'existent pas dans l'état naturel des choses ».[189]

Les progrès importants de la chimie de synthèse, à l'époque de Claude Bernard, montraient clairement que la connaissance et la reproduction artificielle des substances vitales n'étaient pas impossibles. Wöhler avait réalisé la synthèse artificielle de l'urée en 1828, et d'autres prouesses s'annonçaient avec Berthelot. Mais les progrès envisagés par Claude Bernard vont bien au-

[188] BERNARD C., *Introduction à l'étude de la médecine expérimentale*, p. 123.
[189] BERNARD C., *Principes de médecine expérimentale*, p. 85.

delà de la reproduction artificielle des substances vivantes. Ils concernent la production d'organismes vivants.

Dans le domaine purement physiologique, de nombreuses avancées étaient réalisées depuis que Harvey, en 1628, avait permis de comprendre le principe de la circulation sanguine, essentiel à la connaissance de ce que Bernard appelle « le milieu intérieur » des animaux. Les fonctionnements et les dysfonctionnements des organes étaient de mieux en mieux connus. Bernard lui-même s'intéressait avec succès, depuis longtemps, aux fonctions des organes impliqués dans la digestion (foie, pancréas), au système nerveux (nerfs sympathiques, nerfs vasomoteurs), à des pathologies comme le diabète, à l'effet sur les organismes des anesthésiques et des poisons. Les propriétés et les fonctions spéciales des corps vivants étant tout à fait connaissables par la science, il avait dès lors des raisons de croire, eu égard au dessein pratique voire technologique qu'il assignait à tout savoir théorique, qu'une connaissance physiologique suffisamment poussée devrait permettre à l'homme d'envisager la modification profonde et même la création artificielle d'êtres vivants. Il ne s'agira pas de créer la vie à partir de l'inerte, mais de procéder à des arrangements originaux d'organismes déjà vivants, pour donner des êtres nouveaux : « Je reconnais en effet, dit Bernard, que nous ne saurions donner la vie à une matière qui en est dépourvue, mais j'admets qu'il n'est pas impossible que nous puissions, avec des artifices convenables, modifier les conditions dans lesquelles la vie se manifeste d'une manière si profonde qu'il en résulte des êtres nouveaux. »[190]

La vie est une propriété innée de la matière organique, voilà pourquoi elle ne peut pas être reproduite artificiellement dans la matière inerte. Dans *Principes de médecine expérimentale*, voici ce qu'écrit Claude Bernard à ce sujet : « Nous pouvons reproduire en dehors de l'organisme tout ce qui est manifestation vitale et ce qui n'est pas vital à proprement parler ; exemple : digestions artificielles, contraction musculaire, évolution d'œuf, fécondations artificielles. » Au contraire, « nous ne ferons jamais un œuf, ni une cellule quelconque, ni un globule de sang. La création organique nous est interdite, tandis que la création minérale nous est accessible. »[191] Pour Bernard, cette incapacité de l'homme à réaliser la synthèse du vivant à partir de l'inerte n'était pas simplement liée à l'état des connaissances biologiques de son époque, ni à la complexité de vivant, c'est une impossibilité structurelle qui s'explique par l'incommensurabilité des réalités organiques et inorganiques : « Nous ne pouvons pas prendre les éléments matériels d'une substance vivante et les grouper de manière à faire cette substance vivante. Mais

[190] *Ibid.*, pp. 85-86.
[191] *Ibid.*, p. 159.

est-ce simplement une plus grande difficulté, une plus grande complexité ou bien une impossibilité ? Je pense que c'est une impossibilité. »[192]

Ces réserves indiquent l'étendue et les limites du matérialisme méthodologique selon Claude Bernard. En effet, le programme assigné à la médecine expérimentale est la connaissance des conditions matérielles de la vie. Or cette connaissance suffit à nous rendre maîtres de son déterminisme, au point d'être aptes à reproduire, sous certaines conditions, des organismes vivants. Mais il y a des empêchements à la réduction totale de la vie, et qui rendent impossible sa reproduction *ex nihilo.* Ces exceptions tiennent au plan de création des organismes vivants. Toute vie est, en effet, un processus, une histoire. Elle se déploie dans la continuité de l'histoire individuelle, à partir de l'embryon. La force de développement organique semble suivre un plan préétabli, une *idée directrice*, qui échappe à toute interprétation mécaniste : « Ce qui est essentiellement du domaine de la vie et ce qui n'appartient ni à la chimie, ni à la physique, ni à rien autre chose, c'est l'idée directrice de cette évolution vitale. Dans tout germe vivant, il y a une idée créatrice qui se développe et se manifeste par l'organisation. Pendant toute sa durée, l'être vivant reste sous l'influence de cette même force vitale créatrice, et la mort arrive lorsqu'elle ne peut plus se réaliser. »[193]

« Idée directrice », « idée créatrice », « force vitale créatrice » : on aura remarqué que, dans ce court passage, Claude Bernard désigne par trois expressions différentes ce « mystère » qui règle dans les êtres vivants leur développement. Plus loin, dans le même texte, il parle d'« idée vitale » ; ailleurs, de « force législatrice », etc. Cette multiplication des désignations de la même réalité, loin d'être fortuite, traduit, non pas simplement une difficulté sémantique ou une instabilité terminologique chez Claude Bernard ; elle exprime une véritable difficulté à introduire dans l'étude des principes de la médecine expérimentale le concept d'unc instance réelle certes, mais complètement insaisissable par les moyens de la science. Car l'idée d'une harmonie préétablie dans l'organisation des êtres vivants suggère que ceux-ci ne sont pas seulement soumis à une causalité mécanique mais aussi à un déterminisme de type finaliste. Comment introduire des considérations téléologiques dans la représentation biologique de la vie sans tomber dans le vitalisme ? Telle est la difficulté que Claude Bernard tente d'éviter en récusant la terminologie vitaliste habituelle : « le principe vital ». Peut-être le malaise se dissipe-t-il quelque peu lorsqu'il dit n'affecter à « l'idée vitale » qu'une fonction spéculative ou un statut purement métaphorique, mais non un dessein heuristique en médecine expérimentale : « En disant que la vie est l'idée directrice ou la force évolutive de l'être, nous exprimons simplement l'idée d'une unité dans la succession de tous les changements morphologiques et

---

[192] *Idem.*
[193] BERNARD C., *Introduction à l'étude de la médecine expérimentale*, pp. 161-162.

chimiques accomplis par le germe depuis l'origine jusqu'à la fin de la vie. Notre esprit saisit cette unité comme une conception qui s'impose à lui, et il l'explique par une force ; mais l'erreur serait de croire que cette force métaphysique est active à la façon d'une force physique. »[194] En effet, « cette conception ne sort pas du domaine intellectuel pour venir réagir sur les phénomènes pour l'explication desquels l'esprit l'a créée ; quoique émanée du monde physique, elle n'a pas d'effet rétroactif sur lui. En un mot, la force métaphysique évolutive par laquelle nous pouvons caractériser la vie est inutile à la science ».[195]

Quoi qu'il en soit, l'usage des expressions métaphysiques pour caractériser la vie indique qu'il y a un vide que la science ne peut combler, une limite qu'elle ne peut franchir, une impasse qu'elle ne peut surmonter, lorsqu'il s'agit d'expliquer la continuité du développement vital. Fidèle aux principes de la médecine expérimentale qu'il a formulés, Bernard récuse des termes comme « principe vital » dans le langage de la science. Mais il sait que si l'action des facteurs chimiques suffit à expliquer la constitution et le fonctionnement des pièces anatomiques, si même elle rend compte de la synthèse matérielle du protoplasme, elle ne peut exprimer le plan d'organisation et la loi de l'évolution des systèmes organiques. Il faut admettre qu'il y a dans la vie, bien plus qu'un mécanisme, un véritable *dynamisme* qui implique des forces spécifiques que la science ne pourra sans doute jamais appréhender. Ce qui subsiste, en fin de compte, dans l'opinion de Claude Bernard, c'est l'idée que les facteurs matériels du dynamisme vital ne pourront jamais totalement expliquer le plan d'organisation et d'évolution des organismes vivants. Les forces biogénétiques sont par nature inaccessibles à une approche expérimentale et rendent impossible la création artificielle de la vie : « Il y a dans les animaux quelque chose qui s'opposera toujours à (leur) synthèse effective ».[196]

On perçoit aisément les conséquences générales de ce refus du réductionnisme. Elles sont d'abord d'ordre pratique : la vie ne peut être créée par la manipulation de substances inertes. La vie vient toujours de la vie ; elle suppose toujours l'existence préalable d'organismes vivants. Et, jusqu'à présent, la nécessité de la transmission atavique de la vie n'a pas été démentie, en dépit des prouesses biotechnologiques actuelles qui ont vu la réalisation de la fécondation *in vitro*, du clonage reproductif de mammifères (Ian Wilmut), et la perspective proche du clonage reproductif humain dont les freins actuels paraissent plutôt d'ordre éthique que technique, et malgré les tentatives de synthèse d'organismes simples comme le *Mycoplasma genitalium* (Craig

[194] KAHANE E., op. cit., p. 59.
[195] *Idem.*
[196] BERNARD C., *Principes de médecine expérimentale*, p. 84.

Venter). La difficulté/impossibilité de créer un organisme vivant ne s'est pas encore démentie, donnant toujours raison aux idées de Claude Bernard.

La deuxième conséquence qui découle de l'irréductibilité de la vie à ses facteurs matériels porte sur les exigences éthiques de la pratique expérimentale sur le vivant, et singulièrement sur l'organisme humain. En effet, la sauvegarde et la conservation de la vie apparaissent comme des impératifs absolus pour le biologiste et le médecin, si la vie n'est pas un simple mécanisme, mais provient de l'action des forces objectives inconnues que nous ne maîtriserons sans doute jamais. Dès lors, comme dit Claude Bernard, « toute la puissance de la physiologie ne devra pas être employée, comme la chimie par exemple, à détruire les corps qui existent pour en faire de nouveaux. Le physiologiste devra conserver les corps qui existent dans la nature (comme par exemple le géologue, chimiquement, empêche certaines roches de s'altérer). Le physiologiste ne doit jamais perdre de vue qu'il a affaire à des organismes qu'il faut avant tout qu'il respecte ».[197]

Cette affirmation de Claude Bernard relative à la nécessité du respect de toute vie ne peut manquer de surprendre de la part du grand expérimentateur qui n'hésitait pas à sacrifier lapins, chiens et autres animaux pour les besoins de la science. Le savant était en effet convaincu qu'au physiologiste « la science permet de modifier les organismes pour son profit et les guérir s'ils sont malades ».[198] Cette idée n'exprimait pas simplement une capacité technique de la science, mais plus encore une possibilité, voire un droit déontologique : la science a le droit de soumettre les organismes vivants à l'expérimentation. Toutefois, ce droit doit être assorti d'une clause éthique : le but de la médecine expérimentale n'est pas de détruire la vie, mais de la promouvoir et de la respecter. En sacrifiant les animaux, le physiologiste vise donc, en dernière instance, la sauvegarde, voire l'amélioration de la vie, notamment la vie humaine. Or, cette exigence a infiniment plus de valeur que toutes les autres. C'est pourquoi, si le respect de la vie est un principe déontologique absolu pour le physiologiste, la sauvegarde et l'amélioration de la vie humaine sont un impératif moral qui s'impose au médecin. Ces deux exigences ne s'excluent pas, mais sont, au contraire, complémentaires comme peuvent l'être une exigence écologique et un impératif moral. La vie humaine ne dépend-elle pas aussi de la préservation de l'équilibre écologique, du maintien de la vie globale sur terre ?

Dans le principe, la préservation de la vie des animaux et des végétaux est par conséquent complémentaire et solidaire de celle de la vie humaine. Il peut arriver que, néanmoins, dans la pratique, la conservation de la vie humaine et les exigences de la croissance de la connaissance du vivant appellent la destruction de quelques vies animales ou végétales. Tel est le cas, par

[197] *Ibid.*, p. 85.
[198] *Idem.*

exemple, lorsqu'il s'agit pour l'homme de se nourrir. Tel est aussi le cas, lorsqu'il est nécessaire de sacrifier des vies animales ou végétales pour comprendre les mécanismes physiologiques et restaurer des vies humaines. « Pour apprendre comment l'homme et les animaux vivent, il est indispensable d'en voir mourir un grand nombre, parce que les mécanismes de la vie ne peuvent se dévoiler et se prouver que par la connaissance des mécanismes de la mort », dit Bernard.[199] C'est ainsi que, par exemple, la nécessité de la pratique de la vivisection s'explique par la nécessité d'expérimenter dans les sciences biomédicales. Le droit d'expérimenter sur les organismes animaux se justifie, pour sa part, par l'exigence théorétique de la connaissance physiologique, mais plus encore par l'utilité sociale de la médecine : « Je pense, dit Claude Bernard, qu'on a ce droit d'une manière entière et absolue. Il serait bien étrange, en effet, qu'on reconnût que l'homme a le droit de se servir des animaux pour tous les usages de la vie, pour ses services domestiques, pour son alimentation, et qu'on lui défendît de s'en servir pour s'instruire dans une des sciences les plus utiles à l'humanité. »[200]

Bien sûr, toute vie est vie. Et, d'un point de vue strictement biologique, il n'y a certes pas de différence entre la vie humaine et la vie d'un champignon cryptogamique. C'est pourquoi, lorsque Bernard demande au physiologiste d'éviter de détruire la vie, parce qu'il ne peut pas la recréer artificiellement, il ne pense pas seulement à la vie humaine, il pense à toute forme de vie, aussi bien à la vie des végétaux qu'à celle des animaux, à la vie humaine comme à la vie des espèces inférieures. Mais, au plan moral, la vie humaine représente une valeur éminemment plus haute que toutes les autres. Son respect, sa sauvegarde ou sa promotion relèvent d'un impératif moral bien davantage que d'un simple principe de déontologie physiologique. Toute science ayant pour objet l'étude de la vie humaine intègre dès lors, constitutivement, une déontologie morale.

Cette disposition n'interdit pas cependant toute possibilité de pratiquer des expériences sur le corps humain. Pour Bernard, « on a le devoir et par conséquent le droit de pratiquer sur l'homme une expérience toutes les fois qu'elle peut lui sauver la vie, le guérir ou lui procurer un avantage personnel. Le principe de moralité médicale et chirurgicale consiste donc à ne jamais pratiquer sur un homme une expérience qui ne pourrait que lui être nuisible à un degré quelconque, bien que le résultat pût intéresser beaucoup la science, c'est-à-dire la santé des autres ».[201] Les expériences sur l'homme ne doivent donc pas servir exclusivement un dessein cognitif. Elles doivent allier cet objectif à la recherche du bien-être des individus sur lesquels elles sont pratiquées. Il s'ensuit que même, par exemple, un prisonnier condamné à mort

---

[199] BERNARD C., *Introduction à l'étude de la médecine expérimentale*, p.171.
[200] *Ibid.*, p. 175.
[201] *Ibid.*, p. 174.

ne saurait jamais servir de cobaye expérimental, au nom du principe moral absolu qui doit guider la recherche biomédicale. Néanmoins, on peut effectuer des expériences sur les cadavres humains, même « aussitôt après la décapitation chez les suppliciés », soutient Bernard.[202] En tout état de cause, le grand principe qui doit guider toute expérimentation sur le corps humain est pour lui le suivant : « Parmi les expériences qu'on peut tenter sur l'homme, celles qui ne peuvent que nuire sont défendues, celles qui sont innocentes sont permises, et celles qui peuvent faire du bien sont recommandées. »[203]

Dans l'appréciation morale d'une pratique, Kant l'a souligné, ce qui doit être déterminant, c'est l'intention qui porte celle-ci. Pour Claude Bernard, la directive kantienne vaut aussi pour l'appréciation des pratiques expérimentales sur l'homme. Celles-ci ne doivent ni être permises, ni être interdites dans l'absolu. Seuls doivent prévaloir, aux yeux de Bernard, la finalité ou les motivations de la pratique expérimentale.

En définitive, l'irréductibilité de la vie à ses processus physico-chimiques, l'impossibilité d'expliquer les phénomènes de la morphogenèse par l'action exclusive des facteurs biochimiques, la nécessité de supposer l'intervention de forces législatrices dans les processus biogénétiques, l'exigence d'une éthique au fondement de la pratique expérimentale en médecine, apparaissent comme autant de perspectives paradoxales à l'affirmation d'une explication purement matérialiste de la vie. Et pourtant, ces thèses dérivent de cette exigence méthodologique fondamentale : concevoir le vivant dans des termes qui permettent de lui appliquer la méthode expérimentale. Dès lors, les développements métaphysiques et éthiques ne font que prolonger, à vrai dire, la réflexion sur l'idéal matérialiste de la méthodologie médicale et désignent les limites ou les dangers d'une réduction mécaniste de la vie. Tout ce que Claude Bernard affirme de la vitalité organique, c'est ce qu'autorisent ses expériences rigoureuses et patientes sur les phénomènes vitaux. Et quand les limites de la réduction physico-chimique ouvrent à des perspectives vitalistes, il évite soigneusement de présenter celles-ci sous la forme de convictions dogmatiques. À l'image de la critique kantienne de la raison, il entrevoit une limite structurelle à l'approche scientifique de la vie. Et, plutôt que d'y voir une impasse, il y fonde, pour ainsi dire, toute la légitimité transcendantale de l'éthique qui doit porter la pratique expérimentale dans les sciences médicales.

La conception bernardienne du vivant se situe manifestement hors de l'antagonisme classique du vitalisme et du matérialisme (comme, ailleurs, sa méthodologie refusait l'antagonisme de l'empirisme et du rationalisme).[204]

---

[202] *Idem.*
[203] BERNARD C., *Introduction à l'étude de la médecine expérimentale*, p. 175.
[204] « Ce que nous voulons, c'est un rationalisme soumis à l'expérience qui lui servira toujours de critérium et de flambeau. » *Principes de médecine expérimentale*, p.78.

Elle allie, en effet, l'exigence scientifique d'une représentation matérialiste du vivant à une conception qui concède au vitalisme la spécificité irréductible de la vie. Cette pensée, tout entière tournée vers la quête de la vérité, assure que, sur les questions posées par le monde physique, vivant et inerte, seule une association de l'observation avec le raisonnement rationnel permet d'atteindre des vérités fondées. Certes, il s'agit toujours de conquêtes provisoires, de vérités destinées à être remises en cause dès que de nouvelles expériences le commandent. Mais ces vérités sont infiniment préférables aux pseudo-certitudes des systèmes dogmatiques, qu'ils soient théologiques, philosophiques ou même scientifiques. La pensée épistémologique de Bernard se caractérise ainsi par le refus des systèmes et des doctrines, considérées comme des cristallisations inaptes à saisir dans toutes leurs nuances les modulations des processus réels de la vie. Aussi le grand physiologiste se sentait-il peu concerné par le débat idéologique sur sa représentation de la vie, engagé déjà de son vivant. À son amie, Mme Raffalovitch, il écrira : « Je ne suis ni matérialiste ni spiritualiste. Je pense peu à où me mènera la vérité » !

V

LES LIMITES DU RÉDUCTIONNISME : LES PREUVES CONTRE L'HÉTÉROGENÈSE

Le réductionnisme en biologie s'exprime sous deux formes principalement. Il consiste à croire, d'une part, que la vie peut être réduite à l'ensemble des phénomènes physico-chimiques qui l'expriment ou, d'autre part, que la vie peut émaner de la matière inerte. Il y a donc une version structurale qui soutient l'idée selon laquelle, dans la composition complète d'un être vivant n'interviennent que des constituants ou des facteurs matériels, et une version généalogique qui explique l'émergence de certains êtres vivants, non par une transmission héréditaire de la vie, mais par une irruption spontanée et quasi magique favorisée par une disposition particulière des matières putrescibles et fermentescibles. L'exemple de la philosophie biologique de Claude Bernard a permis de montrer comment, à l'un des plus grands défenseurs de l'explication physico-chimique, le réductionnisme structural a paru intenable, et comment cette situation l'a conduit à admettre, en fin de compte, l'existence d'une force régulatrice pour expliquer les plans de la morphogenèse. Il reste à présent à examiner la question des générations spontanées et à voir comment l'application rigoureuse de la méthode scientifique a porté un coup fatal à cette croyance multimillénaire. Les péripéties de la controverse entre Félix Archimède Pouchet (1800-1872) qui défendait l'hétérogénie, preuves expérimentales à l'appui, et Louis Pasteur qui lui opposait des preuves contraires[205], montrent comment l'usage des principes de la méthode scientifique a conduit Pasteur à la démonstration expérimentale de la thèse selon laquelle le vivant ne peut émerger de l'inerte : il naît toujours du vivant.

1- Une brève histoire de l'hétérogenèse

L'hétérogenèse, ou selon le terme de Pouchet lui-même, l'hétérogénie, parfois encore appelée « spontéparité », désigne l'idée suivant laquelle la vie est parfois spontanément générée dans les corps inanimés et dans les organismes vivants indépendamment d'un acte géniteur. L'hétérogenèse est, à cet

[205] La polémique dura de 1858 à 1865 et passionna le monde scientifique, notamment en France, en raison de ses enjeux théoriques et, sans doute aussi, à cause de la notoriété des deux protagonistes.

égard, une des réponses apportées à l'énigme de l'origine de la vie, qui avait tant et de tout temps excité l'imagination des philosophes, des théologiens et des hommes de science, et suscité tant de constructions cosmogoniques. En fait, aux yeux des hétérogénistes et singulièrement de Pouchet, la génération spontanée est une exigence théorique avant de requérir une éventuelle preuve expérimentale. Elle s'impose comme une hypothèse incontournable dans l'explication de la régénérescence des espèces après les cataclysmes géologiques. En la soutenant en 1858, Pouchet savait qu'il relançait un débat fort ancien et assumait une théorie qui déjà, par le passé, avait rallié les plus illustres sectateurs.

En effet, dès le 6ème siècle avant Jésus-Christ, se développa, chez les philosophes de l'École ionienne (Thalès, Anaximandre, Xénophane), l'idée que les vivants les plus simples, tels que les vers, voient le jour spontanément dans des milieux naturels propices comme le fumier, sous l'action de l'air, de l'eau et de la chaleur. Au siècle suivant, Anaxagore, Empédocle et Démocrite se rallièrent à cette thèse. Mais le soutien le plus déterminant à la théorie de la génération spontanée vint d'Aristote, dont on connaît l'influence sur la science et la philosophie occidentales jusqu'à la renaissance. Dans *Histoire des animaux*, le Stagyrite distingue en effet clairement parmi les êtres vivants (animaux et végétaux), ceux qui naissant d'autres êtres vivants de la même forme et ceux qui naissant spontanément dans des matières avec lesquels ils ne partagent aucune parenté de forme : « On retrouve en tout cas chez les animaux un point commun avec les végétaux : ceux-ci tantôt proviennent d'une semence fournie par d'autres plantes, tantôt naissent spontanément par la formation d'un principe qui joue le rôle de semence. » En effet, explique encore Aristote, « parmi les animaux, les uns naissent d'animaux et présentent avec eux une parenté de forme, les autres ont une génération spontanée et ne viennent pas de parents semblables à eux-mêmes : il y en a qui naissent de terre en putréfaction ou de végétaux, comme c'est le cas pour beaucoup d'insectes, d'autres naissent à l'intérieur même des animaux à partir des déchets qui se forment dans les organes. »[206]

Chez Aristote, la génération spontanée trouve son explication dans le fondement panthéiste de la Nature : les quatre éléments primordiaux, constitutifs de toute chose sont, selon lui, doués d'âme et donc sont susceptibles de générer des micro-organismes dont le genre sera déterminé par l'élément dominant dans sa constitution.

Dans la foulée de l'influence aristotélicienne, la théorie de la génération spontanée s'imposa à la pensée médiévale et rallia même des théologiens créationnistes comme Saint Augustin qui expliqua que le phénomène a été voulu par le Créateur lui-même : celui-ci, lors de la création, aurait conféré définitivement aux vivants leurs essences respectives et délégué à la Nature

---

[206]ARISTOTE, *Histoire des animaux*, V, I.

le pouvoir de répéter et de perpétuer l'acte cosmogonique en respectant des essences originelles fixées par lui.

Il faut relever que la théorie de la génération spontanée a, au cours de sa longue histoire couvert une grande variété de thèses. En effet, si les hétérogénistes soutiennent unanimement l'idée que la vie peut advenir dans la matière en décomposition, ils ne s'accordent pas sur les êtres concernés par ce mécanisme d'auto-génération. Aristote, par exemple, pensait que celui-ci ne s'appliquait qu'aux petits animaux comme les vers ou des asticots, mais non aux êtres supérieurs ou évolués qui, eux, naîtraient nécessairement d'autres animaux qui leur sont semblables par la forme. D'autres hétérogénistes au contraire, étendront la loi aux animaux supérieurs. Ainsi, le médecin belge Jean-Baptiste Van Helmont (1577-1644) croyait que des souris pouvaient naître du blé ou du fromage.

Sur le principe de la spontéparité lui-même, les explications divergent également. Buffon par exemple pensait que l'émergence spontanée des micro-organiques était due à la libération, suite à la décomposition, de germes latents contenus dans les ''molécules organiques'' constitutives de toute matière vivante. Selon lui, dans la matière organique, la vie ne peut, en principe, jamais s'éteindre totalement : elle subsiste toujours dans ces molécules organiques qui sont dès lors susceptibles de générer, non seulement les êtres les plus simples, mais aussi, dans certaines conditions, des êtres doués d'une certaine complexité, comme les cloportes ou les chenilles. John Tuberville Needham (1713-1781), pour sa part, expliquait la génération spontanée par la présence active d'une ''force végétative'' immanente à la matière vivante, et susceptible d'y susciter à nouveau la vie. La thèse de l'hétérogénèse trouvait ainsi d'ardents défenseurs aussi bien parmi les naturalistes matérialistes que les vitalistes.

Si cette thèse des générations spontanées régna sous l'autorité incontestée de la science aristotélicienne jusqu'à la fin du Moyen-âge, à partir de la renaissance et plus sensiblement encore à partir du $17^{\text{ème}}$ siècle, la tendance anti-hétérogéniste se développa considérablement dans le monde scientifique, à la faveur de la généralisation de la méthode expérimentale : c'est l'expérimentation scientifique qui fondera les plus sérieuses objections contre la génération spontanée de telle sorte que désormais, c'est à force de preuves expérimentales que s'affronteront partisans et adversaires de cette idée.

C'est au biologiste italien Francesco Redi (1626-1697) que l'on doit la première preuve expérimentale radicale contre la génération spontanée. Il montra comment, contrairement à l'opinion héritée d'Aristote, les asticots ne naissent pas spontanément dans la viande en décomposition, mais proviennent d'œufs de mouches. Dans un Mémoire intitulé *Expériences sur la génération des insectes* (1668), Redi relata l'expérience qui lui suggéra cette conclusion : ayant recouvert de la viande avec de la mousseline, il observa que les œufs de mouche ayant été retenus par la mousseline, les larves ne s'étaient pas développées dans la viande. L'expérience montrait ainsi que les larves n'étaient pas générées spontanément dans la viande, mais naissaient des œufs déposés par les mouches.

Toutefois, à la même époque, le biologiste hollandais Anthony Van Leeuwenhoek (1632-1723) fit deux importantes découvertes : celle des ''animalcules'' en 1673 et celle de la fonction fécondante des spermatozoïdes. Si ces découvertes ne compromettaient pas la validité des thèses anti-hétérogénistes soutenues par les expériences de Redi, elles devaient néanmoins déplacer le débat sur le terrain des micro-organismes invisibles à l'œil nu. La formation des cellules fécondantes à l'intérieur de l'organisme semblait ouvrir de nouvelles perspectives favorables aux tenants de la génération spontanée, de même que la découverte des bactéries promettait de limiter la portée des conclusions de Redi aux protozoaires visibles.

La controverse sur l'origine des animalcules sera engagée par le prêtre catholique écossais John Tuberville Needham qui affirmera avoir réalisé la culture d'infusoires dans un bocal stérilisé. Les expériences de Needham, effectuées vers 1740, consistaient à chauffer sur les cendres chaudes du jus du mouton dans un vase rebouché au coton. Pensant ainsi avoir complètement stérilisé l'infusion, il concluait à la vue, quelque temps plus tard, de la prolifération des bactéries dans le liquide, que celles-ci y avaient été spontanément générées. On sait aujourd'hui que l'erreur de Needham s'expliquait par la défaillance de son dispositif expérimental : une stérilisation complète du milieu artificiel de l'infusion ne pouvait être obtenue par un simple chauffage sur des cendres et le bouchon de coton ne pouvait guère empêcher l'infiltration dans le bocal des germes contenus dans l'atmosphère.

Toutes les causes d'erreur dans l'expérimentation de Needham seront relevées et évitées par le biologiste italien Lazzaro Spallanzani (1729-1799).[207] Vers 1771, il répéta les expériences de Needham en améliorant le protocole expérimental par une fermeture plus étanche du bocal et une ébullition prolongée de l'infusion. À l'issue de ces nouveaux tests, il n'observa plus l'apparition des micro-organismes. Les résultats positifs de Needham étaient donc directement liés à des défaillances expérimentales. Dès lors, la thèse de la génération spontanée ne pouvait plus être fondée sur les expériences de Needham, disqualifiées autant par ses défaillances techniques que par ses extrapolations théoriques. Il n'y a ni génération spontanée des infusoires, ni existence de ''force végétative'' dans la matière organique.

---

[207]Lazzaro Spallanzani était comme Needham un prêtre catholique. Ardent partisan de l'expérimentation scientifique, il dériva ses thèses antispontistes d'expérimentations rigoureuses.

Ainsi, vers la fin du 18ème siècle, les expériences de Spallanzani venaient de clore, pensait-on, le débat théorique sur l'hétérogenèse des bactéries. La communauté scientifique parut dans sa grande majorité convaincue des preuves anti-hétérogénistes, d'autant plus que celles-ci se confirmèrent par leur prolongement pratique, notamment par la mise au point de la technique de la stérilisation et l'invention de la boîte de conserve.[208]

2- Le Fondement théorique et expérimental de la thèse de Félix Archimède Pouchet

C'est dans un environnement scientifique globalement acquis aux thèses anti-spontanéistes que le 20 décembre 1858, Félix-Archimède Pouchet, directeur du Muséum d'histoire naturelle de Rouen, en France, présenta devant l'Académie des Sciences de Paris, une note intitulée *Sur des proto-organismes végétaux et animaux, nés spontanément dans de l'air artificiel et dans le gaz oxygène.* Cette communication qui exposait les résultats positifs obtenus par l'auteur à partir d'expériences de cultures de protozoaires et de cryptogames dans les milieux artificiels stérilisés, conclut à la génération spontanée desdits micro-organismes. Pouchet pensait apporter ainsi une confirmation décisive à la vieille thèse des générations spontanées.

La conception de Pouchet peut être résumée en deux points. D'abord, comme Aristote, il pense que la génération spontanée, c'est-à-dire, selon ses propres termes, « la production d'un être organisé nouveau dénué de parents et dont les éléments primordiaux ont été tirés de la matière ambiante », ne concerne que les êtres élémentaires, c'est-à-dire les micro-organismes animaux et végétaux. Ensuite, sans aller jusqu'à assumer la théorie de Buffon, il affirme néanmoins que la génération des protozoaires et des cryptogames dans les infusions ne peut s'expliquer par le simple jeu de la combinaison des substances minérales, mais qu'elle ne peut résulter que de la décomposition des organismes complexes. Comme l'explique François Dagognet, la génération spontanée, telle que l'entendait Pouchet, ne consiste pas à « engendrer le grand ou le composé, mais au contraire, (à) dériver de la corruption du supérieur et de sa propre dégradation le grouillement moléculaire des simples (...) Par conséquent, cette génération équivaut à une atomisation, non à une création *ex nihilo* ».[209] Ainsi, le mode de génération soutenu par

[208]La boîte de conserve fut inventée en 1811 par le confiseur parisien Nicolas Appert, suivant le principe de stérilisation et de conservation des substances organiques mis au point par Lazzaro Spallanzani : il fermait hermétiquement les vases de verre contenant les petits pois avec de l'eau et les maintenait pendant trois quarts d'heure dans une eau bouillante. Louis-Joseph Gay-Lussac (1778-1850) expliquait, en 1810, que la conservation des petits pois était due à l'absence de l'oxygène dans le bocal, faisant de ce gaz le principal agent de la putréfaction et de la fermentation. Pasteur démentira cette vue en montrant que la fermentation et la putréfaction sont liées à l'action de micro-organismes.

[209]DAGOGNET F., *Méthodes et doctrine dans l'œuvre de Pasteur*, Paris, P. U. F., 1967, p. 134.

Pouchet consistait pour les organismes complexes à engendrer les organismes plus simples par décomposition ou atomisation : la vie ne surgit pas de l'inorganique, mais de l'organique complexe dans lequel, en dépit de sa décomposition, elle n'a jamais totalement disparu.

Pour soutenir sa thèse sur la spontéparité, Pouchet invoqua dans la note du 20 décembre 1858, une série d'expériences qu'il avait lui-même réalisées et montrait que, contrairement à ce qu'avait prétendu Spallanzani, Redi et les autres anti-hétérogénistes, les germes responsables de la production des micro-organismes ne proviennent pas de substances vivantes contenues dans l'air naturel ; certes l'air joue un rôle dans le processus de leur germination, mais c'est seulement en raison de la présence dans l'air du gaz oxygène.[210]

La conclusion que les germes responsables de la production des micro-organiques ne sont pas contenus dans l'air atmosphérique était en réalité le résultat de la reprise par Pouchet d'expériences récemment effectuées par les Allemands Theodor Schwann (1810-1882) et Franz Ferdinand Schulze (1815-1873). Les deux chercheurs avaient repris eux-mêmes les expériences de Spallanzani en évitant ce qui avait suscité les objections de Needham, lequel avait reproché au biologiste italien d'avoir neutralisé « la force végétative » par le chauffage intensif et prolongé de l'infusion. Pour contourner de telles objections, Schwann imagina un dispositif permettant le renouvellement de l'air dans le bocal précédemment stérilisé par chauffage : il laissait l'air entrer par deux petits tubes de verre introduits dans le bouchon du vase et chauffés au bain d'alliage fusible. Pensant que la stérilité de l'infusion était préservée malgré le contact avec l'air calciné, il conclut que l'agent de la putréfaction se trouvait certainement contenu dans l'air, mais rejetait la théorie de Gay-Lussac : « Pour la fermentation alcoolique comme pour la putréfaction, écrit-il, ce n'est pas l'oxygène, du moins l'oxygène seul de l'air atmosphérique, qui les occasionne, mais un principe renfermé dans l'air ordinaire et que la chaleur peut détruire. »[211] Quant à Schulze, il stérilisait l'air à l'entrée du vase expérimental au moyen de l'acide sulfurique et obtenait les mêmes résultats que Schwann. Ces deux expériences semblaient apporter des preuves nouvelles contre l'hétérogénie et porter un coup plus décisif encore aux croyances hétérogénistes parce qu'elles évitaient, contrairement aux preuves de Spallanzani, les objections de Needham.[212]

---

[210]Sur ce point précis, Pouchet rejoint Gay-Lussac (1778-1850) qui pensait que l'oxygène était responsable de l'altération des substances organiques.

[211]Cité par Jacques NICOLLE, *Pasteur, sa vie, sa méthode, ses découvertes*, Paris, Marabout-Université, 1969 p. 110.

[212]Aux dires de Pouchet lui-même, il s'agit d'expériences que « d'un commun accord, tous les adversaires de l'hétérogénie ont considérées comme lui ayant porté le coup suprême. » POUCHET (F. A.), ''Notes sur les proto-organismes végétaux et animaux nés spontanément dans de l'air artificiel et dans le gaz oxygène'' in NICOLLE J., *Un maître de l'enquête scientifique : Louis Pasteur*, Paris, La Colombe, 1953, Annexes, p. 197.

L'idée de Pouchet consistait à reprendre ces expériences cruciales pour évaluer la solidité des conclusions de Schwann et de Schulze. Mais contrairement aux résultats des deux chercheurs allemands, ceux des expériences de Pouchet s'avérèrent positifs. Il constata que les infusoires proliféraient dans le liquide en dépit de la stérilisation du milieu. Dans sa note de 1858, il écrit : « En suivant exactement les mêmes procédés que ces deux savants et même en les variant et en donnant encore un bien plus haut degré de précision à leurs expériences, j'obtiens constamment un résultat positif. » En effet, dit-il, « on voit se produire des animalcules et des cryptogames divers dans les matras, où tout germe organique a été préalablement détruit et où l'air ne parvient qu'après avoir été amplement lavé dans l'acide sulfurique concentré ou avoir traversé un labyrinthe de fragments de porcelaine et d'amiante portés à la température de la chaleur rouge. »[213] Et Pouchet de conclure que, « à l'évidence », « l'air atmosphérique ne peut être et n'est pas le véhicule des germes des proto-organismes. »[214]

Il restait à présent à établir que dans l'air, n'était absolument nécessaire aux germinations microscopiques que le « gaz oxygène ». Pour ce faire, Pouchet dut effectuer deux types d'expériences aux objectifs théoriques différents : le premier, pour montrer que les micro-organismes arrivent à prospérer dans un milieu d'air artificiel, réduit exclusivement à ses constituants gazeux essentiels : l'oxygène et l'azote. Ainsi, se trouverait définitivement écartée, l'explication de la germination des micro-organismes par la présence dans l'air naturel de germes ambiants. Le deuxième type d'expériences devait montrer si l'oxygène, ainsi que le pensait Gay-Lussac, était le gaz actif dans les fermentations et les putréfactions, et s'il est nécessaire à la génération des micro-organismes. Cette dernière expérience, il l'effectua dans un milieu d'oxygène isolé ; elle se décompose en trois phases : La première consista à stériliser le flacon expérimental et son contenu, par la méthode de la distillation de l'eau, inventée par Henry Cavendish : « Un flacon d'un litre de capacité fut rempli d'eau bouillante et ayant été bouché hermétiquement avec la plus grande précaution, immédiatement on la renversera sur une cuve de mercure. Lorsque l'eau fut totalement refroidie, on la déboucha sur le métal. »[215] La deuxième phase voit l'introduction de l'oxygène pur dans le milieu du flacon. Et à la troisième phase, l'expérimentateur introduit des corps putrescibles, en l'occurrence une petite botte de foin de 10g, précédemment calcinée dans une étuve chauffée à 100 degrés pour en éliminer les germes et les parasites. L'expérience donna les résultats suivants, rapportés par Pouchet lui-même : après huit jours de macération, le liquide prit une couleur fauve, « sans pellicule apparente à sa surface, au moins à l'œil nu » ; mais à l'inverse, « le foin submergé offrait sur quelques-

213 *Idem.*
214 *Ibid.*, p. 198.
215 *Idem.*

uns des brins qui hérissaient sa petite botte, des globules d'un blanc jaunâtre de la grosseur d'un grain de groseille blanche, auquel de loin ils ressemblaient parfaitement. Ces globules au nombre de huit à dix, mais dont quelques-uns étaient très petits et flottants dans la liqueur, paraissaient évidemment formés de filaments d'une mucorinée, implantés à un même endroit et de là s'irradiaient en touffes serrées ».[216] Lorsque le dixième jour, le flacon fut ouvert, Félix A. Pouchet, examinant son contenu, fit ce constat : « Il n'y avait eu entre l'intérieur et l'atmosphère aucun échange. Le gaz oxygène qu'il contenait paraissait encore absolument pur et les corps en ignition qu'on y plongeait activaient immédiatement leur combustion. On reconnut alors que les gros globules ou flocons blanchâtres qu'on discernait à travers les parois du vase et qui étaient immergés dans l'eau, étaient évidemment formés par une espèce de champignon à mycélium très touffu et tassé... »[217]

Cette expérience montrait donc, selon Pouchet, que l'air naturel n'était pas nécessaire à la production des champignons microscopiques. Et que l'oxygène suffisait à fertiliser le milieu et à le rendre propice à la génération des micro-organismes.

À plus forte raison, l'expérience dans l'air artificiel devait s'avérer positive. Un mélange d'oxygène et d'azote fut introduit avec les mêmes précautions que l'oxygène isolé dans les expériences précédentes. Le corps putrescible choisi par Pouchet fut une fois encore une petite botte de foin calciné. Et à l'issue de l'expérience, des observations successives effectuées durant un mois révélèrent la germination et le développement d'abord à la surface de la macération, dès le huitième jour des champignons du type *penicillium glaucum* de Link, puis à l'intérieur de la macération, à partir du douzième jour, des champignons du type *aspergillus*. On remarqua aussi à partir de là, une prolifération de divers protozoaires dans le liquide.

Auguste Houzeau, collaborateur de Pouchet, qui rédigea le rapport sur l'expérience dans l'air artificiel, formula la conclusion suivante : « Il résulte évidemment de cette expérience que les animalcules et les plantes se sont développés dans un milieu absolument privé d'air atmosphérique et dans lequel par conséquent, celui-ci n'a pu apporter les germes des êtres organisés qu'on y a découverts. »[218] Il estimait qu'aucune autre conclusion ne pouvait être retenue dans la mesure où toutes les précautions avaient été prises pour que l'air pénétrant éventuellement dans le vase par quelque ouverture ne puisse échapper aux divers dispositifs de stérilisation. Aussi croit-il pouvoir affirmer que, même si on supposait que de l'air ait pu s'introduire dans l'appareil, celui-ci aurait été stérilisé avant d'y pénétrer : l'entrée du bocal ayant été portée à « une température à laquelle n'auraient pu résister les

---

[216]*Ibid.*, pp. 198-199.
[217]*Idem.*
[218]In NICOLLE J., *Un maître de l'enquête scientifique : Louis Pasteur*, Annexes, p. 201.

germes des proto-organismes, qui se sont engendrés dans cette circonstance. Les germes des infusoires ne résistent point à une température de 100° et les expériences de l'un de nous[219] ont prouvé que les spores des mucorinées analogues à celles dont il est question dans cette expérience sont désorganisées par cette température ».[220]

Avec de telles preuves, Pouchet était en droit d'espérer fonder sur des bases solides la thèse de la génération spontanée. Mais les expériences invoquées avaient-elles été menées avec toute la rigueur requise ? Telle était la question que se posa Louis Pasteur, son principal adversaire dans ce qui allait devenir l'affaire des générations spontanées. Au moyen de contre-expériences plus soigneusement conduites, il parvint à démontrer que les résultats positifs obtenus par Pouchet s'expliquaient par une expérimentation défaillante dans ses présupposés théoriques autant que dans ses dispositions pratiques et techniques.

3- L'origine des erreurs de Pouchet

Les thèses de Pouchet déclenchèrent une vive polémique entre lui, soutenu par quelques amis,[221] et Louis Pasteur, que ses expériences récentes sur la fermentation lactique et alcoolique avaient convaincu de l'origine atmosphérique des germes responsables de la fermentation et de la putréfaction ainsi que des micro-organismes qui prolifèrent dans les milieux putrides.

Pasteur, à l'époque où Pouchet relançait la polémique au sujet des générations spontanées, était déjà un savant célèbre notamment pour ses travaux sur les fermentations.[222] Précisément, ses recherches l'avaient amené à la découverte de l'origine atmosphérique des levures. Et s'il s'engagea dans la polémique sur les générations spontanées, c'est principalement parce que les thèses de Pouchet menaçaient de contredire ses propres découvertes sur les fermentations. Comme il le précise dans une note adressée le 14 février 1859 à l'Académie des Sciences de Paris et qu'il avait intitulée *Nouveaux faits pour servir à l'histoire de la levure lactique*, Pasteur était convaincu de l'origine commune des levures et des micro-organismes apparaissant dans

[219]Pouchet avait en effet réalisé des expériences dont il avait conclu que les spores du *penicillium glaucum* de Link et plus encore celles de l'*aspergillus* après un quart d'heure d'ébullition à 100° dans l'eau, se trouvent complètement altérées.

[220]In NICOLLE J., *Un maître de l'enquête scientifique : Louis Pasteur*, Annexes, p. 201.

[221] Notamment Nicolas Joly, Charles Musset et Auguste Houzeau.

[222]Pasteur venait de quitter son poste de Doyen de la Faculté des Sciences de Lille, dans le nord de la France, pour celui d'Administrateur et de Directeur des études scientifiques de l'École Normale Supérieure à la rue d'Ulm à Paris (oct.1858). Il avait déjà publié de nombreux mémoires sur des acides et trois travaux sur les fermentations lactiques (3 août 1857), alcooliques en (décembre 1857) et tartriques (29 mars 1858).

les infusoires : les germes en sont, dans les deux cas, transportés par l'air naturel.[223]

Pasteur se doutait que Pouchet était dans l'erreur et que celle-ci devait provenir d'une défaillance du dispositif expérimental du biologiste rouennais. C'est donc à la méthode de celui-ci qu'il s'attaqua pour en montrer les insuffisances théoriques et techniques et relever l'inconsistance de l'hétérogenèse en tant que théorie scientifique.

En examinant attentivement les expériences de Pouchet, Pasteur découvrit une première faille : la stérilisation du milieu intérieur du vase expérimental n'avait pas été complète, puisque le mercure utilisé n'avait pas préalablement été chauffé de sorte que, mis en contact avec le milieu stérilisé, il avait pu aisément y transférer des germes. Il vérifia cette hypothèse et la confirma. Un globule de mercure non stérilisé fut introduit par lui dans une liqueur altérable ; il s'ensuivit une production de micro-organismes tandis que l'introduction de mercure chauffé puis refroidi dans la même liqueur ne déclencha pas le même phénomène. Pasteur, dès lors, pouvait conclure que c'est du mercure non stérilisé utilisé par Pouchet que provenaient les germes.

Les célèbres expériences du ballon au col de cygne devaient apporter la preuve de la consistance des thèses pastoriennes : l'eau contenue dans ce bocal dont l'extrémité est recourbée en forme de S, fut portée à ébullition par Pasteur, puis refroidie. L'ébullition a permis de stériliser le liquide alors que le refroidissement n'a pas pu provoquer le retour des germes, empêchés ou retenus par la courbure du bec du ballon. Pasteur remarqua que longtemps après le refroidissement, l'eau restait stérile. En 1864, il dira, pour expliquer cet état de fait : « j'ai éloigné d'elle et j'éloigne encore en ce moment la seule chose qu'il n'ait pas été donné à l'homme de produire, j'ai éloigné d'elle les germes qui flottent dans l'air, j'ai éloigné d'elle la vie car la vie c'est le germe, et le germe c'est la vie. Jamais la doctrine de la génération spontanée ne se relèvera du coup mortel que cette simple expérience lui a porté. »[224]

D'autres causes de l'erreur de Pouchet seront évoquées par Pasteur. Il s'agit de celles dérivant de croyances scientifiques erronées. Pendant la quasi-totalité des expériences qu'il effectua, y compris celles qu'il fit pendant l'été 1860 sur les glaciers de la Maladeta, dans les Pyrénées, Pouchet ne varia guère dans le choix de ses substances putrescibles : il utilisa toujours

---

[223] « Quant à l'origine de la levure lactique dans ces expériences, elle est due uniquement à l'air atmosphérique ; nous retombons ici dans les faits des générations spontanées. Si l'on supprime tout contact avec l'air commun ou si l'on porte à l'ébullition le mélange du sucre, de sel d'ammoniaque, de phosphate et de craie, pour n'y laisser entrer que de l'air chauffé au rouge, il ne se forme ni levure lactique, ni infusoire, ni fermentation quelconque. » Cité par Jacques NICOLLE, *Pasteur, sa vie, sa méthode, ses découvertes*, p. 82.

[224] Cité par Michel RIVAL, *Les grandes expériences scientifiques*, Paris, Éditions du Seuil, 1996, p. 108.

de la décoction de foin qu'il chauffait à 100°. En 1876, alors que la controverse avec Pouchet était close depuis près de douze ans, Pasteur montrera que celui-ci s'était abusé en croyant, comme l'affirmait Houzeau, que « les germes des infusoires ne résistent point à une température de 100°. » Or, les expériences de Duhamel de Monceau et celles de Spallanzani avaient montré que certains germes survivaient à 100°. L'idée d'une stérilisation universelle à 100° était par conséquent erronée. Dans le cas de Pouchet, une telle croyance ne pouvait que le conduire à de mauvais résultats parce que précisément, le foin est une matière favorable à la production des germes résistants, tels que le *bacillus subtilis*, qui ne peut être désorganisé que par un chauffage prolongé à plus de 120°. Voilà qui expliquait que des germes proliférèrent dans la macération au foin même après un chauffage à 100°.

Un autre type d'argument développé par Pouchet dans son *Hétérogénie ou traité de la génération spontanée* était emprunté, non pas à l'expérience ou aux croyances théoriques, mais au raisonnement logique *ab absurdum* : il prétendait que la thèse de l'origine atmosphérique des germes, si elle était vraie, devait supposer la présence dans l'air d'un tel nombre de germes que l'air en serait devenu opaque et « aurait presque la densité du fer. » Cet argument spéculatif était fondé sur la croyance de la distribution continue et égalitaire des micro-organismes dans l'air. Or la comparaison d'expériences menées à Paris et dans les Alpes en 1860 permettra à Pasteur de démontrer l'inégalité des taux de pollution dans l'air : sur vingt ballons contenant des substances putrescibles exposés respectivement à Paris et à Montenvert (2000 m d'altitude), tous les vingt seront troublés à Paris tandis qu'un seul le sera à Montenvert. L'animation et la chaleur ont été ainsi identifiées comme des facteurs favorables à la concentration aérienne des germes micro-organiques.

Finalement, la polémique sur les générations spontanées a donné l'occasion d'assister à l'affrontement de deux conceptions différentes de la science. Alors que Pasteur défend l'idée que la découverte scientifique est le fruit d'une pratique expérimentale, patiemment et rigoureusement construite en laboratoire, Pouchet semble développer une conception moins affermie du rôle heuristique de ce type d'expérimentation dans les sciences de la vie. Pour lui, la science consiste en « exercice de la pensée » recherchant de grands principes théoriques ; il se plaint dans *Hétérogénie ou traité de la génération spontanée* que la science soit venue à renoncer à ces grandes conceptions générales au profit de l'expérimentation *in vitro* : « À tant et tant de conceptions élevées de la science et du génie, qu'oppose-t-on aujourd'hui ? Ce que l'on oppose ! C'est simplement ce qui se produit dans de petits ballons où tout a été emprisonné, dénaturé. Vraiment autant comparer un grain de sable à l'Himalaya ! La science est un large exercice de la pensée s'appliquant à scruter des masses de faits pour en déduire des lois. »[225]

Est-ce une telle approche de la méthodologie scientifique qui explique les failles constatées par Pasteur dans les expériences de Pouchet ? Le microbiologiste, pour sa part, se révéla comme un scientifique résolument moderne par ses choix et ses options méthodologiques, en ne reconnaissant qu'à l'expérience le privilège de former le verdict en matière de vérité scientifique. Il pensait que ni les présuppositions théoriques, ni l'autorité des maîtres ne doivent être opposées à la force de l'expérience. À l'opposé, Pouchet se plaisait à évoquer, pour démontrer la consistance et la solidité de l'hétérogénèse, la notoriété scientifique des noms qui, dans le passé, avaient soutenu cette idée : « Pour nous, écrit-il dans *Hétérogénie ou traité de la génération spontanée*, nous combattons à l'abri d'une bannière bien acceptable et bien imposante, puisque déjà dans l'antiquité, elle portait les noms d'Anaxagore, de Leucippe, de Démocrite, d'Épicure, d'Aristote, de Pline, de Lucrèce, de Diodore de Sicile et depuis la renaissance jusqu'à nos jours, on a vu successivement s'y inscrire ceux de Kircher, Buffon, Needham, Priestley, Lavoisier, Lamarck… » Or, la science moderne se démarque de la science antique et médiévale par sa volonté de s'affranchir définitivement de l'argument d'autorité.[226] Au lieu de s'en remettre à l'autorité de ses expériences, Pouchet invoque l'autorité d'une foule de défenseurs de l'hétérogénie. Au contraire, pour Pasteur, « peu importe les affirmations ou les vues *a priori*. C'est une question de fait. Et vous le remarquerez, je n'ai pas la prétention d'établir que jamais il n'existe de génération spontanée. Dans les sujets de cet ordre, on ne peut pas prouver la négative. Mais j'ai la prétention de démontrer avec rigueur que dans toutes les expériences où l'on a cru reconnaître l'existence de générations spontanées, l'observation a été victime d'illusions… »[227]

La défaite finale de Pouchet et de ses « amis » sanctionna par conséquent ses défaillances expérimentales autant que la précarité de ses assurances théoriques.

---

[225] POUCHET F. A., *Hétérogénie ou traité de la génération spontanée*, Paris, Baillière, 1859, p. 110.

[226] Dans la controverse qui l'opposa au père Jésuite Orazio Grassi au sujet de la comète de 1618, Galilée, un des pères de la science moderne, refusant de soumettre la vérité scientifique au verdict de l'autorité, écrivait : « Je trouve d'ailleurs assez singulier qu'en un pareil débat, on veuille mettre le témoignage des hommes au-dessus de ce que l'expérience nous enseigne (…) Quant à l'autorité, la vôtre toute seule a autant de force que celle de cent autres ensemble, s'il s'agit de faire que l'effet en question soit vrai ou ne soit pas vrai. » *L'Essayeur de Galilée*, traduction et présentation par Christiane Chauviré, Paris, Les Belles-Lettres, 1980, p. 230.

[227] Cité par François DAGOGNET, *Méthodes et doctrine dans l'œuvre de Pasteur*, op. cit., p. 143.

VI

LA MÉDECINE SCIENTIFIQUE ET LA RATIONALITÉ DU PATHOLOGIQUE

La foi dans la rationalité du pathologique est le crédo fondateur de la médecine scientifique. L'interprétation de la maladie comme un phénomène accessible à l'esprit humain conditionne en effet la croyance à la possibilité de la guérir et de la prévenir par une approche rationnelle. C'est l'assomption de cette exigence qui fut à la base de la révolution qui, avec Hippocrate de Cos (460-377), arracha le fait morbide aux interprétations théologiques et magiques prévalant jusqu'alors et l'interpréta comme un phénomène naturel. Mais, dans l'évolution post hippocratique de la médecine, la rationalité du pathologique évolua dans son expression épistémologique. D'abord soutenue, à l'origine, par une perspective toute naturaliste de la morbidité qui détermina la médecine comme une science expectative, la rationalisation de l'idée de maladie reçoit, à partir du 19ème siècle, principalement avec Claude Bernard, une interprétation nouvelle : le pathologique, conçu comme la variation quantitative de l'état physiologique, acquiert le statut de fait objectif et devient accessible à l'expérimentation scientifique. Claude Bernard portait ainsi à son apogée l'idée d'une pathologie rationnelle en poussant la rationalisation du pathologique jusqu'à sa réification.

Mais cette conception qui libérait définitivement la maladie de toute attache surnaturelle, théologique ou magique, contribua aussi en même temps à la vider de sa signification anthropologique et de son contenu qualitatif. C'est à cette conception qui s'apparente à un réductionnisme d'inspiration positiviste que s'oppose, soixante-cinq ans après la mort du savant, le philosophe et médecin français Georges Canguilhem (1904-1994). Dans sa thèse de médecine intitulée *Essai sur quelques problèmes concernant le normal et le pathologique* (1943), il montre comment la santé et la maladie ne sont pas des concepts objectifs et quantitatifs mais des valeurs. Son interprétation qui substitue au point de vue externe et objectiviste du physiologiste le point de vue « interne » et subjectiviste du malade lui-même, restitue à la problématique de la santé et de la maladie toute sa dimension anthropologique, et bouleverse la tradition qui avait cru n'atteindre la rationalité du pathologique que par son objectivation et sa quantification. En effet, dit-il, il est possible de « pratiquer objectivement, c'est-à-dire impartialement, une recherche dont l'objet ne peut être conçu et construit sans rapport à une qualification positive et négative, dont l'objet n'est donc pas tant un fait qu'une valeur ».[228] L'originalité de la thèse de Canguilhem réside dans l'idée que le caractère irréductiblement subjectif du pathologique n'est pas incompatible avec le principe d'une pathologie rationnelle et l'exigence d'une médecine scientifique.

Ces trois versions (hippocratique, bernardienne et canguilhemienne) constituent les variations majeures sur le thème de la rationalité du pathologique, parce qu'elles induisent les trois variantes historiques et épistémologiques de la médecine scientifique : naturaliste et expectative, objectiviste et expérimentale, subjectiviste et clinique.

1- Les débuts de la médecine occidentale et l'ébauche d'une pathologie rationnelle

Dans l'histoire de la médecine occidentale, on sait par quelle conversion fut abandonné l'art médicinal des devins et des prêtres, établi sur la croyance à l'origine surnaturelle de la santé et de la maladie. On considère généralement que ce fut la révolution hippocratique qui impulsa la laïcisation de la médecine en donnant une interprétation naturelle des phénomènes morbides, abandonnant toute référence à des causes magiques ou religieuses. Avant l'avènement de la médecine hippocratique aurait prévalu, croit-on, chez tous les peuples, une représentation exclusivement théologique et magique de la maladie perçue comme la sanction d'une violation des totems et tabous, ou d'une offense aux divinités. À la vérité, cette thèse de l'antériorité de la médecine hippocratique mériterait d'être nuancée, car l'effort de naturalisation du pathologique fut sans doute antérieur à Hippocrate, puisqu'on en trouve trace, par exemple, dans l'Égypte antique.

En effet, comme en témoignent des passages du papyrus Ebers,[229] découvert au 19ème siècle, il y eut dans l'Égypte ancienne l'ébauche d'une conception non surnaturelle de la maladie, qui expliquait les pathologies par des facteurs anatomiques et physiologiques. Certes, le traité médical rapporté par le papyrus incorpore des incantations magiques et religieuses, mais le fait même qu'une telle ébauche ait eu lieu à une époque si reculée (au moins 1550 av. J.-C.) mérite d'être relevé.

Ce qui frappe dans le papyrus Ebers, c'est l'évocation d'une anatomie, d'une physiologie et d'une théorie médicale, d'où émerge une conception naturaliste de la maladie. Le corps y est présenté comme un système complexe traversé par divers réseaux de vaisseaux partant d'une origine unique, le cœur, et transportant les fluides organiques (sang, urine, air, sperme, larme, etc.) dans ses autres parties de l'organisme. Aussi le texte souligne-t-il l'importance et la portée médicale de « la connaissance des mouvements

[228] CANGUILHEM G., *Le normal et le pathologique*, Paris, P. U. F., 1979, p.157.
[229] Ce papyrus date d'environ 1550 av. J.-C. Découvert en 1873, il a été acheté par Georg Ebers et conservé à la bibliothèque de l'université de Leipzig.

du cœur et la connaissance du cœur ».[230] Toutes les maladies sont expliquées par des lésions et des dysfonctionnements particuliers du système cardio-vasculaire. Par exemple, « la perte de conscience est expliquée par le fait que les vaisseaux charrient des déchets, la syncope est expliquée par le fait que le cœur ne parle plus ou que les vaisseaux sont muets (...) les maladies du foie sont expliquées par les vaisseaux qui le surchargent de sang », etc.[231]

Le papyrus rapporte que la physiologie égyptienne expliquait les phénomènes vitaux par une action combinée d'éléments de la nature et de principes non naturels. Ainsi, outre les fluides naturels, les vaisseaux organiques étaient réputés transporter également des « souffles », maléfiques ou bénéfiques, de vie ou de mort. Les souffles pénètrent dans le corps par l'un de ses orifices et se répandent dans toutes les autres parties ; si le souffle de la vie entre dans le corps par l'oreille droite, celui de la mort entre par l'oreille gauche...

Doit-on voir dans l'allusion à des souffles, notions quasi-magiques, l'expression d'un vitalisme par lequel la science égyptienne refuserait un déterminisme exclusivement physiologique de la vie, de la maladie et de la mort ? Peut-être. Toujours est-il que la juxtaposition d'une théorie « pneumatique » d'allure irrationnelle et d'une tentative d'explication des phénomènes morbides par des facteurs naturels atténue quelque peu l'idée d'une pathologie rationnelle, même à un stade embryonnaire, dans la médecine égyptienne. La rationalisation qui s'effectue au moyen d'une explication naturaliste fut loin d'y avoir toute la fermeté d'un engagement irréversible. En divers passages, le papyrus Ebers évoque ainsi des incantations à réciter par les praticiens et les malades en vue d'accroître l'efficacité des remèdes. Une rubrique placée au début du texte est consacrée à ces incantations.[232] Il serait donc sans doute excessif de prétendre que toute référence aux entités magiques et aux divinités avait déjà disparu de la médecine égyptienne aux environs du 16ème siècle avant Jésus-Christ. Néanmoins l'exigence d'une explication non surnaturelle du pathologique est perceptible, dans les efforts d'explication, certes imparfaite, de la maladie par des facteurs anatomiques

[230] PICHOT A., *La naissance de la science,* t.1 *Mésopotamie, Égypte*, Paris, Gallimard, 1991, p. 299

[231] *Ibid.*, p. 291.

[232] On trouve quelques exemples dans la traduction partielle du papyrus Ebers que propose André PICHOT dans *La naissance de la science,* t.1 *Mésopotamie, Égypte*, Paris, Gallimard, 1991, pp. 292-293 : « *Incantations : 1) Je possède les formules composées par le maître de l'univers pour chasser les maux causés par un dieu, une déesse, par un homme mort ou une femme, etc., et qui sont dans ma tête, dans ma nuque, dans mes épaules, dans ma chair, dans mes membres, et pour punir le « diable », chef de ceux qui ont fait que la maladie est entrée dans ma chair et la faiblesse dans mes membres...* »

« *À dire en buvant un remède : Viens remède ! Viens chasser les (mauvaises) choses de mon estomac et de mes membres ! La formule magique est puissante sur le remède. Répète-la (...) À dire en buvant le remède. Réellement excellent, (prouvé) de nombreuses fois* ».

et physiologiques. Mais la rationalisation du pathologique n'était pas encore pleinement commencée ; elle restait à l'état d'une simple ébauche.

C'est la révolution hippocratique qui engagera la médecine occidentale dans un rejet plus radical des explications théologiques et magiques de la maladie. Certes, ici encore, les dieux n'ont pas totalement disparu, mais leur fonction dans la médecine hippocratique n'est plus de servir à l'explication des maladies ou à garantir l'efficacité des thérapies comme chez les Égyptiens. Apollon, Asclépios, Hygie et Panacée, sont certes invoqués au début du « Serment d'Hippocrate », mais c'est uniquement en tant que témoins des engagements éthiques du médecin.[233] Ils garantissent ainsi, non pas la vertu de la médecine, mais la vertu des médecins.

Cette conception qui place la sphère d'intervention des divinités hors de la science proprement dite, laisse désormais ouverte la voie à une explication de la maladie débarrassée de toute allusion théologique ou magique. Dans la science hippocratique[234], la pathologie et la thérapeutique sont fondées sur des facteurs exclusivement physiques et physiologiques.

L'impact de l'environnement et du climat sur la santé des habitants d'une contrée est largement relevé. Le texte intitulé « Des airs, des eaux et des lieux » expose ces influences et insiste sur le profit qu'un médecin tirerait d'une bonne connaissance du lieu où il est appelé à exercer : « Celui qui veut approfondir la médecine doit faire ce qui suit : il considérera d'abord les saisons de l'année et l'influence respective que chacune d'elle exerce (...) ; puis il examinera quels sont les vents chauds et froids (...) Il est nécessaire aussi de connaître les qualités des eaux. »[235]

Le milieu extérieur détermine les prédispositions à la maladie, ou au contraire les résistances aux influences pathogènes. Par exemple, selon l'auteur du texte, les habitants des contrées exposées aux « vents chauds » ont « la tête humide et pituiteuse ; le ventre éprouve de fréquents dérangements à cause de la pituite qui descend de la tête ; en général, la constitution manque de ton, et l'on est peu capable de bien manger et de bien boire... » ; « d'abord les femmes sont maladives et exposées aux écoulements ; ensuite plusieurs sont stériles, non par nature mais par mauvaise santé ; les avortements sont fréquents. Les enfants sont pris de convulsion et de gêne de la respiration... Les hommes sont sujets aux dysenteries, aux diarrhées, aux

---

[233] Le Serment commence par l'invocation de ces divinités : *« Je jure par Apollon, médecin, par Asclépios, par Hygie et Panacée, par tous les dieux et déesses, les prenant à témoin que je remplirai, suivant mes forces et ma capacité, le serment suivant... »*

[234] Nous nous fondons sur les textes de la collection hippocratique pour relever ces caractères de la médecine hippocratique, même s'il est admis aujourd'hui que tous les textes de cette collection n'ont pas été écrits par Hippocrate lui-même.

[235] HIPPOCRATE, *De l'art médical*, trad. É. Littré, Paris, Le Livre de Poche, 1994, pp. 98-99.

fièvres épiales, à de longues fièvres d'hiver, aux éruptions nocturnes, et aux hémorroïdes (...) »[236]

Si, à l'inverse, une ville est exposée aux vents froids, « les maladies communes chez (ses habitants) sont les pleurésies et toutes les affections appelées aiguës... Chez les femmes, (...) l'écoulement menstruel n'y a ni la régularité ni les qualités convenables... Les accouchements y sont laborieux, mais les avortements rares... Les enfants, tant qu'ils sont petits, portent fréquemment des hydropisies dans les bourses, hydropisies qui disparaissent à mesure qu'ils avancent en âge... »[237]

Mais, en dépit de leur importance, les facteurs environnementaux et climatiques et même les aliments ne constituent que des conditions externes disposant ou prédisposant les populations à certaines maladies, car celles-ci ne peuvent être conçues comme des conséquences nécessaires de ces facteurs physiques. Le sujet, en effet, ne subit pas sans réagir les influences néfastes du milieu : le corps tout entier engage, dès l'agression des facteurs externes, une lutte contre eux. La maladie est donc moins l'effet de ces facteurs que l'expression d'un combat entre les dispositions anatomophysiologiques du sujet et l'action néfaste du milieu. Elle s'explique par la désorganisation que provoque dans le système organique la lutte engagée contre les effets pervers de divers facteurs externes : vents, airs, eaux, aliments. La cause véritable de la maladie est dans le dérangement de l'équilibre interne du corps. La santé, elle, résulte au contraire du parfait équilibre entre le corps et son milieu, de sorte qu'aucun dérangement ne survient dans les dispositions naturelles de l'organisme.

Les écrits hippocratiques affirment que l'équilibre interne du corps se joue dans l'harmonie qu'entretiennent entre eux les quatre humeurs ou fluides organiques suivants : sang, pituite (flegme), bile jaune et bile noire (atrabile). Leur harmonie se traduit par la santé tandis que leur déséquilibre engendre la maladie. Dans un autre texte de la collection hippocratique, intitulé « De la nature de l'homme », l'auteur (probablement Polybe, gendre et disciple d'Hippocrate) explique l'origine de la santé et de la maladie : « Le corps de l'homme a en lui sang, pituite, bile jaune et noire ; c'est là ce qui en constitue la nature et ce qui y crée la maladie et la santé. Il y a essentiellement santé quand ces principes sont dans un juste rapport de crase, de force et de quantité, et que le mélange est parfait ; il y a maladie quand un de ces principes est soit en défaut soit en excès, ou, s'isolant dans le corps, n'est pas combiné avec tout le reste. »[238]

Dans la science hippocratique, l'explication de la maladie a définitivement tourné le dos à la traditionnelle référence aux dieux. Elle se fonde dé-

---

[236] *Ibid.*, p. 100.
[237] *Ibid.*, pp. 101-102.
[238] *Ibid.*, p. 146.

sormais sur le déterminisme des causes physiques et environnementales et son incidence sur l'équilibre du système humoral. Même l'épilepsie, considérée chez les anciens comme la « maladie sacrée », reçoit désormais une explication naturelle : « Voici ce qu'il en est de la maladie dite sacrée ; elle ne me paraît avoir rien de plus divin ni de plus sacré que les autres, mais la nature et la source en sont les mêmes que pour les autres maladies ».[239] En effet, l'épilepsie, comme les autres maladies, est favorisée par des facteurs physiques, mais s'explique comme un dérangement de l'équilibre humoral. Maladie héréditaire, elle est due, selon l'auteur de « La maladie sacrée », à l'engorgement du cerveau par le liquide flegmatique, le facteur déclenchant des crises d'épilepsie étant le changement des vents.[240]

La naturalisation du phénomène pathologique conduit la science hippocratique à une redéfinition du statut de la médecine et des médecins. En effet, parce que la maladie est causée par des facteurs naturels, son traitement exige simplement l'étude rationnelle et la connaissance de ces causes, sans qu'il soit nécessaire que le médecin soit investi d'un quelconque pouvoir surnaturel. La médecine hippocratique est donc laïque, et son exercice arraché au monopole des devins et des prêtres. Elle est désormais pratiquée par des hommes ordinaires formés à l'approche rationnelle des maladies et rétribués pour cet exercice.

De plus, la médecine hippocratique étant naturaliste parce qu'elle croit à l'origine naturelle de la maladie et de la guérison, elle adopte comme méthode d'investigation sur le vivant, une approche expectative. Elle attend et apprend tout de la nature, en l'observant, la cause des maladies comme l'art de les guérir. La médecine consiste chercher dans la nature les remèdes adaptés à chaque maladie. L'homme n'y ajoute rien de fondamentalement nouveau, il ne fait que suppléer la nature et prolonger son œuvre. C'est pourquoi, pour Hippocrate, la nature doit être considérée comme le premier des médecins : « La nature est le médecin des malades. La nature trouve pour elle-même les voies et moyens, non par intelligence ; (...) la nature sans instruction et sans savoir fait ce qui convient ».[241] Tout l'art thérapeutique, dans la médecine hippocratique, ne consiste qu'en application de coctions et en purgation des malades avec des potions directement tirées des produits de la nature ; il vise à favoriser par la thérapie naturelle, le réarrangement normal des humeurs et le retour des organes à leur disposition physiologique naturelle.

Bien qu'elle soit essentiellement fondée sur l'observation, la méthodologie hippocratique ne promeut pas l'empirisme dogmatique, c'est-à-dire l'usage exclusif de l'observation comme moyen de connaissance des mala-

[239] *Ibid.*, p. 126.
[240] *Ibid.*, p. 138.
[241] *Épidémies*, livre V, cité par A. PICHOT, *op. cit.*, p. 386.

dies. Elle rejette également le rationalisme étroit de ceux qui veulent se passer de l'expérience. Ce qu'il faut en médecine, c'est l'usage complémentaire de l'observation et du raisonnement, afin d'être en mesure d'établir quelques principes généraux de pathologie et de thérapeutique, à partir de l'« expérience raisonnée ».

Ainsi, la médecine hippocratique a fixé quelques grands repères de la médecine scientifique. En matière de méthodologie médicale, elle a initié la rupture avec les procédures spéculatives qui recherchent les causes des maladies et celles de leur guérison dans l'action de forces extranaturelles, en prônant le recours à l'observation et au raisonnement. En matière de conception de la maladie, certes, l'explication du pathologique comme dérangement de l'équilibre humoral a été reconnue fausse. Mais l'idée que les maladies sont dues à l'altération de l'état physiologique, et plus précisément au fait que « un de ces principes » physiologiques est « soit en défaut soit en excès, ou, s'isolant dans le corps, n'est pas combiné avec tout le reste » indique la voie d'une interprétation physiologique du pathologique, qui sera empruntée plus tard par Claude Bernard.

2- la pathologie expérimentale

Globalement, l'évolution de la médecine occidentale après Hippocrate est caractérisée par la consolidation progressive de l'héritage hippocratique au moins sur deux de ses acquis majeurs : la laïcisation de la médecine et l'usage combiné de la raison et de l'expérience dans l'investigation médicale. Certes, les progrès n'ont pas été toujours continus et l'on a pu observer des périodes de stagnation, voire de régression.[242] Mais, malgré de nombreux obstacles culturels et idéologiques, la médecine scientifique consolida son essor et glana, d'année en année, quelques conquêtes dans les connaissances anatomiques et pathologiques.[243] La rationalisation du pathologique ne se détourna donc jamais du programme hippocratique : celui-ci avait établi le dogme de l'objectivité du pathologique, et toute la science ultérieure ne se

---

[242] Par exemple, l'explication (fausse) de la maladie par la théorie hippocratique de la dyscrasie humorale a connu un long succès et n'a dû être complètement abandonnée qu'autour du 18ème siècle. La laïcité de la médecine fut par moment menacée, non pas que la science fût revenue aux explications magiques ou théologiques, mais parce que la religion a souvent exercé la pratique médicale une autorité morale de contrôle et de cadrage. Du début de l'ère chrétienne jusqu'au 12ème siècle, la pratique médicale fut en effet soumise, en Europe, au contrôle des autorités ecclésiastiques. Cela eut pour conséquence de limiter les possibilités de l'exploration anatomique qui ne prit véritablement son envol qu'à partir de la renaissance, avec Leonard de Vinci (1452-1519), André Vésale (1514-1564), Andrea Cesalpino (1519-1603), Jérôme Fabrice d'Acquapendente (1533-1619)...

[243] Par exemple, Jérôme Fracastor (1478-1533), au cours d'une épidémie de syphilis, après avoir observé les malades sans le microscope, eut l'intuition que la maladie était due à des micro-organismes, des « seminaria » (1546). Grâce à des observations méthodiques, Harvey découvrit en 1623 la circulation du sang. L'exercice de la vivisection, en dépit de résistances, permit une meilleure connaissance des pathologies et des fonctions physiologiques normales.

tint à décrypter l'énigme de la maladie que par la maîtrise des ressorts objectifs de la morbidité. On peut dès lors considérer que la réalisation graduelle du programme hippocratique fut conduite d'une certaine façon à son terme par la pathologie expérimentale de Claude Bernard, qui néanmoins remettra en cause le naturalisme hippocratique.

La conception bernardienne du pathologique

Il est difficile, à première vue, de présenter Claude Bernard comme un héritier d'Hippocrate, tant il insista sur la nécessité de reformer la médecine de ce dernier, dans ses principes et ses méthodes. Il en rejeta un certain nombre de thèses importantes, notamment celles relatives à la nature de la maladie et à la fonction de la médecine. Dans son ouvrage posthume, *Principes de médecine expérimentale*, il dresse précisément le plan des principaux reproches qu'il adresse à l'illustre médecin grec :

a) La médecine hippocratique a existé en l'absence d'une véritable pathologie scientifique, se contentant d'évoquer les « caractères extérieurs » des corps, elle décrit les maladies sans « en connaître l'anatomie pathologique ni le mécanisme pathogénique » ;

b) Hippocrate décrit les maladies à la manière des naturalistes, « il donne la description du climat et des maladies qui s'y rencontrent... »

c) Hippocrate cherche l'étiologie des maladies dans les conditions extérieures : « la médecine antique est fondée sur le milieu extérieur ; la médecine expérimentale est fondée sur le milieu intérieur » ;[244]

d) « Toute la médecine d'Hippocrate se réduit à la prognose qui comprend toute la marche de la maladie et qui donne la prévision de toutes les circonstances passées, présentes et futures de la maladie. »

e) Le grief principal concerne la conception expectative et non active de la méthode médicale : la médecine, selon Hippocrate, « *n'avait pas pour but d'agir sur la maladie* » se faisant plutôt l'auxiliaire de la nature dans sa fonction de premier médecin. [245]

Pour ces raisons, l'on ne ranger Claude Bernard parmi les continuateurs d'Hippocrate.

Il convient néanmoins de savoir que l'esprit de la révolution hippocratique a continué d'animer les principaux développements de la médecine occidentale, y compris la médecine expérimentale de Claude Bernard. Sous-

---

[244] En fait, Claude Bernard sait qu'il y a chez Hippocrate une allusion à des causes internes des maladies notamment à travers la thèse de la dyscrasie humorale ; mais la théorie de la physiologie humorale reposait moins sur des faits avérés que sur des interprétations spéculatives.

[245] BERNARD C., *Principes de médecine expérimentale*, Paris, P. U. F. / Quadrige, 1987, pp. 96-98.

traire la maladie non seulement à leur prétendue origine surnaturelle, mais aussi aux interprétations subjectivistes, pour en faire un phénomène dont on doit pouvoir faire l'étude scientifique à partir de l'observation, voilà toute l'essence de la révolution hippocratique. L'esprit n'a donc pas changé dans sa quête d'objectivité du pathologique, par exemple, entre l'approche naturaliste d'Hippocrate, les nosographies de Philippe Pinel (1745-1826) et de Henri Ernest Baillon (1827-1895), la médecine anatomo-clinique de Giovanni Batista Morgagni (1682-1771), de René Laennec (1784-1826) et de Xavier Bichat (1771-1802) et la médecine expérimentale de Claude Bernard. Toutes ces étapes dans l'évolution de la médecine constituent des moments importants dans l'affinement et le renforcement de l'approche objectiviste de la morbidité.

Des différences très importantes existent cependant entre les interprétations de la maladie, les méthodes médicales préconisées, les fonctions dévolues à l'art thérapeutique par les différentes théories médicales post hippocratiques. Ainsi, les figures prises par les évolutions de la médecine depuis Hippocrate ont consisté successivement en approches expectative, empirique, expérimentale.[246] C'est donc à juste titre que Claude Bernard reconnaît qu'il y a une certaine proximité entre la médecine expérimentale qu'il préconise et la médecine empirique qu'il rejette. En effet, l'empirisme lui semblait « plus favorable que l'expectation au développement de la médecine expérimentale, parce qu'une foule de faits a été accumulée par cette expérimentation empirique des médicaments sur l'homme ».[247] En dépit de cette proximité, Bernard récuse la médecine empirique autant que la médecine naturaliste. Le principal grief qu'il adresse à toute médecine exclusivement fondée sur l'observation, c'est de n'être point active, puisque, dit-il, « cette médecine n'intervient pas dans les modifications ou les perturbations de la marche naturelle des maladies ».[248] Or le but qui doit être assigné à la médecine scientifique, c'est à travers l'expérimentation, d'agir sur les maladies pour en comprendre les causes en vue de la guérie en rétablissant l'ordre physiologique normal, et non de tout attendre de la nature.

La médecine doit être active parce que la découverte des lois qui expliquent les phénomènes vitaux normaux et pathologiques n'est possible qu'à condition que l'esprit interroge les faits, les provoque, les oriente de certaine

---

[246] Claude Bernard distingue cependant, dans l'évolution de la médecine, un écart entre les avancées des études étiologiques et celles des pratiques thérapeutiques : « Si les médecins ont en partie suivi l'œuvre d'Hippocrate, ils n'ont point pour la plupart sa thérapeutique essentiellement scientifique qui consistait dans l'expectation. Ils sont presque tous tombés dans l'empirisme et, aujourd'hui encore, cette contradiction existe dans la médecine, à savoir qu'elle est scientifique quant à l'étude et au diagnostic et au pronostic des maladies et empirique quant à la thérapeutique. » *Ibid.*, p. 100.

[247] *Idem.*

[248] *Idem.*

façon. La simple expectation est impuissante à donner les réponses à toutes les questions que se pose le médecin. Il faut que dernier procède par une initiative plus volontariste qui soit susceptible de déranger et de contrarier « la marche naturelle des maladies ».

La légitimité d'une telle approche repose sur l'idée d'une continuité entre le physiologique et le pathologique et la conception de la guérison comme un retour à l'état physiologique. Ce mouvement réversif n'étant pas toujours conforme à la marche naturelle de la maladie, il faut donc, au besoin, l'y contraindre, sans tout attendre de la nature.

La conception bernardienne de la pathologie comme une dérivation quantitative (par excès ou par défaut) de l'état physiologique se démarquait d'une interprétation simplement anatomique des maladies expliquant leur origine par des lésions organiques. Giovanni Batista Morgagni était le principal concepteur de la théorie dite de « l'anatomie pathologique » qui affirmait que les maladies correspondent à des lésions spécifiques et bien localisées dans l'organisme. L'idée de Morgagni représentait un réel progrès dans l'histoire de la maladie, car elle permettait de réduire la symptomatologie à l'étude des impacts somatiques des maladies, à l'exclusion de toute référence extra organique. Laennec, lui aussi, assuma la même thèse, et Bichat qui poursuivit son œuvre disséqua plus de 600 cadavres pour examiner les relations entre les lésions anatomiques et les symptômes des pathologies.

Claude Bernard qui partage l'idée selon laquelle les maladies doivent être soustraites à toute interprétation extra organique, se méfiait néanmoins de la théorie de l'anatomie pathologique de Morgagni, Laennec et Bichat. Le cadavre, dit-il, ne nous apprend rien sur la maladie. C'est plutôt le corps sain qu'il faut interroger parce qu'il existe une continuité, non pas entre le corps malade et le corps cadavérique, mais entre le physiologique et le pathologique.

L'idée de continuité physiopathologique fut inspirée à Bernard par ses recherches sur le diabète. Toutefois cette thèse n'était pas tout à fait nouvelle puisqu'elle avait été développée, quelques années plus tôt, par Auguste Comte. Cependant, elle restait purement spéculative chez l'auteur du *Cours de philosophie positive*, qui affirmait que « l'état pathologique ne diffère point radicalement de l'état physiologique, à l'égard duquel il ne saurait constituer, sous un aspect quelconque, qu'un simple prolongement plus ou moins étendu des limites de variation, soit supérieures, soit inférieures, propres à chaque phénomène de l'organisme normal, sans pouvoir jamais produire de phénomènes vraiment nouveaux, qui n'auraient point, à un certain degré, leurs analogues purement physiologiques ».[249]

---

[249] COMTE A., *Cours de philosophie positive*, Paris, Aubier Montaigne, 1970, p. 696.

C'est Claude Bernard qui donnera à l'explication physiologique de la maladie une assise scientifique, à partir de l'étude expérimentale du diabète sucré. Se fondant sur la pathogénie de cette maladie dont il avait contribué à la connaissance des facteurs physiologiques, à l'occasion de ses recherches sur la glycogénie animale (1848) et le rôle du glycogène (1855), il affirme l'universalité du principe selon lequel toute maladie consiste en altération de processus physiologiques normaux. Le diabète se manifeste en effet par la présence, à un taux anormalement élevé, de glucose dans le sang (hyperglycémie) provoquant la présence de ce sucre dans l'urine (glycosurie). Or l'on sait depuis les travaux de Laplace et de Lavoisier, que la présence d'hydrate de carbone (glucose) dans le sang est un phénomène physiologique normal et nécessaire, car la transformation de ce sucre permet aux tissus vivants de produire de l'énergie organique (chaleur animale). Mais l'origine du sucre dans le sang restait une inconnue. C'est Claude Bernard qui, en 1848, découvrit que le foie remplit, outre sa fonction bien connue de sécréter de la bile, celle de produire le sucre sanguin. Un peu plus tard, il précisa que, à vrai dire, le foie ne produit pas le sucre glucose lui-même mais une substance chimique, le glycogène, un sucre complexe destiné à être fractionné en glucose sous l'action des enzymes. Claude Bernard montra aussi que le système nerveux grand sympathique a une action régulatrice sur le calibrage des vaisseaux sanguins, et donc sur l'équilibre de la répartition du sucre dans le sang.[250] Le diabète survient lorsque le taux du sucre dans le sang dépasse le seuil de normalité glycémique.

Le sucre n'est donc pas un produit toxique ou pathologique lorsqu'il est présent à un taux convenable dans le sang. Dans le diabète, il est présent, mais à un taux anormalement élevé. Il s'ensuit que la maladie n'introduit rien de nouveau dans l'organisme. Elle est provoquée par l'altération des fonctions physiologiques, mais non par l'introduction de fonctions nouvelles spécifiquement pathologiques. Comme dit Bernard, dans le cas du diabète, « l'état pathologique n'a en réalité rien créé, mais seulement troublé la nutrition et les phénomènes glycogéniques de telle sorte que le sucre devînt apparent dans des liquides où il ne l'est pas normalement »[251], c'est-à-dire dans le sang et dans l'urine où, à l'état physiologique, il n'existe pas à un taux décelable ou sous une forme apparente.

Le diabète résultant de l'altération de fonctions physiologiques normales liées au métabolisme du glucose, il constitue une bonne illustration de ce qu'entre le physiologique et le pathologique, il n'y a pas une différence de nature, mais de degré ou de complexité. « Il n'y a qu'une glycémie, argumente Bernard ; elle est constante, permanente, soit pendant le diabète, soit

[250] C'est en 1852 que Claude Bernard découvrit le rôle vasomoteur des nerfs sympathiques qui, en exerçant une force régulatrice sur le calibre des vaisseaux sanguins, régulent en même temps la répartition de la chaleur animale dans tous les tissus.
[251] BERNARD C., *Principes de médecine expérimentale*, *op. cit.*, p. 300.

en dehors de cet état morbide. Seulement elle a des degrés : la glycémie au-dessous de 3 à 4/1000 n'amène pas la glycosurie ; mais au-dessus la glycosurie se produit… Le passage de l'état normal à l'état pathologique est impossible à saisir et aucune question plus que le diabète n'est propre à montrer la fusion intime de la physiologie et de la pathologie ».[252]

La relation entre la glycogénie et les troubles caractéristiques du diabète sucré (hyperglycémie, polyurie, glycosurie) apparaît donc de l'ordre d'un rapport purement quantitatif. Claude Bernard en tire une généralisation de l'idée que la maladie est une extension ou une diminution d'une fonction physiologique normale, que toute pathologie est une altération quantitative de la physiologie. L'état physiologique représente la santé, c'est-à-dire la situation dans laquelle les corps vivants, à travers l'activité de leurs composantes organologiques, tissulaires et cytologiques, accomplissent leurs fonctions de sorte à maintenir l'équilibre de l'organisme entier. Il est lui-même un état objectif et mesurable, dans le sens où ses facteurs sont parfaitement quantifiables à l'image de la glycémie. Il en est de même de l'état pathologique.

L'un des enjeux de l'interprétation physiologique du pathologique est de faire de la maladie une sorte de parenthèse dans le cours normal de la vie, enserrée entre un état sain perdu et un état sain à recouvrer. Cette marginalité du pathologique fonde l'optimisme de Bernard : « L'état physiologique et l'état pathologique ne sauraient être considérés comme deux états distincts qui se remplacent. L'état pathologique ne chasse jamais l'état physiologique. L'état physiologique est toujours présent ; sans cela la santé ne pourrait jamais réapparaître. »[253]

Le deuxième enjeu est d'ordre épistémologique. Au nom de la continuité physiopathologique, Bernard espère fonder les études pathologiques sur les études physiologiques, et de la sorte, expliquer l'altéré par l'originel, le complexe par le simple, le dérivé par le fondamental, comme pour suivre le précepte de la méthodologique cartésienne. Il s'agit pour lui de montrer toute la rationalité du pathologique en la fondant sur les mêmes lois que celles qui président au fonctionnement normal des organismes. Dans l'avant-propos de *Leçons de pathologie expérimentale* (1860), il explique cela en des termes très explicites : « Le principe que j'ai cherché à mettre en évidence, c'est que la pathologie et la physiologie ne se séparent réellement pas dans leur étude scientifique, et qu'il n'est pas nécessaire d'aller chercher l'explication des maladies dans des forces ou des lois qui seraient d'une autre nature que celles qui régissent les phénomènes ordinaires de la vie ».[254] Plus loin, il

---

[252] BERNARD C., *Leçons sur le diabète et la glycogenèse animale*, Paris, Baillière, 1877, p. 132.
[253] BERNARD C., *Principes de médecine expérimentale*, p.140.
[254] BERNARD C., *Leçons de pathologie expérimentale*, Paris, Baillière, 1880, VII.

précise l'utilité méthodologique de cette réduction : « Vous voyez maintenant pourquoi je veux introduire la physiologie dans l'étude de la médecine : c'est pour en analyser les phénomènes complexes et les ramener à des conditions plus simples. »[255]

Cette disposition à expliquer le complexe par le simple est sans doute au fondement des positions unitaristes de Claude Bernard. En effet, celui-ci n'abolit pas seulement l'écart entre les sciences du vivant et celles des corps bruts (du point de vue de la méthode), ou entre la vie chez les végétaux et chez les animaux comme dans ses *Leçons sur les phénomènes de la vie communs aux animaux et aux végétaux* (1878). Il veut aussi réduire toute différence de nature entre le normal et le pathologique, et entre leurs études scientifiques respectives : les phénomènes normaux et les phénomènes pathologiques ne différant point par nature, il s'ensuit que la pathologie et la physiologie ne doivent pas être séparées dans leur approche théorique : la physiologie expérimentale est la base scientifique de la pathologie et de la thérapeutique expérimentales.

Le grand principe de la médecine expérimentale réside dans la thèse selon laquelle les phénomènes vitaux, normaux ou pathologiques, sont, à l'image de ceux de la nature brute, régis par des lois universelles et stables qui sont susceptibles d'une évaluation quantitative. Voilà comment la médecine expérimentale, singulièrement la pathologie expérimentale, s'inscrit dans l'héritage de l'hippocratisme. Non seulement elle affirme l'exigence de la rationalité du pathologique, mais de plus, elle donne une interprétation objectiviste et quantitative de la rationalité qui épouse et affine la définition hippocratique de la maladie comme un dérangement des équilibres physiologiques. La conception bernardienne diffère néanmoins radicalement du modèle hippocratique par l'idée de médecine expérimentale, incompatible avec la posture expectative de la médecine naturaliste.

Les limites de la définition bernardienne du pathologique

La thèse de Claude Bernard sur la continuité du physiologique et du pathologique a été inspirée par le cas du diabète sucré. Mais, avec les progrès de la médecine qui ont permis une meilleure connaissance de cette pathologie, on peut aujourd'hui aisément montrer la limite du modèle diabétique de la maladie. D'abord, à l'époque de Bernard, le diabète était encore une pathologie insuffisamment maîtrisée dans ses formes et ses facteurs pour servir comme une référence solide et fiable à la définition générale des maladies. Ensuite, même sous la forme où elle était le mieux connue, à savoir sous celle du diabète dit sucré, cette pathologie était si exemplaire des pathologies dysfonctionnelles qu'elle ne pouvait donner de la totalité de la réalité pathologique qu'une image réduite et étriquée, insuffisante à représenter

[255] *Ibid.*, p.8.

l'ensemble des pathologies connues, notamment celles qui sont provoquées par des germes pathogènes.

Le diabète, en effet, ne se résume pas au diabète sucré. Et les différents types de diabète successivement découverts sont loin de présenter les mêmes caractéristiques que celles qui ont justifié le choix du modèle sucré par Claude Bernard. Bien entendu, à l'époque où celui-ci érigeait cette maladie en modèle des pathologies humaines, la compréhension de cette maladie n'était qu'à ses débuts. Ses thèses de 1848 (fonction glycogénique du foie) et de 1855 (isolement du glycogène) étaient bien antérieures à la découverte capitale des cellules endocrines du pancréas et on était loin de la reconnaissance du rôle des hormones pancréatiques dans la régulation de la glycémie.[256] C'est pourquoi, ignorant l'existence et le rôle stabilisateur qu'exercent les hormones sécrétées par le pancréas sur la glycémie, Bernard n'a vu dans le diabète que la déviation de la fonction glycogénique du foie. La découverte de la fonction hypoglycémiante de l'insuline a déplacé l'origine du diabète, du foie au pancréas. Même si cette correction n'est pas de nature à remettre en cause l'idée que la maladie est due à l'altération d'une fonction physiologique normale, puisqu'elle n'a consisté qu'à remplacer l'excès hyper-glycémique par la carence hypo-insulinémique, c'est-à-dire l'altération de la fonction hépatique par celle de la fonction pancréatique, on se rend compte néanmoins de l'insuffisance de la connaissance de Bernard au sujet de cette pathologie et du risque qu'il avait pris à l'ériger en modèle de la continuité physiopathologique.

Aujourd'hui, on distingue au moins trois formes du diabète qui ne sont pas liées nécessairement à la perturbation de la glycogénie hépatique. Le diabète de type 1 ou *diabète insulinodépendant* dont les symptômes (hyperglycémie, glycosurie, polyurie, polydipsie, polyphagie) correspondent à peu près à ceux du « diabète sucré » de Bernard. Sa cause, contrairement à ce que pensait Claude Bernard n'est pas seulement liée à un trouble fonctionnel du foie, mais principalement à un trouble dans la production ou dans l'utilisation adéquate de l'insuline. Il existe aussi un *diabète sucré non insulinodépendant*. C'est le type 2, qu'on observe la plupart des fois chez les

[256] C'est en 1869 que l'Allemand Paul Langerhans découvrit que, outre les cellules acineuses productrices des enzymes digestives, le pancréas disposait de cellules endocrines regroupées en îlots (auxquels le Français Gustave-Édouard Laguesse donnera le nom d'*îlots de Langerhans*), et réparties entre cellules périphériques (α) et centrales (β). La relation entre diabète et pancréas ne sera formellement établie que vingt ans plus tard, en 1889, par Oscar Minkowski et Joseph Von Mering de l'université de Strasbourg. Mais la preuve expérimentale de la vertu hypoglycémiante de l'insuline (nom inventé par Jean de Meyer) ne sera donnée qu'en 1908, quand George Ludwig Zuelzer administra à des sujets humains une substance tirée des cellules endocrines du pancréas qui eut le pouvoir de réduire la glycémie chez eux. Il fallut attendre 1921 pour que le médecin canadien Frederick Grant Banting et son assistant Charles Best isolent l'insuline à partir de pancréas de chiens. James Betram Collip qui collabora avec eux travailla à purifier l'hormone découverte.

sujets obèses. Il est dû non pas à l'absence ou à l'insuffisance de l'insuline mais à l'insensibilité des cellules-cibles à l'insuline pourtant produite en quantité et en qualité normales par le pancréas. Il s'ensuit une situation d'hyperglycémie, qui n'est pas liée à une insuffisance insulinique, ni à une perturbation de la glycogénie. La troisième manifestation du diabète sucré, reconnue aujourd'hui est le *diabète gestationnel*, qu'on observe chez certaines femmes pendant la grossesse. Cette forme du diabète sucré est liée à une intolérance passagère au glucose de l'organisme de certaines femmes au début de la grossesse.

Il existe, en outre, au moins sous trois espèces, un diabète non sucré, c'est-à-dire non caractérisé par une hyperglycémie : le *diabète insipide*, dû à l'incapacité des reins à concentrer l'urine. Les malades présentent alors une polyurie bien caractéristique, mais sans glycosurie ; le *diabète rénal*, provoqué par l'incapacité des reins à réabsorber le glucose, de sorte que les malades présentent une glycosurie, sans hyperglycémie ; l'*hémochromatose* ou *syndrome de Troisier-Hanot-Chauffard*, anomalie du métabolisme du fer, qui se traduit par un excès de fer dans les tissus. On l'appelle aussi *diabète bronzé*.

La variété des formes de diabète indique que le modèle sucré était loin de représenter tous les types possibles de la maladie. Cependant, ce qui reste remarquable, c'est que le diabète, sous quelque forme qu'on le prenne, et comme l'a bien pressenti Claude Bernard, reste lié à des dysfonctionnements organiques, notamment à des troubles de la production ou l'utilisation de substances physiologiques : insuline, glucose, urine, fer. Cela signifie que l'on ne peut reprocher à Claude Bernard de n'avoir pas fait un choix judicieux, en faisant du diabète le modèle d'une interprétation physiologique de la maladie. La maladie, sous toutes ses formes, l'aurait amené à la même conclusion, à savoir, que la pathologie est due à une altération de la physiologie.

Les insuffisances dans l'explication bernardienne du diabète ne sont pas, elles non plus, directement préjudiciables à la thèse de la continuité physiopathologique. On peut toutefois les relever. Ainsi, contrairement à ce que croyait Bernard, le foie n'est pas, strictement parlant, le producteur de sucre dans l'organisme, mais plutôt un organe de stockage du glucose excédentaire dans le sang. Ce sucre d'origine essentiellement alimentaire est absorbé puis polymérisé sous forme de glycogène par cet organe. D'ailleurs le foie n'est pas le seul organe de stockage du sucre organique, puisque les muscles et le tissu adipeux, qui en immobilise sous forme de graisse, jouent le même rôle. On note néanmoins que si le sucre retenu dans les muscles et le tissu adipeux ne sert, pour ainsi dire, qu'à la consommation de ces organes, en revanche, le sucre stocké dans le foie est, lui, destiné à être libéré en cas de besoin pour être rendu au sang par le foie qui opère à cette fin l'hydrolyse du glycogène.

Le foie, en plus du glycogène a aussi la capacité de produire du sucre à partir des acides aminés, acides gras et l'acide lactique. Mais la régulation du taux du sucre dans le sang est le fait du pancréas, producteur à la fois de l'insuline et du glucagon (hormone hyperglycémiante produite par les cellules α). L'équilibre de la glycémie est lié à l'action conjuguée des deux hormones pancréatiques.

La perturbation de l'équilibre du glucose sanguin n'est pas exclusivement le fait d'une altération de la fonction glycogénique du foie. Il est lié à un désordre plus global de l'organisme et implique souvent, outre la défaillance du pancréas dans la sécrétion des hormones stabilisatrices, des défaillances à divers niveaux de l'organisme global dans la production de la chaleur animale. Le diabète montre comment les maladies impliquent une désorganisation non d'une fonction particulière, mais de l'organisme tout entier. S'il y a une correspondance entre physiologie et pathologie, celle-ci n'est pas une relation *biunivoque*, elle est plutôt de la nature d'une relation *surjective* qui s'établit entre la totalité des fonctions de l'organisme et une maladie particulière.

Mais ce qui, en revanche, remet fondamentalement en cause l'interprétation physiologique de la pathologie, c'est l'existence des maladies infectieuses et parasitaires. Comment, en effet, réduire le choléra, la rage ou la fièvre puerpérale, à de simples modifications quantitatives de la physiologie normale ? Claude Bernard reconnaît lui-même la difficulté. Dans ses *Leçons de pathologie expérimentale*, il admet la spécificité de ces maladies : « Prenons par exemple les fièvres éruptives, la variole, la scarlatine, la rougeole. Voilà des affections qu'il nous est impossible de reproduire sans avoir recours à un virus spécial. Parviendrons-nous un jour à créer de toutes pièces ces maladies sans l'intervention de ce poison particulier dont elles paraissent dépendre ? », s'interrogeait-il.[257] Les travaux de Louis Pasteur en France et de Robert Koch en Allemagne devaient bientôt montrer que « ce poison particulier » responsable des maladies infectieuses est secrété par de petits êtres vivants, de sorte que les pathologies infectieuses ne sont donc pas dues à de simples perturbations de fonctions physiologiques normales. Elles sont consécutives à l'introduction d'êtres étrangers dans l'organisme, et ce sont ces micro-organismes qui impulsent les phénomènes morbides. Bien sûr, les infections ont un retentissement négatif sur le fonctionnement normal des organismes. Mais la cause n'est pas un dysfonctionnement quantitatif de la physiologie ; c'est l'action spéciale d'un être étranger au corps, un microbe ou un virus.

Pour tenter de sauver sa théorie physiologique de la maladie, Claude Bernard en vint à suggérer que les micro-organismes pathogènes pourraient bien être, eux-mêmes, d'origine physiologique, c'est-à-dire résulter d'un proces-

[257] BERNARD C., *Leçons de pathologie expérimentale*, Paris, Baillière, 1880, p. 16.

sus de génération spontanée ayant cours dans l'organisme : « Comment peut-on admettre que les virus soient des produits qui correspondent à quelque chose de physiologique ? Cela est parfaitement admissible et vrai. Le virus morveux se forme sous nos yeux par excès de travail. L'abstinence rend la morve aiguë, qui devient contagieuse, tandis que la chronique (farcin) ne l'est pas. C'est l'affaiblissement du système nerveux. »[258] Les virus ne sont-ils pas de simples « altérations de liquides sous des influences nerveuses » ? se demande-t-il.[259] Concernant la production des « virus », Bernard propose, à vrai dire, une double hypothèse : soit ils proviennent de modifications du sang qui leur donneraient naissance par un phénomène de catalyse ; soit ils résultent de déviations de processus physiologiques, à l'image des venins ou des ferments.

Ces deux hypothèses se révélèrent fausses. Les travaux de Pasteur permirent de rejeter la thèse de l'origine interne des microbes et des virus responsables des maladies putrides, notamment en remettant en cause la théorie des générations spontanées. Virus et microbes sont des germes pathogènes d'origine exclusivement externe qui s'introduisent après coup dans les organismes et y provoquent la maladie. Ces pathologies ne sont donc pas liées à une simple variation quantitative de fonctions physiologiques, puisqu'elles ne correspondent, rigoureusement parlant, à aucun analogue physiologique.

En définitive, la difficulté à réduire toutes les pathologies à de simples perturbations de fonctions physiologiques ainsi que les importantes erreurs qui ont émaillé l'approche bernardienne du diabète ont significativement fragilisé la thèse de la continuité physiopathologique. Néanmoins, à l'heure des bilans, on devra reconnaître le progrès que constitua pour la médecine la conception de la maladie comme dérangement de la santé. Il s'agit d'abord d'un héritage revisité d'Hippocrate : la médecine doit porter sur un objet vidé de toute subjectivité et ainsi rendu complètement accessible à la science. Claude Bernard est allé plus loin en montrant qu'il était tout à fait possible de faire du pathologique un objet quantifiable parce que déterminé par les écarts mesurables qui séparent l'état morbide des seuils physiologiques.

3- De la maladie au malade ou le renversement de la conception objectiviste de la pathologie par une perspective anthropologique

Les insuffisances de la théorie physiologique de la maladie ouvraient deux possibilités pour l'épistémologie médicale post-bernardienne : soit elle s'orientait, dans un élan unitariste, vers un renforcement de la conception quantitative et positiviste de la maladie en recherchant une critériologie plus large permettant d'embrasser dans une même définition à la fois les maladies

---

258 BERNARD C., *Principes de médecine expérimentale*, p. 140.
259 *Ibid.*, p. 141.

physiologiques et les pathologies infectieuses ; soit elle adoptait une posture irréductiblement pluraliste en renonçant à toute définition unitaire de la maladie. La contribution post-bernardienne la plus significative à l'épistémologie pathologique, celle que proposa Georges Canguilhem, n'alla ni dans un sens ni dans l'autre. Elle surmonta plutôt, comme une contradiction secondaire, l'opposition entre unitarisme et pluralisme pathologiques, car ces doctrines, quoiqu'elles soient divergentes, se rejoignent dans la le projet d'une objectivation, voire d'une réification de la maladie.

Canguilhem sort donc de cet antagonisme entre objectivistes pour substituer, dans l'approche du pathologique, le point de vue du malade à celui du médecin. Rejetant les voies positivistes qui objectivent la maladie et en formule les critères absolus, indifférents à la modulation des spécificités individuelles et cliniques, la conception que propose le philosophe et médecin français opère, en 1943, une véritable révolution dans la représentation du pathologique. Elle affirme avec force l'ancrage anthropologique de la maladie et définit celle-ci, non comme un *fait*, mais une *valeur*, c'est-à-dire une donnée subjective et qualitative. Et la perspective épistémologique de cette révision du statut de la maladie n'est pas désastreuse pour l'idée de pathologie rationnelle : Canguilhem montre comment la subjectivité du pathologique ne compromet nullement la possibilité de son étude scientifique, démentant ainsi tout principe subordonnant la rationalisation à la réification. En effet, bien qu'elle soit une donnée fondamentalement subjective et qualitative, la maladie peut être étudiée et maîtrisée dans le cadre de la médecine scientifique. Telle est la conception de Canguilhem qui s'écarte ainsi du point de vue de Claude Bernard, non seulement par le rejet de la continuité physiopathologique et la définition de la maladie comme une valeur, mais aussi par l'affirmation d'une compatibilité inédite entre le caractère intrinsèquement subjectif de la maladie et la possibilité d'en faire l'étude rationnelle.

Le rejet de la théorie physiologique de la maladie

Pour l'essentiel, la critique que Georges Canguilhem formule à l'encontre de la conception positiviste de la maladie se situe à deux niveaux : d'abord elle touche à la validité des arguments scientifiques par lesquels Auguste Comte et surtout Claude Bernard soutiennent l'idée d'une continuité physiopathologique. Ensuite elle concerne la valeur épistémologique de la posture positiviste dans l'approche de la santé et de la maladie.

Canguilhem reproche à Bernard de s'être fondé, pour justifier l'interprétation physiologique de la maladie, sur un modèle insuffisamment maîtrisé, en l'occurrence le diabète. Plusieurs aspects de la conception bernardienne de cette maladie contiennent, comme on l'a vu, des erreurs et des insuffisances, qu'il ne manqua pas de relever. En particulier, il rejette l'interprétation de cette pathologie comme une altération du métabolisme des glucides. Instruit par l'histoire récente de la maladie, il voit à la base de cette pathologie, non pas une perturbation de la glycogénie, mais une déficience de la fonction insulinémique, « une hypo insulinémie ».[260] Par ailleurs, alors que Claude Bernard liait, dans la symptomatologie du diabète, la glycosurie à la glycémie, il relève qu'« on est assez loin de considérer aujourd'hui que la glycosurie soit seulement fonction de la glycémie ».[261] Il peut y avoir, en effet, dans le cas du diabète rénal par exemple, une glycosurie sans hyperglycémie. Enfin, Canguilhem comprend aussi que le diabète ne touche pas à une fonction physiologique exclusive (la glycogenèse), comme le pensait Bernard, mais provient d'un remaniement de la structure et de la fonction de nombreux organes (foie, pancréas, système nerveux, système cardiovasculaire), qui modifie le comportement biologique de la totalité de l'organisme. Cette pathologie n'est donc pas une affection localisable : elle résulte d'une incapacité de l'ensemble de l'organisme à produire et/ou à utiliser convenablement l'insuline nécessaire à l'équilibre de la glycémie. Et les facteurs qui provoquent cette incapacité sont nombreux et divers.[262]

À l'instar du diabète, aucune maladie ne reste sans retentissement sur la totalité de l'organisme. Par exemple, se demande Canguilhem, « qui tiendrait l'hypertension pour une simple augmentation de la pression artérielle physiologique, en négligeant le remaniement profond de la structure et des fonctions des organes essentiels (cœur et vaisseaux, rein, poumon), remaniement tel qu'il constitue pour l'organisme un nouveau mode de vie, un nouveau comportement, qu'une thérapeutique avisée doit respecter, en n'agissant pas intempestivement sur la tension pour la ramener à la norme ? »[263] D'une manière générale, il convient donc de cesser « de diviser la maladie en une multiplicité de mécanismes fonctionnels déviés », pour la regarder plutôt « comme un événement intéressant l'organisme vivant pris dans son tout ».[264]

À l'évidence, la conception physiologique de la maladie souffrait à sa base d'une connaissance insuffisante du modèle choisi. Pour Claude Bernard, le mal réside, pour ainsi dire, dans le détail. Il renvoie à l'altération bien délimitée d'une fonction précise, et même si son incidence irradie la totalité de l'appareil ou de l'organisme, cela est perçu comme une conséquence du pathologique et non comme sa cause ou sa raison. En réalité, explique Canguilhem, le diabète n'est pas logé dans le foie et, plus généralement, aucune « maladie ne se loge dans des parties d'organisme ».[265] Une

---

[260] CANGUILHEM G., *Le normal et le pathologique*, Paris, P. U. F., 1979, p. 44.
[261] *Ibid.*, p. 43.
[262] *Ibid.*, pp. 44-46.
[263] *Ibid.*, p. 46.
[264] *Ibid.*, p. 43.
[265] *Ibid.*, p. 151.

maladie implique toujours la défaillance, non pas d'une, mais de plusieurs fonctions physiologiques.

Mais, au-delà de la totalité organique, c'est la totalité de l'être dans sa réalité ontologique, historique, psychologique, qui se trouve remaniée par l'incursion de la maladie. Celle-ci provoque en effet une rupture qualitative dans l'histoire individuelle et appelle le vivant tout entier à une adaptation à sa nouvelle condition. La maladie ne désigne donc pas tant une défaillance physiologique ou une lésion organique que la réaction spéciale de l'être tout entier face à une expérience physiologiquement contrariante. Selon Canguilhem, « la maladie est une expérience d'innovation positive du vivant et non plus un fait diminutif ou multiplicatif. »[266] Ainsi, il pense le pathologique en rapport à la totalité et en réfute la conception locale et partitive. La totalité qu'il entend n'est pas simplement organique, elle concerne l'être dans toutes ses dimensions, car la maladie investit le sujet entier et bouleverse aussi bien le comportement biologique de la totalité organique que le comportement psychologique de la totalité individuelle : « Le fait pathologique n'est saisissable comme tel, c'est-à-dire comme altération de l'état normal, qu'au niveau de la totalité organique et s'agissant de l'homme, au niveau de la totalité individuelle consciente, où la maladie devient une espèce de mal. »[267]

La conception de Canguilhem, qui s'inspire en partie des vues du chirurgien français René Leriche, consiste fondamentalement à rapporter la pathologie, non au type physiologique idéal, mais à l'individu réel en situation clinique, non pas à une fonction biologique spécifique ou au fonctionnement d'un organe particulier, mais à l'équilibre de la totalité ontologique, non pas à une altération quantitative mais à une rupture qualitative dans l'expérience vitale.

Une autre critique de Canguilhem porte sur la tentative d'explication par Bernard des maladies infectieuses sous le modèle de pathologies fonctionnelles. Cette réduction n'est obtenue qu'au prix d'un coup de force spéculatif faisant des microbes et des virus des produits d'une activité physiologique endogène. Il rejette cette hypothèse *ad hoc* de Claude Bernard. Les agents pathogènes sont des micro-organismes d'origine externe comme Pasteur l'a démontré. Leur introduction dans le corps produit dès lors une véritable discontinuité avec l'activité physiologique normale. La spécificité des maladies infectieuses suggère donc que « tous les cas pathologiques sont loin de pouvoir se réduire au schéma explicatif proposé par Claude Bernard ».[268] Il y a manifestement dans la généralisation du modèle diabétique comme une extrapolation abusive que la complexité et la diversité du phénomène pathologique en rien ne justifient.

---

[266] *Ibid.*, p. 122.
[267] *Ibid.*, p. 49.
[268] *Ibid.*, p. 45.

On ne peut certes pas nier l'importance de la découverte de la fonction glycogénique du foie dans la connaissance du diabète sucré. Cependant, cette découverte fut loin de révéler toute l'amplitude de cette pathologie ou même celle spécifique de la forme dite sucrée. Bien sûr, *a posteriori*, on a vu que, malgré tout, l'intuition de Bernard était bonne qui concerne la nature dysfonctionnelle de la pathologie diabétique. Mais l'extension de cette interprétation à toutes les pathologies relève d'une généralisation abusive. Pour Canguilhem, « en prenant des exemples dans l'ordre des phénomènes de métabolisme (diabète, chaleur animale), Claude Bernard a rencontré des cas trop unilatéraux pour n'être pas généralisés sans quelque arbitraire ».[269] De plus, en dépit de la difficulté à interpréter certaines pathologies, telles les maladies infectieuses comme de simples dérangements endogènes de la physiologie, Bernard a tenté, contrairement aux principes de la science expérimentale, d'exercer un forcing non pas sur la théorie mais plutôt sur les faits récalcitrants.

Voilà les raisons principales pour lesquelles Canguilhem réfute la thèse bernardienne d'une continuité entre le physiologique et le pathologique. Celle-ci lui paraît, à vrai dire, « idéaliste » dans la mesure où elle rapporte la pathologie à un état physiologique idéal qui, de toute manière, n'est jamais complètement accompli dans aucun sujet. Bernard était certes conscient des variations idiosyncrasiques et il était resté très attaché à la priorité de l'individu sur le type. Mais, dans l'individu, il continue à croire qu'il y a un état physiologique normal et parfait s'accomplissant en respect de normes physiologiques préétablies. Voilà ce que Canguilhem lui reproche fondamentalement et qu'il résume en ces termes : « La vérité est que la biologie de Claude Bernard comporte une conception toute platonicienne des lois, alliée à un sens aigu de l'individualité. »[270] Il critique chez le physiologiste une « incapacité à concevoir le rapport de l'individu au type autrement que comme celui d'une altération à partir d'une perfection idéale posée comme essence achevée, avant toute tentative de production par reproduction ».[271] Pour Bernard, la perfection recouvre en effet la totalité du type physiologique, tandis que la pathologie s'exprime, non comme atteinte à la totalité, mais comme une défaillance fonctionnelle partielle et locale. L'un des indices de cet idéalisme physiologique bernardien reste l'idée selon laquelle il existerait un seuil quantitatif pour chaque maladie, et qui séparerait un état physiologique idéal de l'état pathologique.

À l'inverse, recherchant une définition qui fût réaliste et non idéaliste de la maladie, Canguilhem se plaça du point de vue du sujet ou du patient. Pensant qu'une approche purement objectiviste et quantitative ne peut

[269] *Ibid.*, p. 47.
[270] CANGUILHEM G., *La connaissance du vivant*, Paris, Vrin, 1971, p. 158.
[271] *Ibid.*, pp. 158-159.

qu'occulter le caractère fondamentalement individuel de l'expérience pathologique, il opte pour un angle d'approche qui restitue au pathologique toute sa résonance qualitative et subjective. La pathologie n'est pas fonction du dépassement par le physiologique d'un seuil quantitatif idéal dans l'accomplissement de sa fonction naturelle. Il est d'abord l'expression d'une expérience négative vécue comme telle par un sujet en rapport aux conditions particulières de sa physiologie et de sa psychologie individuelles. Dès lors, le passage de la santé à la maladie ne s'opère pas suivant un processus universel, pas plus qu'il n'est consécutif au franchissement d'un taux absolu fixé par la nature pour tous les individus. Certes, Canguilhem ne conteste pas qu'il puisse exister des seuils morbides ; ce qu'il rejette, c'est que ces seuils soient universels. En effet, dit-il, « la frontière entre le normal et le pathologique est imprécise pour des individus multiples considérés simultanément, mais elle est parfaitement précise pour un seul et même individu considéré successivement ».[272]

À l'échelle du malade, le pathologique désigne donc avant tout une expérience individuelle. Et cette expérience est radicalement différente de celle de la santé, à laquelle, néanmoins elle ne s'oppose pas comme l'anormal au normal, puisque, en un sens, la maladie est normale en tant que composante d'une vitalité normale. En effet, selon Canguilhem, « quand on dit qu'une santé continuellement parfaite c'est anormal, on traduit ce fait que l'expérience du vivant inclut en fait la maladie ».[273] L'histoire de la vie individuelle est ouverte sur la possibilité permanente du pathologique en tant que réponse du corps à une modification spéciale du milieu intérieur ou extérieur. La maladie décrit donc une aptitude normale du corps à réagir et à s'adapter, en créant de nouvelles allures de vies, de nouvelles normes vitales. « La vie est création », disait Claude Bernard. Mais cette créativité, pour Georges Canguilhem, va bien au-delà de la création organique, elle est créativité normative et réside dans la capacité de tout être vivant de créer constamment de nouvelles normes organiques. Aussi, dira-t-il, la vie est « normative ». Par ce concept original de « normativité », il veut désigner « la possibilité de dépasser la norme qui définit le normal momentané, la possibilité de tolérer les infractions à la norme habituelle et d'instituer des normes nouvelles dans des situations nouvelles ».[274]

Ainsi, la vie n'est pas seulement autorégulatrice, auto-réformatrice, autocompensatrice, etc. Elle est aussi initiatrice de normes nouvelles en fonction des modifications de ses rapports au milieu : « Le fait pour un vivant de réagir par une maladie à une lésion, à une infestation, à une anarchie fonctionnelle traduit le fait fondamental que la vie n'est pas indifférente aux condi-

---

[272] CANGUILHEM G., *Le normal et le pathologique*, Paris, PUF, 1979, p. 119.
[273] *Ibid.*, p. 86.
[274] *Ibid.*, p.130.

tions dans lesquelles elle est possible, que la vie est polarité et par là même position inconsciente de valeur, bref que la vie est en fait une activité normative. »[275]

Les êtres vivants ne sont pas indifférents aux modifications de leur biotope, comme l'avait déjà souligné la science hippocratique. Cette vieille règle du déterminisme biologique semblait avoir été particulièrement relativisée par la découverte du déterminisme du milieu intérieur. Canguilhem le souligne à nouveau : la normativité biologique exige que l'étude du pathologique prenne en compte l'impact du facteur spatio-temporel. Mais alors que l'hippocratisme ne visait que les facteurs physiques du déterminisme biologique, Canguilhem saisit aussi l'importance du temps, facteur qui se caractérise par son irréversibilité et son caractère unidirectionnel. L'impact du temps sur le vivant est en effet irréversible. Une doctrine biologique qui ignore ou relativise un tel impact est un pur idéalisme. C'est pourquoi, contre la doctrine de Claude Bernard qui suggérait que la guérison permettait au malade de retourner à l'état physiologique normal qu'il a perdu, relativisant ainsi l'impact du temps sur les structures physiologiques altérées par la maladie, Canguilhem affirme que la maladie introduit le sujet à une autre allure de la vitalité dont il ne retourne jamais : la guérison en effet ne signifie jamais un retour au *statu quo ante*, mais la conquête d'une nouvelle stabilité irréversiblement marquée par le passage de la maladie. Elle ne désigne donc pas le retour à l'innocence physiologique. Ni *antithèse*, ni *parenthèse*, la maladie intervient dans l'histoire individuelle comme l'occasion d'un remaniement irréversible de sa vitalité.

La subjectivité et la rationalité du pathologique

La question de la rationalité du pathologique reçoit de Georges Canguilhem un éclairage et une interprétation inhabituelle. Alors que la tradition héritée de l'hippocratisme n'admet la rationalité qu'au prix d'une extériorisation qui, avec Claude Bernard se renforce d'une clause objectiviste et quantitative, Canguilhem rejette le principe suivant lequel il n'y aurait de rationalité que pour les objets dépourvus de subjectivité ou d'intériorité. Il montre que, quoique dans sa nature la plus profonde, la maladie soit un vécu individuel et subjectif, il n'est pas impossible de l'étudier rationnellement, à condition de ne pas en soumettre l'étude aux seules exigences d'une approche quantitative. L'étude quantitative nous dérobe en effet à la densité de la signification anthropologique d'une situation clinique.

Dans le cadre médical, ce qui convient donc, ce n'est pas l'étude abstraite des pathologies dans leur rapport à une normalité physiologique idéale, mais l'approche concrète des expériences individuelles, seule susceptible de qualifier une situation donnée d'effectivement pathologique. En effet, « ce n'est

---

[275] *Ibid.*, p. 77.

pas, par conséquent, une méthode objective qui fait qualifier de pathologique un phénomène biologique considéré. C'est toujours la relation à l'individu malade, par l'intermédiaire de la clinique, qui justifie la qualification du pathologique ».[276] Ainsi s'affirme, avec Canguilhem, la primauté de l'enquête clinique sur l'expérimentation en laboratoire, voire l'antériorité du sentiment empirique et subjectif de maladie par rapport à sa représentation scientifique: « C'est d'abord parce que les hommes se sentent malades qu'il y a une médecine. Ce n'est que secondairement que les hommes, parce qu'il y a une médecine, savent de quoi ils sont malades. »[277]

La conception subjectiviste du pathologique n'amène pas cependant Canguilhem à proclamer l'impossibilité ou l'échec de sa rationalisation. Rien n'interdit, comme l'ont bien montré les sciences de l'homme et de la société en plein essor en 1943, ou encore la mécanique quantique, suivant l'interprétation de l'école de Copenhague[278], d'étudier rationnellement des phénomènes irréductiblement subjectifs ou individuels. Mais alors que ces sciences n'atteignent la rationalité de leur objet que par la méthode statistique ou probabilitaire, Georges Canguilhem refuse d'emprunter cette voie pour l'étude de la morbidité. Sauf, sans doute dans les études épidémiologiques, dont on sait qu'elles ne touchent pas à la définition générale du pathologique, mais à sa répartition démographique ou géographique, non pas à son essence mais à sa fréquence, la pathologie ne peut définir son objet à partir de normes statistiquement définies.

L'essence du pathologique étant de nature qualitative, il ne peut donc y avoir de « pathologie objective », car même si on peut décrire objectivement des situations biologiques, on ne peut les dire « pathologiques » sur la foi d'aucun critère purement objectif. « Objectivement, dit Canguilhem, on ne peut définir que des variétés ou des différences, sans valeur vitale positive ou négative. »[279] C'est pourquoi, dans l'approche du pathologique, la rationalité tiendra à l'*objectivité* de son étude scientifique et non à l'*objectivation* de la maladie elle-même.

La différence entre la perspective de Georges Canguilhem et celle de Claude Bernard est nette. Le premier, à la différence du second, ne souscrit pas à l'application des méthodes utilisées dans les sciences physico-chimique dans l'investigation médicale. La raison en est que le pathologique n'est pas un phénomène du monde extérieur ; mais touchant à la totalité du vivant, il s'apprécie comme une expérience intérieure à l'aune de valeurs individuelles, psychologiques, culturelles, sociales, etc. Il faut alors à la médecine une approche différente de celle des sciences de la nature. Dans

---

[276] *Ibid.*, p. 156.
[277] *Idem.*
[278] Interprétation due principalement à Niels Bohr et Werner Heisenberg.
[279] CANGUILHEM G., *Le normal et le pathologique*, p. 153.

l'article « Puissance et limite de la rationalité en médecine », paru en 1984 dans *Médecine, science et technique*, Canguilhem écrit notamment : « Nous voici parvenus au point où la rationalité médicale s'accomplit dans la recherche de sa limite, entendue non pas comme l'échec d'une ambition qui a donné tant de preuves de sa légitimité, mais comme l'obligation de changer de registre. »[280] Le changement de « registre » souhaité consistera à renoncer à l'idée de faire de la médecine une physique ou une chimie du vivant, suivant le projet d'Auguste Comte et de Claude Bernard. Il faut plutôt voir désormais dans la médecine un « art » qui « s'enracine dans l'effort spontané du vivant pour dominer le milieu et l'organiser selon ses valeurs de vivant. C'est dans cet effort spontané que la médecine trouve son sens, sinon d'abord toute la lucidité critique qui la rendrait infaillible. Voilà pourquoi, sans être une science, la médecine utilise les résultats de toutes les sciences au service des normes de la vie ».[281]

La tonalité hippocratique de cette affirmation ne doit pas nous tromper. Canguilhem ne songe pas à retourner à une conception naturaliste, voire expectative de la médecine. Mais en même temps, il croit à une homogénéité de l'action thérapeutique de la médecine avec le dynamisme naturel du vivant qui s'exprime à travers son activité normative. Ainsi, l'action médicale soutient et prolonge dans un certain sens l'activité normative du malade, et donc le dynamisme spontané de sa nature. Hippocrate pensait que la médecine ne consistait qu'à soutenir l'action de la nature externe dans sa fonction médicatrice. Pour Canguilhem, si la normativité de la nature intérieure ne rend pas inopérante l'action spécifique du médecin, celle-ci contribue par la guérison, à l'avènement d'un nouvel ordre physiologique. L'idéalisme naturaliste qui proclamait que la guérison, portée par l'action de la nature, ne pouvait consister qu'à la restauration d'un état normal prédéfini par les lois de l'équilibre cosmique, est abandonné. Canguilhem pense qu'il n'y a pas d'équilibre prédéfini par la nature et que la maladie constitue l'occasion d'un rééquilibrage inédit du physiologique, celle d'une invention de normes nouvelles de santé.

La médecine n'est donc pas une science passive, mais active et efficace. Mais, à l'opposé de Claude Bernard pour qui cette activité visait la *découverte* des lois physiologiques universelles, à partir desquelles il pensait induire les lois pathologiques et thérapeutiques, Canguilhem pense que l'activité médicale a une finalité *inventive*, créatrice. Si « guérir c'est se donner de nouvelles normes de vie, parfois supérieures aux anciennes »[282], la médecine est cet art dont l'action n'est pas de suppléer la nature, mais de

[280] CANGUILHEM G., « Puissance et limite de la rationalité en médecine » in *Médecine, science et technique*, Paris, CNRS, 1984, pp. 124-125.
[281] CANGUILHEM G., *Le normal et le pathologique*, p. 156.
[282] *Idem.*

renforcer la capacité normative de l'organisme et, ce faisant, de contribuer à modifier profondément sa relation au milieu.

La position de Canguilhem paraît naturaliste quand on considère l'homogénéité de la normativité biologique avec l'activité médicale. Mais, lorsqu'on regarde le résultat, l'homogénéité se brise sur la capacité de l'art à établir un ordre biologique supérieur en qualité aux fruits de l'invention naturelle.

On peut regretter ici que la réflexion de Canguilhem n'anticipe pas sur les promesses biotechnologiques qui se réalisent sous nos yeux. Il perçoit bien que l'action médicale possède la capacité d'améliorer l'ordre biologique, mais non celle d'aller jusqu'à rompre avec lui, de lui donner un cours imprévu. Or, c'est à une telle rupture que nous invite l'audace créatrice des biotechnologies actuelles. Canguilhem voit comment les rapports du physiologique au pathologique, et du pathologique au thérapeutique, sont des rapports de rupture ; mais il semble soutenir en même temps que cette discontinuité est construite sur fond d'une homogénéité plus profonde : c'est en effet la même activité normative qui structure le physiologique, le pathologique et le thérapeutique. Voilà comment se referme, chez lui, toute perspective pluraliste ou discontinuiste, puisque, au fond, et il l'a dit, le *pathologique* relève en définitive de l'ordre *normal* des choses. Plus globalement, la vie dans la santé, la maladie et la guérison, ne sort pas de son activité naturelle et… normale.

À travers les contributions d'Hippocrate, de Bernard et de Canguilhem, se révèlent trois variations majeures sur le thème de la rationalité du pathologique, condition essentielle de la médecine scientifique. Ces trois approches de l'idée de maladie définissent trois évolutions conséquentes de la représentation de la médecine elle-même, dans sa structure et dans ses objectifs théoriques et pratiques. Certes, si l'on s'attendait à voir se décliner toutes les nuances évolutives de l'histoire de la maladie, le choix de lire l'évolution de la rationalisation du pathologique à travers les contributions d'Hippocrate, Claude Bernard et Georges Canguilhem, peut être perçu comme étant quelque peu arbitraire et susceptible de donner de la pensée médicale une allure caricaturale. Mais il ne s'agit ici que d'examiner le progrès de la médecine sous le paradigme de la rationalité du pathologique. C'est dans cette optique qu'Hippocrate, Claude Bernard et Georges Canguilhem deviennent décisifs et incontournables, par les perspectives de rupture qu'ils ont ouvertes. On peut ainsi voir que, l'époque d'Hippocrate avait été marquée par la naturalisation du pathologique, qui eut pour corollaire la laïcisation et la démocratisation de la profession médicale. Relativement à sa finalité, la médecine hippocratique n'était destinée qu'à accompagner la Nature, détentrice exclusive de la puissance médicinale. L'ambiguïté de cette médecine résidait précisément dans le fait qu'elle s'était affranchie des tutelles surnaturelles pour se placer sous la dictée ou le dictat de la Nature, conçue comme une entité quasi magique, une instance métaphysique hypostasiée.

Le renforcement de la rationalité médicale devait, dès lors, passer nécessairement par la « dénaturalisation » de la médecine. Telle fut la conviction et le défi de Claude Bernard : il fallait ne voir dans la maladie qu'un fait ou un phénomène et en faire l'étude scientifique par la voie expérimentale. Cela permettrait de rompre à la fois avec le naturalisme hippocratique et les versions plus récentes du naturalisme médical, telles que celles induites par la doctrine des entités morbides, qui concevait la médecine comme une histoire naturelle. La conception de la médecine comme science expérimentale substituait à la représentation passive et expectative des médecines naturalistes et empiriques une interprétation critique, active et audacieuse.

Mais, dans une telle orientation, l'intérêt scientifique n'était porté, désormais, que sur les recherches dans les laboratoires en vue de découvrir les régularités biologiques, les normes objectives et les seuils universels de la santé, en deçà ou au-delà desquels s'ouvre le champ du pathologique. Or, comme le remarque si bien François Dagognet, « à trop se fixer sur la maladie et son objectivation, la plupart des médecins du 19ème siècle finirent par oublier le malade. On croyait le problème pathologique réglé tant les disciplines fondamentales se développaient et prenaient de l'importance (...) Mais le malade était alors minimisé, au bénéfice de la seule maladie, sans qu'on s'avise assez de sa manière de vivre, de son milieu, et même de son psychisme (le diagnostic des pulsions) ».[283]

Toute la critique adressée par Georges Canguilhem à Claude Bernard pourrait se résumer à un rejet de la primauté du point de vue du médecin sur le point de vue du malade, car l'expérience du malade ne peut être remplacée par l'expérimentation du médecin. La médecine expérimentale prive l'approche médicale d'une dimension essentielle de la maladie, à savoir son rapport concret au sujet malade. Canguilhem pense, quant à lui, qu'aucun aspect de ce sujet réel et individuel ne doit être négligé, de sorte que la médecine doit aspirer à être, non pas une science fondée sur les ressources exclusives de la physiologie expérimentale comme l'espérait Claude Bernard, mais une technique pluridisciplinaire ou un art qui « utilise les résultats de toutes les sciences au service des normes de la vie ».[284]

L'approche de Georges Canguilhem bouleverse les perspectives classiques de la rationalisation du pathologique en privilégiant ce que Michel Foucault appelle dans *Naissance de la clinique* « la lecture différentielle des cas », au détriment de l'approche intégrale proposée par Claude Bernard en conformité à l'esprit de la révolution hippocratique.

---

283 DAGOGNET F., *Pour une philosophie de la maladie*, Paris, Textuel, 1996, p. 14.
284 CANGUILHEM G., *Le normal et le pathologique*, p.156.

Mais les thèses développées par *Le normal et le pathologique* de Canguilhem ne mettent pas fin, loin s'en faut, à toute discussion sur la nature du pathologique ou sur le statut de la médecine. Pour la médecine contemporaine, le choix reste encore à faire, entre Bernard et Canguilhem, entre recherche et soin, entre laboratoire et clinique. Mais, comme dit Anne Fagot-Largeault, si « individuellement, beaucoup de médecins vivent encore cela comme un dilemme inconfortable (...), collectivement, pour la profession médicale, il n'y a plus de doute : les médecins ont une obligation de recherche (...). Ils ont en même temps une obligation de soin ».[285] L'avenir de la médecine se profile ainsi à la conjonction des exigences du rationalisme et de l'humanisme.

[285] FAGOT-LARGEAULT A., *Leçon Inaugurale au Collège de France*, Paris, 2001, p. 13.

VII

L'ÉTIOLOGIE ET LA PROPHYLAXIE DES MALADIES INFECTIEUSES : LE MODÈLE PASTORIEN DE L'ENQUÊTE MÉDICALE

Coordonner l'obligation de recherche avec l'obligation de soin, tel est en réalité l'objectif général de toute médecine scientifique. En effet, sans la recherche expérimentale, la médecine des soins risque d'être empirique, tâtonnante et aveugle ; et sans la clinique, le laboratoire manque de finalité pratique. Sous ces auspices qui combinent dans un même projet la nécessité de la recherche théorique sur la maladie avec celle de soigner le malade en tenant compte sa situation réelle et particulière, ne se profile pas seulement l'avenir des sciences médicales : ainsi déjà se présentait leur passé. Claude Bernard, qui fut un héraut de la recherche expérimentale en médecine, ne manquait pas de souligner la visée pratique de cette science : « Conserver la santé et guérir les maladies : tel est le problème que la médecine a posé dès son origine et dont elle poursuit encore la solution scientifique », dit-il au début de son *Introduction à l'étude de la médecine expérimentale.*[286]

Dès lors, qu'elle soit empirique ou expérimentale, qu'elle privilégie la clinique ou le laboratoire, la science médicale concilie toujours, d'une manière ou d'une autre, explicitement ou implicitement, l'exigence heuristique ou théorique avec la nécessité thérapeutique ou pratique. La connaissance des causes d'une maladie ne suffit jamais à satisfaire le médecin ni *a fortiori* le malade. Il faut toujours, à partir de l'étiologie pathologique, définir les approches thérapeutiques ou les stratégies prophylactiques les plus appropriées au soin et à la guérison des patients. L'étiologie sans la prophylaxie est incomplète, et la prophylaxie sans l'étiologie est arbitraire.

Dans l'histoire de la médecine, s'il est un acteur de la révolution médicale du 19ème siècle qui paraît avoir le mieux compris et exprimé l'exigence d'une articulation méthodique des enquêtes étiologiques et des stratégies prophylactiques, ce fut sans conteste Louis Pasteur (1822-1895). Par une approche structurée qui combine, dans une démarche globale, la recherche des causes des pathologies et l'application de protocoles de soin et de prévention, il nous donne un vrai modèle intégré de méthodologie médicale. À titre de comparaison, la méthodologie de Bernard s'arrêtait à l'étiologie phy-

[286] BERNARD C., *Introduction à l'étude de la médecine expérimentale*, op. cit., p. 31.

siologique, pathologique et thérapeutique. Celle de Pasteur se préoccupe du passage des processus théoriques qui mènent à la découverte des agents microbiens responsables des pathologies infectieuses à la définition d'un protocole d'approche clinique et à la définition d'une stratégie prophylactique pour prévenir la maladie et guérir le malade.

1- L'unité de la méthode scientifique

Au premier rang des convictions épistémologiques qui structurent la pensée et la méthodologie scientifiques de Louis Pasteur figure sa foi dans l'unité des sciences. Récusant tout vitalisme, il pense comme Claude Bernard, que l'on doit appliquer les mêmes méthodes dans les sciences physico-chimiques et l'étude des êtres vivants. Cette unité méthodologique de la science se fonde chez lui sur l'idée qu'il y a entre les différents règnes (minéral, végétal et animal) une véritable continuité ontologique. En effet, instruit par son propre itinéraire scientifique, il avait été convaincu qu'il n'y avait pas une rupture entre les faits du monde physico-chimique et les phénomènes du monde organique.

En effet, bien qu'il fût, par sa formation, d'abord un chimiste[287], Pasteur vit ses recherches s'orienter progressivement vers la microbiologie, et finalement vers les questions médicales, notamment la prophylaxie des maladies virulentes. Il divisait lui-même sa carrière scientifique en « trois périodes qui paraissent bien distinctes au premier abord : de 1847 à 1857, dit-il, je me suis occupé spécialement de cristallographie, de 1857 à 1877, mes études ont porté sur les fermentations et les ferments ; depuis 1877 enfin, je poursuis des recherches sur les maladies contagieuses. »[288] Or, en réalité, les recherches finales de Pasteur se situent dans le prolongement de ses recherches initiales. Il n'y eut donc aucune rupture entre les différents moments de son itinéraire scientifique, comme en témoigne ce qu'il écrivait lui-même, en 1877, dans un cahier de notes personnelles : « Si je faisais un ouvrage intitulé : *Études sur les maladies contagieuses ou transmissibles* (...), cet ouvrage pourrait très utilement commencer par la reproduction de mon mémoire de 1862,[289] d'une partie ou de tout le mémoire de 1860,[290] avec des notes qui à chaque pas montreraient que tel ou tel passage a donné lieu à tel ou tel mé-

---

[287] Il fut agrégé en sciences physiques le 19 septembre 1846 (il occupa le rang de troisième au concours d'agrégation), puis docteur en sciences le 23 août 1847. Il commença sa carrière universitaire (après quelques postes dans l'enseignement secondaire) comme professeur suppléant de chimie à la faculté des sciences de Strasbourg, avant de devenir, le 7 novembre 1852, titulaire de la chaire de chimie de cette faculté. Ses premiers travaux portèrent sur le dédoublement du paratartrate de soude et d'ammoniaque.

[288] PASTEUR L., *Les œuvres de Pasteur*, textes réunis en 7 volumes par Pasteur Vallery-Radot, Paris, Masson, 1922, t. 6, p. 287.

[289] Ce mémoire portait sur le problème des générations spontanées et réfutait les thèses hétérogénistes de Félix Archimède Pouchet.

[290] Mémoire sur la fermentation alcoolique.

moire ou passage de Cohen, de Lister, de Billroth... » Puis, il précise la nature des liens épistémologiques et historiques qui relient ses études des phénomènes chimiques du règne minéral et ses recherches sur les pathologies microbiennes : « La médecine a dû être entraînée dans les voies nouvelles :1) par les faits sur la putréfaction de 1863; 2) par le fait de la fermentation butyrique par vibrion, et vibrion vivant sans air, et les observations dont je l'ai accompagné dans mes notes de cette époque qu'il faudra reproduire; 3) par mes notes sur les maladies des vins dès 1864; maladies des vins et des organismes (...) Ne pas oublier de signaler que, dans ma préface des études sur les vers à soie, il est question de contagion, de maladies contagieuses. »[291]

Dans ces notes qui montrent clairement la continuité thématique et problématique des recherches pastoriennes, il manque néanmoins une mention importante : celle des études cristallographiques qui ont occupé toute la première période de la carrière scientifique du savant, et qui furent couronnées par la découverte de la dissymétrie moléculaire en 1848.[292]

Dans d'autres écrits, Pasteur insiste bien sur la relation qui existe entre ses recherches cristallographiques et ses études sur les fermentations. Ainsi, par exemple, au début de son *Mémoire sur la fermentation lactique* (1857), il écrit notamment : « Je crois pouvoir indiquer en quelques mots comment j'ai été conduit à m'occuper de recherches sur les fermentations. Ayant appliqué jusqu'à présent tous mes efforts à essayer de découvrir les liens qui existent entre les propriétés chimiques, optiques et cristallographiques de certains corps dans le but d'éclairer leur constitution moléculaire, on s'étonnera peut-être de me voir aborder un sujet de chimie physiologique bien éloigné en apparence de mes premiers travaux. Il s'y rattache néanmoins très directement. » En effet, une étude de la constitution de l'acide amylique lui avait révélé que celui-ci était formé de deux alcools distincts, aux propriétés différentes sur le plan de polarisation de la lumière : tandis que l'un le déviait à gauche, l'autre était dépourvu de toute action, offrant ainsi « la première exception connue à la loi de corrélation de l'hémiédrie et du phénomène rotatoire moléculaire ». Or, il s'agissait de deux alcools « qu'on voit toujours prendre naissance dans l'opération de la fermentation ». C'est donc en vue de déterminer l'origine et la nature de ces deux alcools que Pasteur fut amené à étudier l'action des ferments dans la production des alcools amyliques, avec l'espoir de mettre un jour « en rapport les phénomènes de la fermentation et le caractère de dissymétrie moléculaire propre aux substances orga-

[291] Rapporté par Pasteur Vallery-Radot dans son introduction aux *Œuvres de Pasteur*, t.6.
[292] C'est en effet le 22 mai 1848 que Pasteur communiqua à l'Académie des sciences de Paris sa découverte. Celle-ci consistait en la mise en lumière de la relation existant entre la composition chimique de l'acide paratartrique et ses propriétés optiques : deux acides à facettes dissymétriques composaient cet acide, dont l'un déviait à gauche le plan de la lumière polarisée, et l'autre le déviait à droite, mais qui, dans leur rotation dans l'acide se neutralisaient, entraînant l'inactivité de celui-ci sur le plan de la lumière polarisée

niques. »[293] Ainsi se trouve établi le rapport entre les recherches cristallographiques de Louis Pasteur et celles qu'il a effectuées sur les fermentations. Quant au rapport entre les fermentations et les putréfactions, le chimiste avait compris que les deux phénomènes étaient dus à l'action de micro-organismes spécifiques, charriés par l'air et qui, lorsqu'ils se déposent sur la matière fermentescible et sur la matière putrescible, provoquent les fermentations et les putréfactions. Enfin Pasteur vit un lien entre les phénomènes de fermentation et de putréfaction et les maladies infectieuses : celles-ci sont elles-mêmes des phénomènes de putréfaction provoqués dans les organismes vivants par des micro-organismes pathogènes. Voilà comment se constitua le processus historique et logique qui conduisit Pasteur de la cristallographie aux fermentations, puis des fermentations à la microbiologie, et enfin de la microbiologie à la prophylaxie des maladies infectieuses.

Dès lors, même si souvent le savant fut été amené à s'intéresser à telle ou telle maladie sur des sollicitations expresses,[294] ses recherches biomédicales se situent dans le prolongement logique de ses recherches chimiques, de sorte que le passage entre les deux activités s'est effectué, comme dit François Dagognet, « sans aucun saut ni bouleversement »[295] ; en effet, explique-t-il, « il résulte clairement que Pasteur n'a jamais cessé de s'inquiéter de pathologie et d'épidémiologies. Assurément, il ne serait pas allé de lui-même étudier, dans le Midi ''la maladie des vers à soie'' qui désolait la sériciculture. Une circonstance extérieure l'y a conduit : l'insistance de son maître Dumas, Sénateur du Gard, le défenseur des éleveurs et de leurs intérêts menacés. » Mais, poursuit Dagognet, « la science de Pasteur n'a jamais obéi à des injonctions extérieures; seule la supplication pressante d'un maître pourrait définir une exception à cette vérité. En réalité, il pousse son élève à aborder cette question, Dumas hâte seulement une évolution (...) Lorsque le pastorisme en vient à l'épizootie, il ne se convertit pas, mais se continue ».[296]

La conception épistémologique de Pasteur est caractérisée par sa croyance dans la continuité des sciences. Et c'est précisément au nom de cette unité qu'il préconise comme légitime et nécessaire l'usage d'une même méthode dans l'approche des questions scientifiques, quels qu'en soient les domaines spécifiques.

Ce caractère de la méthode pastorienne a été relevé par les études qui ont été consacrées à l'œuvre du père de la microbiologie. Ainsi, Jacques Nicolle par exemple remarque que Pasteur est resté scrupuleusement fidèle à la

---

[293] *Les Œuvres de Pasteur*, t. 2, pp. 3-4.

[294] Par exemple, pour la maladie des vins, il enquêta en 1863 à la demande de Napoléon III, pour l'enquête sur la maladie des vers à soie, la pébrine, il reçut une demande du ministre français de l'agriculture, à l'instigation de Jean-Baptiste Dumas.

[295] DAGOGNET F., *Méthodes et doctrine dans l'œuvre de Pasteur*, Paris, PUF, 1967, p. 170.

[296] *Ibid.*, p. 169.

même démarche, depuis ses enquêtes cristallographiques jusqu'à l'étude des maladies virulentes.[297]

La démarche pastorienne a, selon Nicolle, la structure des enquêtes judiciaires. En effet, soutient-il, « les affaires suivies par ce génial investigateur pourraient se comparer à des enquêtes judiciaires et sa méthode peut être transposée, d'une manière qui vous semblera, il se peut, hardie, mais qui est tout à fait exacte, sur le plan de la justice ».[298] La méthode de Pasteur, lorsqu'il procède à l'étude d'un phénomène, se déroulerait en neuf étapes bien marquées :

1-Une série de méfaits attirent l'attention; on demande à l'enquêteur de rechercher le coupable.

2-Il faut tout d'abord étudier les pièces du dossier et parvenir en premier lieu à éliminer les fausses dénonciations.

3-L'enquêteur se rend sur place pour vérifier les assertions, procéder à des examens, voir comment le coupable a pu agir.

4-Revenu dans son bureau, l'enquêteur résume ses observations et étudie les diverses hypothèses qui se présentent à son esprit.

5-Il se trouve alors devant certaines contradictions. Le coupable, d'après sa première idée, aurait dû quitter par exemple un lieu déterminé, mais cela est maintenant démontré comme pratiquement impossible. Donc, l'auteur du méfait a dû procéder autrement.

6-Sans se laisser décourager, il suit sa première idée mais apporte certaines corrections à son hypothèse primitive. Les choses étaient donc plus compliquées que ce qu'il avait tout d'abord supposé.

7-Il s'entoure de nouvelles preuves qui confirment qu'il était (sauf certaines nuances) sur la bonne piste.

8-C'est alors qu'il désigne avec certitude le (ou les) coupables.

9-Il peut aussi indiquer aux victimes comment il est possible à l'avenir de se prémunir contre de tels actes. [299]

Cette interprétation appelle néanmoins quelques remarques. On n'y distingue pas assez nettement la procédure des enquêtes pastoriennes qui se sont légitimement limitées à des objectifs « étiologiques », c'est-à-dire, d'une manière générale, à l'explication des phénomènes, comme, par exemple, les recherches sur l'acide paratartrique, dans lesquelles n'est mani-

---

[297] NICOLLE J., *Un maître de l'enquête scientifique : Louis Pasteur*, Paris, La Colombe, 1953, et *Pasteur, sa vie, sa méthode, ses découvertes*, Paris, Marabout. Université, 1969.
[298] NICOLLE J., *Pasteur, sa vie, sa méthode, ses découvertes*, Paris, Marabout Université, 1969, p. 285.
[299] *Idem.*

feste aucun engagement « prophylactique ». Par ailleurs, la schématisation de l'enquête pastorienne proposée par Jacques Nicolle, qui s'adapterait, au mieux, aux enquêtes sur les pathologies, paraît souffrir de quelque déséquilibre entre la part étiologique, qui s'étend sur huit étapes, et la part de la recherche thérapeutique, qui se trouve réduite à la portion congrue, avec une seule étape (la neuvième). Or, il semble bien que par le temps, l'attention et tout l'intérêt que Pasteur y a accordés, cette phase du processus aurait dû bénéficier d'un meilleur équilibrage.

En vérité, dans l'étude des maladies, la recherche pastorienne se compose de deux grandes étapes bien équilibrées : une recherche *étiologique* pour identifier et au besoin isoler les agents pathogènes responsables de la maladie et une recherche *prophylactique* pour chercher les moyens pour les neutraliser et éradiquer le mal. Dans une communication qu'il fit le 10 août 1884 à la 8ème Session du congrès international des sciences médicales à Copenhague, le savant lui-même a clairement distingué ces deux composantes de son approche des pathologies virulentes, notamment de la rage : « Le mot de maladie, dit-il, et surtout d'une maladie comme la rage, éveille immédiatement dans l'esprit, l'idée de remède. Mais se proposer tout d'abord la recherche de la guérison, c'est s'exposer le plus souvent à un labeur stérile. C'est vouloir en quelque sorte attendre le progrès du hasard. Mieux vaut entreprendre de connaître en premier lieu la nature, la cause et l'évolution de la maladie avec l'espoir lointain d'en découvrir la prophylaxie. »[300]

Par cette approche qui place l'étiologie comme une étape primordiale dans l'enquête médicale, Pasteur veut sans doute éviter à cette dernière le risque de proposer des solutions arbitraires et inadaptées aux pathologies visées ; car c'est la nature et la cause du mal qui doivent guider et inspirer la recherche des remèdes. C'est une question de bon sens, qui implique, dans la pratique scientifique, une exigence de rigueur et surtout de patience.[301]

Dans la méthode pastorienne, les faits occupent une place très importante. Ce sont eux qui constituent les preuves radicales en faveur (ou non) de la vérité des découvertes étiologiques et de l'efficacité des remèdes et des soins. Pasteur leur accorde en effet une absolue primauté. Ainsi, lorsque des adversaires, jaloux de ses succès dans le traitement des maladies infectieuses, lui opposent l'argument de son manque de formation médicale et de vouloir, en dépit de cela, « tout renverser à l'aide de quelques expériences de

[300] *Les Œuvres de Pasteur*, t. 6, p. 592.

[301] Pasteur invitait constamment ses étudiants à la persévérance et à la patience méthodique : « Permettez -moi, leur disait-il, de vous donner un conseil que je me suis toujours efforcé de suivre et qui consiste à rester le plus longtemps possible dans un sujet. En toute chose, je crois, le secret du succès est dans de longs efforts. Par la persévérance dans la recherche, on finit par acquérir ce que j'appelle volontiers l'instinct de la vérité. » Cité par René DUBOS dans *Louis Pasteur, franc-tireur de la science*, trad. E. Dussauze, Paris, P. U. F., 1955, p. 347.

laboratoire »[302], il leur répond en affirmant simplement l'autorité des faits : « Le plus humble des écoliers, et d'où qu'il vienne, est un maître, lorsque devant une assemblée scientifique, il apporte des faits nouveaux, des vues nouvelles. » Il poursuit : « Je n'ai jamais empiété sur le terrain médical, si ce n'est pour l'agrandir. »[303]

Cependant, en accordant la primauté aux faits, Pasteur ne tombe pas dans un empirisme étriqué incapable de reconnaître le rôle heuristique des hypothèses et des idées théoriques. Au contraire, comme Claude Bernard, il pense que la méthode médicale doit s'appuyer sur l'élaboration d'hypothèses hardies suscitées par des faits, et qui devront, en dernière instance, être soumises au verdict des faits. D'ailleurs, Pasteur n'aborde presque jamais l'étude d'une pathologie sans idée préconçue. C'est au contraire sur la base de conjectures qui lui servent de fil conducteur qu'il amorce et développe toutes ses expérimentations, quitte à les modifier et à les moduler au fil des expériences.

La grande conjecture générale qui structure toutes les enquêtes pastoriennes sur les pathologies infectieuses était la suivante : ces maladies sont, à l'image des fermentations et des putréfactions, dues à l'action d'agents micro-organiques d'origine externe. L'enquête étiologique partait de cette idée, le reste du processus consistait à identifier et à isoler cet agent pathogène. Cette hypothèse n'était nullement une idée gratuite. La putridité de toutes les maladies infectieuses avait conduit Pasteur à formuler l'hypothèse que celles-ci sont dues aux mêmes causes que les putréfactions et les fermentations qu'il avait déjà étudiées. La parenté des phénomènes de putréfaction et des maladies putrides paraissait assez nette pour suggérer une telle conjecture : « Quand la lutte de la vie, de la mort, a laissé celle-ci victorieuse, aussitôt, l'être inanimé, quel qu'il soit, animal ou plante, subit ses métamorphoses de fermentation qui peu à peu ramènent toutes ses parties à des combinaisons simples, propres à faire rentrer ses éléments dans le cercle indéfini de la vie et de la mort. Tout annonce également que c'est à des causes de cette nature que les maladies contagieuses doivent leur existence. »[304]

En 1863, dans une lettre au Colonel Idelphonse Favé [305], Pasteur confirmera sa croyance à l'identité des causes des fermentations et des pathologies infectieuses : « Dieu a placé dans les êtres les plus infimes de la création des propriétés extraordinaires qui en font des agents de la destruction de tout ce qui a cessé de vivre. Je tiens aujourd'hui de la manière la plus claire et en même temps la plus générale le secret de tous les phénomènes de la putréfac-

---

[302] *Les Œuvres de Pasteur*, t.6, p. 474.
[303] *Ibid.*, p. 475.
[304] *Les Œuvres de Pasteur*, t. 3 p. 481.
[305] Idelphonse Favé (1812-1894) fut colonel (1859), puis général de brigade (1865) de l'armée française. Louis-Napoléon Bonaparte en fit son Officier d'ordonnance en 1852 et son Chef d'escadron en 1853. Il fut élu membre de l'Académie des sciences en 1876.

tion et de la fermentation. Et les applications de mes idées me semblent immenses. Ainsi (…) je me trouve préparé pour aborder ce grand mystère des maladies putrides. »[306]

2- Des présomptions étiologiques aux hypothèses prophylactiques

Les enquêtes pastoriennes sur les maladies infectieuses étaient portées par la présomption d'une identité entre les causes des fermentations et celles de la putréfaction d'une part, et celles des maladies infectieuses d'autre part. C'était une idée préconçue qu'il appartenait à l'expérience de valider ou d'invalider. Mais Pasteur pressentait déjà les limites de cette identité, car il savait que les fermentations et les putréfactions elles-mêmes n'étaient pas dues aux mêmes agents, et que chacune des maladies infectieuses devait relever d'un agent spécifique. Néanmoins, il postulait une identité de nature entre ces phénomènes : ils étaient tous dus à des germes externes introduits par contamination dans la matière organique.

Les recherches antérieures avaient en effet permis à Pasteur de découvrir que les fermentations, qu'elles soient alcooliques ou lactiques, sont dues à des micro-organismes. Toutefois, il avait remarqué cette différence : tandis que la fermentation lactique relève de l'action d'un ferment végétal de l'espèce d'un champignon cryptogamique qui transforme le sucre en acide lactique, le ferment alcoolique est, quant à lui, un infusoire, un « vibrion » pouvant vivre dans des milieux vides d'oxygène libre.[307]

L'existence de micro-organismes responsables de la fermentation était une idée qui avait pris naissance vers la fin du siècle précédent. En 1787, l'Italien Adamo Fabbroni avait, en effet, le premier, suggéré dans son *Ragionamento sull'arte di far vino*, que l'altération du vin était provoquée par des ferments vivants. Une thèse que soutinrent par la suite, avant Pasteur, des chimistes de renom comme Cagnard de Latour, Theodor Schwann et Jean-Baptiste Dumas. Elle s'opposait aux idées développées respectivement par Justus Von Liebig et Jöns Jacob Berzelius. Liebig, par exemple, selon les termes de Pasteur, pensait que « le ferment est une substance excessivement altérable qui se décompose et qui excite la fermentation par suite de l'altération qu'elle éprouve elle-même en ébranlant par communication et désassemblant le groupe moléculaire de la matière fermentescible. » Quant à Berzelius, sa théorie attribuait « l'acte chimique de la fermentation » à une « action de contact. »[308]

Pour Pasteur, au contraire, la fermentation ne peut se réduire à un simple acte chimique, elle requiert un agent bactérien, et donc une présence orga-

[306] Lettre au Colonel Favé du 22 mars 1863, in *Les Œuvres de Pasteur*, t.7, p. 8.

[307] « Le ferment lactique est formé par des articles, des organismes étranglés vers le milieu et privés de tout mouvement. Le ferment butyrique est constitué par un ensemble de vibrions animés de mouvements plus ou moins rapides. » *Les Œuvres de Pasteur*, t. 6, p. 4.

[308] *Ibid.*, t. 2, p. 6.

nique spécifique. Lors de la séance du 17 juin 1861 de l'Académie des sciences de Paris, il présenta une communication à cet effet, intitulée « Expériences et vues nouvelles sur la nature des fermentations », dans laquelle il expliquait l'action des micro-organismes anaérobies dans le mécanisme des fermentations : ceux-ci absorbent l'oxygène des matières fermentescibles et ainsi provoquent la désintégration de la structure chimique de ces matières : « À côté de tous les êtres connus jusqu'à ce jour, et qui, sans exception (au moins on le croit), ne peuvent respirer et se nourrir qu'en assimilant du gaz oxygène libre, il y aurait une classe d'êtres dont la respiration serait assez active pour qu'ils puissent vivre hors de l'influence de l'air en s'imposant de l'oxygène de certaines combinaisons, d'où résulterait pour celles-ci une décomposition lente et progressive. Cette deuxième classe d'êtres organisés serait constituée par les ferments. »[309]

Pasteur relève cette différence entre les micro-organismes aérobies et les anaérobies. Ces derniers, dit-il, sont « en tout point semblables aux êtres de la première classe, vivant comme eux, assimilant à leur manière le carbone, l'azote et les phosphates, et comme eux ayant besoin d'oxygène, mais différant d'eux en ce qu'ils pourraient, à défaut de gaz oxygène libre, respirer avec du gaz oxygène enlevé à des combinaisons stables. »[310] C'est à l'action de ceux-ci que sont dues les fermentations et les infections. Cependant, de toutes les formes de fermentation, ce sont celles qui provoquent les altérations de la bière qui, selon Pasteur, sont les plus proches des infections pathologiques, parce que les deux phénomènes sont provoqués par des germes vivants de type animal, que Charles-Emmanuel Sédillot désignera, en 1978, par le terme « microbe ».[311] Pasteur tenait là une hypothèse étiologique qui s'avéra féconde et qui fut bientôt vérifiée à l'occasion de ses recherches sur la maladie du charbon et plus tard dans l'étude d'autres pathologies comme le choléra des poules et la rage.

Les premières étapes de la vérification expérimentale de la théorie microbienne ont consisté à isoler les agents pathogènes responsables des maladies infectieuses. Le premier « microbe » isolé par Pasteur fut le « vibrion septique », en 1877. Celui-ci fut identifié dans le sang du cœur d'un animal récemment mort de maladie septique. Mais sa culture, réalisée au contact de l'oxygène, fut sanctionnée par un échec, en raison de la nature anaérobie de ce micro-organisme. Les cultures ne furent réussies que plus tard, lorsqu'elles furent réalisées, « dans le vide ou en présence de gaz inertes tels que le gaz acide carbonique ». D'où cette conclusion de Pasteur : « Le vi-

[309] *Ibid.*, t. 2, p. 146.
[310] *Idem.*
[311] Charles-Emmanuel Sédillot (1804-1883) employa pour la première fois le terme « microbe » le 11 mars 1878, dans une communication à l'Académie des sciences, consacrée à l'œuvre pastorienne et intitulée « De l'influence des découvertes de M. Pasteur sur les progrès de la chirurgie ». Voir *Comptes rendus de l'académie des sciences*, LXXXVI, pp. 634-640.

brion septique se développe avec facilité dans le vide parfait, avec une facilité non moins grande en présence de l'acide carbonique pur. »[312]

La conséquence pratique de la culture du vibrion septique dans un milieu dépourvu d'oxygène (dans le vide et l'acide carbonique) est qu'elle indiquait en même temps à Pasteur une méthode pour neutraliser le vibrion : celui-ci exposé à l'oxygène ne pouvait se développer et se trouvait plutôt progressivement neutralisé. Ce que Pasteur vérifia en exposant le virus isolé à l'air atmosphérique.

Mais, si certains vibrions ne peuvent survivre à l'oxygène, cela posait en revanche un problème théorique : d'où proviennent-ils (puisque Pasteur rejette toute génération spontanée)? Où pouvaient-ils se développer dans l'air à l'abri de l'oxygène, quand on sait que l'oxygène est partout présent dans l'air atmosphérique ? En fait, devait-il bientôt reconnaître, il existe une différence essentielle entre les comportements des vibrions adultes et ceux des vibrions-germes : les vibrions adultes sont neutralisés par l'oxygène, mais non les vibrions-germes. En effet, dit-il, « les vibrions adultes seuls disparaissent, se brûlent et perdent leur virulence au contact de l'air ; les corpuscules-germes dans ces conditions se conservent, toujours prêts pour de nouvelles cultures et de nouvelles inoculations ».[313] Par ailleurs, dans les milieux d'une certaine épaisseur (eau, air), les vibrions des couches superficielles sont plus exposés à l'altération et leur présence préserve les vibrions des couches profondes du contact fatal avec l'oxygène ; tandis que les premiers meurent, les seconds se maintiennent et peuvent se multiplier.

Pasteur disposait ainsi des données physiologiques nécessaires à la culture, mais aussi et surtout, à la neutralisation des vibrions anaérobies. C'était là d'importants indices dans l'optique d'une prophylaxie des maladies à germes anaérobies, et aussi dans l'optique d'une thérapie générale des maladies infectieuses, puisqu'il était ainsi avéré que les agents pathogènes étaient non seulement vulnérables, mais susceptibles d'être atténués, notamment au contact de l'air. L'invention pastorienne des vaccins se fondera sur ces précieuses indications méthodologiques relatives à l'atténuation de la virulence des germes des maladies infectieuses en vue d'en faire des virus-vaccins.

3- La structure des recherches pastoriennes : l'exemple l'enquête sur la rage

L'enquête de Pasteur qui a abouti à la découverte du vaccin antirabique nous donne l'exemple le plus complet et le plus complexe des enquêtes pastoriennes. En effet, celle-ci, bien qu'elle s'appuyât sur les acquis de ses recherches antérieures, notamment celles concernant certaines pathologies végétales (maladies des vins) et animales (maladie du ver à soie, choléra des

[312] *Les Œuvres de Pasteur*, t.6, p. 114.
[313] *Les Œuvres de Pasteur*, t. 6, p. 115.

poules, charbon), elle ne perdit jamais de vue la spécificité de la pathologie rabique. Conformément aux exigences méthodologiques énoncées, le fleuron des enquêtes pastoriennes se développa en deux phases nettement distinguées : l'une étiologique et l'autre prophylactique.

Pasteur commença l'étude de la rage le 11 décembre 1880. Celle-ci devait durer 5 ans, et aboutir à la découverte du vaccin antirabique, inoculé pour la première fois à l'homme le 6 juillet 1885. Entre ces deux dates, que de péripéties dans cette lutte de la science contre la maladie, avec des avancées certes, mais des échecs aussi, avant la victoire finale.

La détermination des causes de la pathologie rabique

La recherche de la cause d'une maladie quelle qu'elle soit requiert une maîtrise de ses symptômes. Ce sont en effet les symptômes qui fournissent les indices les plus précieux pour l'identification de la maladie, la connaissance de ses agents et éventuellement la localisation des lésions pathologiques. Or, à l'époque de Pasteur, l'on connaissait les signes courants de l'accès rabique, de sorte que Pasteur pouvait les citer avec tous les détails spécifiques : « agitation, insomnie permanente, hydrophobie très accusée, violents accès de pharyngisme dès qu'on soufflait sur un point quelconque du corps ».[314]

Pasteur partait donc dans son enquête avec deux atouts précieux : la connaissance des symptômes de la maladie et l'hypothèse que celle-ci, en tant que maladie virulente, était due à un germe pathogène d'origine externe. À ces idées il faut ajouter une troisième que l'expérience avait confirmée, selon laquelle le chien était le vecteur principal de la maladie et l'agent traditionnel de sa transmission, par morsure, à l'homme. Il restait à identifier l'agent pathogène lui-même. Tel fut le premier défi étiologique de l'enquête pastorienne sur la rage.

Dès le départ, Pasteur se heurta à une difficulté expérimentale : l'impossibilité d'observer et d'isoler le virus rabique. Or pour identifier l'agent pathogène, Pasteur avait l'habitude de le chercher dans son milieu d'élection et de développement. Dans le cas présent, il s'agissait de le localiser dans l'anatomie de la victime, avant de chercher à l'isoler par prélèvement pour étudier ses caractéristiques physiologiques et son rôle dans l'infection.

À défaut de pouvoir observer directement le virus de la rage, Pasteur s'attaqua à sa localisation dans l'organisme, c'est-à-dire à l'identification du milieu physiologique où il prospère et se développe, et d'où se déterminent ses influences pathologiques pour irradier les autres parties de l'organisme de la victime. Quel était donc ce milieu pour le présumé virus de la rage ?

---

[314] *Ibid.*, t. 6, p. 553.

La première hypothèse pastorienne fut la salive des chiens enragés et des victimes rabiques. Mais celle-ci ne fut pas très concluante. En effet, lorsqu'en décembre 1880, Pasteur fut averti par le Docteur Lannelongue, de l'hôpital Sainte- Eugénie, de l'arrivée dans son service, d'un enfant de 5 ans atteint de la rage. Pasteur s'y rendit, mais le lendemain l'enfant succomba à sa maladie. Le savant préleva alors, « à l'aide d'un pinceau très propre un peu de mucus de la voûte palatine » (ainsi que du sang) de la petite victime pour vérifier la présence du virus rabique dans ce milieu. Il inocula deux lapins avec une solution du mucus dans de l'eau distillée. Ceux-ci moururent 36 heures plus tard. Leur salive fut à son tour inoculée à d'autres lapins ; la mort de ces derniers fut extrêmement rapide mais, remarque importante, ils ne présentèrent pas, à leur agonie, les symptômes caractéristiques de la mort rabique. Pasteur nota ces détails : « Mort très rapide précédée parfois de symptômes de paralysie lombaire, mais surtout de convulsions pré-agoniques intenses, n'ayant pas le caractère des accidents rabiques tels qu'on les observe d'ordinaire. »[315] La conclusion qui s'imposait était que la salive n'était pas le lieu d'élection du microbe rabique. Sa présence y était certes parfois visible, mais ce n'était pas dans ce milieu physiologique qu'il se développait.

Le sang n'était pas non plus le siège du virus rabique. En effet, dans le sang de lapins inoculés de salive de lapins enragés, Pasteur découvrit la présence d'un micro-organisme ayant, dit-il, « la forme d'un bâtonnet très court, rétréci en son milieu, analogue à un 8 de chiffre, d'un diamètre de 1/1000 de millimètre au moins, entouré d'une substance gélatiniforme, ayant l'aspect d'une auréole pâle. »[316] L'essai de culture expérimentale montra que ce micro-organisme se développe dans le milieu du bouillon de veau, qu'il y perd son auréole et s'y dispose en « chapelets très allongés ». On l'inocula à d'autres lapins et il devint alors évident qu'il ne s'agissait pas du microbe de la rage, car il provoquait chez ces derniers des manifestations complètement différentes des symptômes rabiques : « Tous les ganglions lymphatiques, surtout ceux de l'aine, de l'aisselle, de l'entrée de la poitrine, sont tuméfiés, congestionnés, hémorragiques; tous les vaisseaux périphériques sont gorgés de sang, la muqueuse de la trachée et des bronches est elle-même congestionnée, hémorragique; on y peut même voir à leur surface et dans leur épaisseur, une multitude de taches noirâtres comme dans l'asphyxie. »[317] D'où la conclusion du Pasteur : « Cette maladie n'est pas la rage; ses symptômes, ses lésions, l'absence presque absolue d'une période d'incubation sont en opposition avec ce que nous savons de la rage. »[318]

---

[315] *Ibid.*, t.6, p. 553.
[316] *Ibid.*, t.6, p. 554.
[317] *Idem.*
[318] *Idem.*

Mais, si Pasteur pouvait ainsi affirmer qu'il y une différence entre la rage et la maladie provoquée par l'inoculation de la salive de lapins morts après avoir été inoculés d'une solution du mucus prélevé chez un enfant mort rabique, en revanche il ne pouvait encore rien affirmer sur la relation de dépendance ou d'indépendance entre les deux pathologies; car comme il le reconnut, « tant que nous n'aurons pas épuisé les combinaisons expérimentales pouvant conduire à marquer un trait d'union entre la rage et la maladie nouvelle à laquelle la première a matériellement donné naissance, nous considérons qu'il serait téméraire d'affirmer leur indépendance absolue ».[319] On notera bien la circonspection de Pasteur : il ne faut tirer de conclusions que celles rigoureusement autorisées par l'expérience. Aussi, fut-ce à l'expérience qu'il revint de décider que, effectivement, « la nouvelle maladie n'a aucune relation avec la rage »[320], lorsque Pasteur découvrit dans l'échantillon de la salive d'un sujet non atteint de rage, la présence du même microbe : il pouvait alors conclure, en toute logique, que la présence de celui-ci dans le sang et la salive des morts rabiques était purement accidentelle.[321]

Pasteur devait imaginer une autre conjecture au sujet du siège du virus de la rage. Les symptômes neurologiques de l'accès rabique lui suggérèrent l'hypothèse que le système nerveux central n'était pas un milieu étranger au développement de la maladie. Cette idée, à vrai dire, n'était pas nouvelle puisqu'elle avait déjà été formulée en 1879 par le docteur Pierre-Henri Duboué dans un mémoire intitulé : *De la physiologie pathologique et du traitement rationnel de la rage. Suite d'études de pathogénie*. Pasteur l'émit donc de nouveau et tenta de la vérifier expérimentalement. L'inoculation du bulbe rachidien (de même que celle d'autres substances encéphaliques telles qu'une portion frontale d'un hémisphère, ou du liquide céphalo-rachidien) prélevé chez un sujet malade provoqua la rage chez des lapins, avec tous les symptômes caractéristiques de la maladie. Pasteur sut alors qu'il détenait la clé du lieu de développement du virus rabique. Dans une communication, le 30 mai 1881 à l'Académie des sciences de Paris, il affirma : « Le siège du virus rabique n'est donc pas dans la salive seule. Le cerveau le contient et on l'y trouve revêtu d'une virulence au moins égale à celle qu'il possède dans la salive des enragés. »[322]

Cette découverte accéléra les recherches expérimentales de Pasteur sur l'étiologie de la rage. Désormais, la transmission de la maladie pouvait être

---

[319] *Ibid.*, t.6, p. 565.
[320] Voir Lettre au docteur Parrot, du 22 mars 1881. *Ibid.*, p. 571.
[321] En fait dans la salive des morts rabiques, pouvait se trouver contenu le virus rabique, mais celui-ci y était associé à des impuretés et à d'autres microbes, de sorte que l'inoculation de cette salive pouvait engendrer en fait 3 causes de mort : 1) la mort par le microbe nouveau ; 2) la mort par le développement exagéré de pus ; 3) la mort par la rage. *Ibid.*, pp. 576-577.
[322] *Ibid.*, p. 574.

réalisée de manière artificielle avec une maîtrise parfaite de la durée de l'incubation, grâce notamment à l'inoculation directe par trépanation. Cette méthode devait en effet permettre un déclenchement sans délai de la maladie, puisque se trouvent éliminés tous les intermédiaires dans la progression du virus depuis le point d'inoculation jusqu'au cerveau, le virus étant directement introduit dans le cerveau.

Mais cette avancée, aussi importante fût-elle, laissait entière la question de l'isolement du virus rabique et donc celle de la connaissance de ses propriétés physiologiques. Le 25 février 1885, Pasteur reconnaissait qu'il n'était pas encore parvenu à isoler le virus rabique, mais il n'avait aucun doute quant à son existence. À un confrère qui lui demandait précisément s'il n'avait pas des doutes sur l'existence du virus, il répondit simplement : « Tout ce que je puis vous assurer (...) c'est que si vous me présentiez un cerveau rabique et un cerveau sain, je saurai dire, à l'examen microscopique des matières des deux bulbes : celui-ci est rabique, celui-là ne l'est pas. Tous deux offrent en nombre immense des granulations moléculaires, mais le bulbe rabique en montre de plus fines, de plus nombreuses, et l'on est tenté de croire à un microbe d'une petitesse infinie, n'ayant ni la forme de bacille, ni celle d'un micrococque étranglé : ce sont comme de simples points. »[323] Les conséquences de l'action du virus sur le cerveau des malades étaient donc observables ; il était donc évident, aux yeux de Pasteur, que celui-ci existe, même s'il restait impossible à l'isoler pour l'observer et définir sa carte physiologique.

Le virus rabique existe en effet, et Pasteur avait raison de le croire. Les difficultés pour l'isoler s'expliquent par quelques-uns de ses caractères particuliers : il s'agit d'un virus dit filtrant, parce qu'il échappait aux méthodes de filtration alors utilisées en microbiologie ; par ailleurs, c'est un microbe qui adhère intimement aux cellules qu'il colonise, de sorte qu'il était quasiment impossible, avec les moyens de cette époque, de l'en séparer artificiellement.[324]

Le génie de Pasteur fut de ne s'être pas arrêté, face à l'impasse méthodologique.[325] Il surmonta l'impossibilité d'isoler techniquement le virus et, d'une hypothèse vraiment hardie, s'ouvrit des perspectives prophylactiques tout à fait prometteuses. En effet, devant la difficulté, le savant a su estimer la portée des acquis suffisante et y puiser les ressources pour continuer sa

---

[323] *Les œuvres de Pasteur*, t. 6, p. 581.

[324] Voir DAGOGNET F., *Méthodes et doctrine dans l'œuvre de Pasteur*, Paris, P. U. F., 1967, p. 193.

[325] Comme l'observe François Dagognet, le mérite de Pasteur fut grand car « invisibilité et impossibilité de vivre *in vitro* brisent les principes de la jeune bactériologie, habituée à voir et à différencier les espèces en fonction des milieux artificiels sélectifs. Ce n'est donc pas le moindre mérite de Pasteur que de parvenir cependant à imposer ses conceptions à l'exception qui semble les enfermer ». *Idem.*

marche vers l'objectif qu'il s'était fixé dès le départ : parvenir à un traitement efficace de la rage. La méthode doit savoir s'adapter et renoncer à certains objectifs pratiques, sans se renier dans ses principes fondamentaux. Assurément, pour Pasteur, la rigueur méthodologique ne signifie nullement un dogmatisme méthodologique. Au point où il était arrivé, et bien qu'il ne fût pas en mesure de cultiver artificiellement le virus rabique pur, le savant estimait qu'il avait atteint, dans l'enquête étiologique, un niveau suffisant d'acquis étiologiques (identification du milieu de développement du virus, à savoir le système nerveux central ; capacité de distinguer un cerveau sain d'un cerveau rabique ; connaissance des symptômes de la maladie, etc.) pour entreprendre l'amorce de la prophylaxie. La méthode consistera à envisager l'atténuation du virus, non pas séparé, mais intégré à la matière encéphalique, puisqu'il était techniquement impossible, pour l'heure, de l'en détacher.

La méthodologie pastorienne donnait là une preuve de sa flexibilité, c'est-à-dire de sa capacité à s'adapter, sans se renier fondamentalement. Comme le dit François Dagognet, « pour avancer, sortir de l'impasse, le maître de la microbiologie tord ses propres principes. Autrefois, hier, il soutenait : faute de connaître le bacille, il est vain de songer à la guérison de la maladie. Désormais, il sous-entend : appliquons le procédé immunitaire. S'il réussit, il cautionnera la nature microbienne de la crise hydrophobique. Dans l'intervalle, il s'est en effet convaincu de la plasticité des germes, de la variété des récepteurs et de la mutuelle modification des uns par les autres ».[326] Si, comme l'explique encore François Dagognet, « le thème même de la vaccination consacre la rupture entre l'être et la malignité : le substantialisme premier cède la place au relativisme, en ce sens que le microbe existe en fonction seulement des milieux où il se développe. Il condense des relations »[327], alors la fécondité des recherches prophylactiques n'exige plus que l'étiologie soit enfermée sur l'ontologie microbienne, mais au contraire, qu'elle puisse s'en libérer et que l'on soit en mesure de connaître le mécanisme de la maladie et de sa guérison sans supposer visible ni complètement appréhendée l'entité qui la provoque.

La recherche d'un vaccin

Pasteur savait qu'il eût été plus aisé d'envisager la production d'un virus-vaccin (c'est-à-dire d'un vaccin obtenu par l'atténuation du virus) si le virus avait pu être isolé pur. Et il reconnaissait que l'impasse étiologique était un handicap réel quoiqu'il ne fût pas, en l'occurrence, insurmontable. Dans sa communication du 10 août 1884 devant le Congrès international des sciences médicales, il indiqua clairement la nature et l'ampleur de la difficulté : « Cette communication offre une grande heure : je n'y parle plus du microbe

[326] *Ibid.*, pp. 217-218.
[327] *Idem.*

de la rage. Nous ne l'avons pas. Le procédé pour l'isoler laisse encore à désirer et les difficultés de sa culture en dehors du corps des animaux n'ont pas été levées (...) Les méthodes qui nous ont servi pour avancer dans l'étude de la rage doivent d'autant plus, peut-être, attirer l'attention. Longtemps encore, l'art de prévenir les maladies sera aux prises avec des maladies virulentes dont les microbes échapperont à nos recherches. » [328] Mais aussitôt après avoir dit cela, Pasteur indique que tout espoir n'est pas perdu de parvenir à la vaccination, en dépit de l'impossibilité d'isoler le virus rabique : « C'est donc un point scientifique capital que l'on puisse découvrir, à la rigueur, la vaccination d'une maladie virulente, sans avoir à sa disposition son virus propre et en restant dans l'ignorance de l'isolement et de la culture du microbe correspondant. »[329]

Pasteur songe à utiliser la substance cérébrale contaminée, pourvu qu'il soit manifeste, à l'expérience, que le virus puisse y être atténué à volonté. En effet, explique-t-il dans sa communication du 10 août 1884, « dans l'état actuel de la science, la découverte d'une méthode de vaccination contre une maladie virulente suppose : 1) qu'on a affaire à un virus pouvant revêtir des intensités diverses dont les plus faibles pourront servir à titre vaccinal ; 2) qu'on a en sa possession une méthode permettant de produire ces virulences diverses ».[330]

En fixant ces deux exigences minimales, Pasteur savait que, depuis les travaux d'Edward Jenner[331], la preuve était faite que le passage de certains virus par le corps de certains animaux en atténuait la virulence. En particulier, le médecin anglais avait expliqué l'immunité contre la variole observée chez les sujets ayant déjà contacté la vaccine, par le fait que la vaccine n'était qu'une forme de la variole, atténuée par son passage dans le corps des vaches. L'immunisation tenait donc du principe de la non-récidive de la pathologie variolique, connue depuis de longs siècles. Jenner conçut la vac-

[328] *Les Œuvres de Pasteur*, t. 6, p. 599-600.

[329] *Idem.*

[330] *Ibid.*, p. 593.

[331] À vrai dire, l'inoculation préventive de substances tirées de pustules varioleuses était pratiquée depuis longtemps et on en trouve les premières traces dans l'antiquité, en Chine, aux Indes et en Perse. Le principe des maladies non-récidives était en effet connu de ces peuples et probablement d'autres encore. Concernant la variole, l'on savait que lorsque les sujets avaient contracté une fois cette maladie, ils ne la contractaient plus jamais de nouveau. On savait aussi que la vaccine (variole des vaches) préservait de la variole humaine. En effet, quelques années avant les travaux d'Edward Jenner (1749-1823), en 1774, son compatriote Benjamin Jesty (1736-1816) avait déjà, avec succès, prémuni sa femme et ses deux fils de la variole en leur administrant du pus de vaccine. Mais c'est à Jenner qu'il revient d'avoir donné une base scientifique à ces pratiques empiriques.

cination antivariolique en administrant, à titre préventif, à des sujets sains ou récemment contaminés, du pus de pustule de vaccine.[332]

Ainsi, « l'état actuel de la science » dont parle Pasteur désigne en l'occurrence la science jennérienne qui n'exigeait dans la recherche des virus-vaccins que la preuve de la capacité d'un virus à revêtir des virulences variables et la disponibilité d'une méthode d'atténuation. Dans le cas du virus rabique, Pasteur devait donc chercher à obtenir la preuve expérimentale que celui-ci peut être atténué et qu'il existe une méthode artificielle pour provoquer son atténuation; c'étaient les conditions minimales pour espérer parvenir à la production du virus-vaccin antirabique.

1re étape : l'atténuation du virus

Conformément au postulat jennérien, Pasteur voulut d'abord prouver l'atténuation du virus rabique par son passage dans le corps de certains animaux. Les premiers essais, réalisés sur des lapins et des cobayes, ne furent pas heureux : au lieu d'atténuer la virulence du virus, ils l'exaltèrent au contraire. Néanmoins, ils apportaient la preuve de la variabilité de sa virulence.

Pasteur et son équipe auront plus de chance avec le singe. En effet, rapporte le savant, le 6 décembre 1883, il inocula par trépanation, le bulbe d'un chien rabique à un singe. La rage se déclara au bout de onze jours. Il renouvela l'expérience en inoculant un deuxième singe avec des substances encéphaliques prélevées chez le premier : la rage se déclara chez ce deuxième singe également onze jours après l'inoculation. Chez un troisième, la rage se déclara après vingt-trois jours d'incubation, etc.

Pour vérifier la perte progressive de virulence par le virus rabique au fur et à mesure de ses passages successifs dans le corps des singes, Pasteur inocula divers lapins avec le bulbe des différents singes contaminés. Les résultats furent les suivants : « Les lapins issus du premier singe furent pris de rage en treize et en seize jours ; ceux du deuxième en quatorze et vingt jours, ceux du troisième en vingt-six et trente jours, ceux du quatrième, tous deux, après vingt-huit jours ; ceux du cinquième, après vingt-sept jours ; ceux du sixième après trente jours ; elle diminue également pour les chiens. »[333] Ainsi, après que d'autres expériences sur d'autres singes eurent donné des résultats similaires, Pasteur conclut victorieusement que le passage dans le corps de cet animal atténuait la virulence du virus rabique. Il pouvait aussi affirmer détenir désormais une méthode naturelle d'atténuation du virus : « Nous

---

[332] Les termes de *vaccin* et de *vaccination* viennent donc de « vaccine », maladie au moyen de laquelle on immunisa l'homme pour la première fois contre la variole, dans le cadre d'une expérience scientifique.

[333] *Les Œuvres de Pasteur*, t. 6 pp. 598-599.

sommes donc en possession d'une méthode qui permet d'atténuer la virulence rabique. »[334]

2e étape : la recherche d'une méthode artificielle d'atténuation

Malgré la découverte de la méthode d'atténuation « naturelle » du virus par son passage dans le corps des singes, Pasteur savait que dans l'optique de la production d'un virus-vaccin, il lui fallait disposer d'une technique d'atténuation artificielle, car l'atténuation naturelle avait l'inconvénient de limiter la maîtrise et le contrôle des étapes du processus de fabrication d'un éventuel vaccin, et de rendre la technique vaccinale trop dépendante de la disponibilité des animaux. Pasteur devait par conséquent trouver une méthode artificielle permettant de contrôler la qualité, l'intensité et la quantité des virus-vaccins.

Pour procéder à l'atténuation du virus rabique, Pasteur tenta plusieurs procédés. D'abord, il pensa à la méthode conçue par le vétérinaire Henry Toussaint, consistant à atténuer la virulence virale au moyen de la chaleur. Mais, malheureusement, dans le cas de la rage, celle-ci échoua. Pasteur remarqua en effet que « la première culture du sang chauffé redevient virulente et mortelle ».[335] Il utilisa alors la méthode qui lui avait réussi pour l'atténuation du virus du charbon et de celui du choléra des poules. Elle consistait à exposer ces virus à l'oxygène de l'air. Le succès fut au rendez-vous. Pasteur constata que « les bactéries atténuées par l'oxygène conservent au contraire, leur atténuation dans leurs cultures ».[336]

La méthode artificielle qui s'imposait était, par conséquent, celle de l'atténuation par dessiccation du virus au contact de l'oxygène de l'air. Celle-ci donna, appliquée au virus de la rage, les mêmes résultats positifs qui avaient couronné son application au virus du choléra des poules et du charbon. En voici la preuve telle que relatée par Pasteur : « Si l'on détache de ces moelles (rabiques) des longueurs de quelques centimètres avec des précautions de pureté aussi grandes qu'il est possible de les réaliser, et qu'on les suspende dans un air sec, la virulence disparaît lentement dans ces moelles jusqu'à s'éteindre tout à fait. La durée d'extinction de la virulence varie quelque peu avec l'épaisseur des bouts de moelles, mais surtout avec la température extérieure. Plus la température est basse et plus durable est la conservation de la virulence. »[337]

3e étape : Les premiers essais thérapeutiques : l'immunisation des chiens

Dans les stratégies de prophylaxie médicale, généralement, les essais de nouveaux médicaments et des nouveaux vaccins sont appliqués d'abord à

---

334 *Ibid.*, p. 599.
335 *Ibid.*, p. 394.
336 *Idem.*
337 *Idem.*

des animaux avant de l'être à l'homme lorsque les preuves d'innocuité et d'efficacité sur l'animal sont rigoureusement avérées. Aussi Pasteur ne dérogea-t-il point à cette règle de déontologie et d'éthique médicale : avant d'inoculer éventuellement le virus-vaccin antirabique à l'homme, il le testa d'abord sur le chien.

Mais, le choix de tester le vaccin sur le chien présentait un autre avantage. La prophylaxie de la rage humaine en tant que maladie contagieuse, exigeait d'abord la neutralisation de l'agent pathogène chez le principal vecteur de la contagion. Aussi, avant une éventuelle application à l'homme, fallait-il inoculer le virus-vaccin obtenu par dessiccation d'abord au chien. Ainsi, la vaccination du chien ne constituait pas seulement, pour Pasteur, une propédeutique expérimentale, c'était aussi et surtout un préliminaire prophylactique. Il visait, en effet, non seulement à tester l'efficacité et l'innocuité du vaccin sur l'animal avant de l'appliquer éventuellement à l'homme, mais en même temps, de parvenir à la neutralisation du germe de la maladie dans l'agent de sa transmission à l'homme.

Après de nombreuses expériences, Pasteur fut en mesure de proposer une méthode d'immunisation des chiens contre la rage, c'est-à-dire un « moyen de rendre un chien réfractaire à la rage en un temps relativement court. » Cette méthode se décline en plusieurs phases :

a) La fabrication du virus-vaccin par dessiccation, qui est ainsi décrite par Pasteur : « *Dans une série de flacons dont l'air est contenu à l'état sec par des fragments de potasse déposés sur le fond du vase, on suspend, chaque jour, un bout de moelle rabique fraîche de lapin mort de rage, rage développée après sept jours d'incubation.* »

b) L'administration du vaccin par doses journalières successives de virus de plus en plus virulents : « *On inocule sous la peau du chien une pleine seringue Pravaz*[338] *de bouillon stérilisé, dans lequel on a délayé un petit fragment d'une de ces moelles en dessiccation, en commençant par une moelle d'un numéro d'ordre assez éloigné du jour où l'on opère, pour être bien sûr que cette moelle n'est pas du tout virulente (…) Les jours suivants, on opère de même avec des moelles plus récentes, séparées par un intervalle de deux jours, jusqu'à ce qu'on arrive à une dernière moelle très virulente* », vieille d'un ou de deux jours.

c) le résultat attendu : les chiens sont immunisés contre la rage : « *Le chien est alors rendu réfractaire à la rage. On peut lui inoculer du virus*

[338] Seringue en verre d'une capacité de 3 ml (30gouttes), mise au point en 1841 par le chirurgien français Charles Gabriel Pravaz (1791-1853) et couramment employée à cette époque pour les injections hypodermiques.

rabique sous la peau ou même à la surface du cerveau par trépanation sans que la rage se déclare. »[339]

La méthode pastorienne s'avéra efficace. Devant une commission officielle chargée par le ministre français de l'Instruction Publique et des Beaux-arts, Armand Fallières, de procéder au contrôle et à l'évaluation du vaccin proposé par Pasteur[340], eut lieu, entre le 19 mai et le 4 août 1884, la confrontation de chiens vaccinés et de chiens-témoins quelconques. Précisément, 23 chiens vaccinés furent confrontés à 19 chiens-témoins. Le résultat confirma l'immunité des chiens vaccinés. Voici les conclusions de la commission, adressées le 4 août 1884 au ministre Fallières : « Les résultats constatés par la Commission jusqu'à ce jour se décomposent ainsi qu'il suit : les 19 témoins ont présenté 3 cas de rage sur 6 à la suite des morsures par chiens enragés ; 6 cas de rage sur 8 à la suite des inoculations intraveineuses ; enfin 5 cas de rage sur 5 à la suite des inoculations par trépanation. Les 23 vaccinés, au contraire, n'ont pas offert un seul cas de rage. »[341]

La commission procéda par la suite à d'autres évaluations qui furent également toutes concluantes. La preuve était ainsi faite que la méthode pastorienne apportait aux chiens l'immunité contre la rage. La première manche du combat contre le virus venait ainsi d'être gagnée. Il restait à présent à envisager l'application du virus-vaccin à l'homme.

4e étape : La vaccination antirabique appliquée à l'homme

Malgré l'indiscutable succès de la vaccination des chiens, l'application du vaccin antirabique à l'être humain ne se fit pas sans crainte ni appréhension. La raison ? Parce que pour Pasteur, la vie d'un homme, même d'un homme condamné par la maladie, vaut infiniment plus que celle d'un chien ou d'un cobaye, et mérite de ne pas être gratuitement mise en jeu pour les besoins expérimentaux de la science. Il ne pouvait par conséquent administrer le vaccin à l'homme qu'avec la certitude absolue de son innocuité et de son efficacité. Mais là se trouve l'impasse ou le dilemme pour le savant. Comment en effet connaître les effets du vaccin sur l'homme autrement qu'en l'administrant à l'homme ? Le risque zéro est-il possible et sa recherche compatible avec d'audace qui doit caractériser la démarche inventive ?

Pasteur hésita longuement avant de franchir la dernière étape de sa lutte contre le virus de la rage. Son hésitation et son indécision venaient de ce

339 *Les Œuvres de Pasteur*, t. 6, pp. 604-605.

340 Cette Commission dont faisaient partie notamment Alfred Vulpian et Paul Bert, fut mise sur pied par l'arrêté ministériel du 19 mai 1884.

341 *Rapport présenté au Ministre de l'Instruction Publique et des Beaux-arts, par la Commission chargée de contrôler les expériences de M. Pasteur sur la prophylaxie de la rage, 4-8-1884*, paru au Journal Officiel de la République Française, n°216, pp. 4228-4230, 8 août 1884.

dilemme : comment concilier sa volonté de guérir les hommes et la crainte de sacrifier certains hommes pour y parvenir.

Néanmoins se présenta le lundi 6 juillet 1885 l'occasion qui le résolut à administrer le vaccin, à titre préventif, pour la première fois à l'homme. La situation de ce petit Alsacien, Joseph Meister, âgé de neuf ans, amené par sa mère Marie-Angelique Sonnefraud au laboratoire de Pasteur, rue d'Ulm à Paris, paraissait désespérée. Mordu par un chien enragé, le 4 juillet, l'enfant présentait des lésions profondes à la main et aux jambes et qui avaient été cautérisées par un médecin local, le Docteur Weber. Le pronostic des docteurs Alfred Vulpian et Joseph Grancher[342] fut formel : l'enfant était condamné.

Face à la perspective d'une mort inéluctable et mis en confiance par le succès de la vaccination des chiens[343], Pasteur, après d'ultimes hésitations et contre l'avis de son plus proche collaborateur, le docteur Émile Roux qui estimait prématurée l'application à l'homme d'un vaccin qui n'avait pas été selon lui suffisamment éprouvé, fit inoculer Joseph Meister le 6 juillet 1885, à 20 heures, par le docteur Grancher[344], d'une demi-seringue Pravaz de virus-vaccin constitué d'une suspension de substance cérébrale prélevée sur un lapin enragé et atténuée par la méthode de la dessiccation depuis 15 jours. Puis, à partir de cette première inoculation, il fit administrer chaque jour à l'enfant, la même quantité de virus-vaccin, mais d'une virulence croissante, par inoculation sous-cutanée : treize injections furent ainsi faites à l'enfant qui, le 16 juillet recevait la dernière, faite d'une suspension de moelle rabique vieille d'un jour. Cette moelle était extrêmement virulente, mais son inoculation ne provoqua pas la maladie. Le principe de l'immunisation avait ainsi parfaitement fonctionné et l'enfant était sauvé.

D'autres applications à l'homme pouvaient dès lors être effectuées. Et le succès fut quasiment toujours au rendez-vous. Le 20 octobre 1885, Pasteur vaccina un jeune berger, J.B. Jupille, puis en mars 1886, dix-neuf Russes de Smolensk mordus par un loup enragé. Pendant l'année 1886, 350 personnes furent vaccinées par Pasteur. Hormis de rares insuccès (mort de Louise Pelletier, et de 3 des Russes de Smolensk), les vaccinations pastoriennes furent largement couronnées de succès.

L'un des intérêts du vaccin antirabique de Pasteur se trouvait dans le fait qu'il pouvait être appliqué aussi bien aux sujets sains qu'à des mordus ré-

---

[342] Alfred Vulpian (1826-1887) et Joseph Grancher (1843-1907) étaient professeurs de médecine à la faculté de Paris.

[343] « La mort de cet enfant paraissait inévitable, je me décidai, non sans de vives et cruelles inquiétudes, on doit bien le penser, à tenter sur Joseph Meister la méthode qui m'avait constamment réussi sur des chiens. » *Les Œuvres de Pasteur*, t. 6, p. 606.

[344] Pasteur, qui n'était pas médecin, préféra confier le soin de l'inoculation au docteur J. Grancher.

cents, chez qui la longueur habituelle de l'incubation permettait de parvenir à l'immunisation avant le déclenchement de la maladie.

Pasteur détenait une méthode complète pour éradiquer la maladie : la neutralisation du virus chez les chiens, vecteurs de la transmission à l'homme ; le traitement des personnes infectées par le virus ; et enfin la perspective de l'immunisation des sujets sains. En dépit de la réticence, de l'hostilité ou de la jalousie de confrères rivaux, on note cependant que des personnalités avisées et autorisées comme Alfred Vulpian reconnurent l'immense portée scientifique et sociale de la découverte pastorienne. Le 26 octobre 1885, devant l'Académie des sciences, Vulpian rendit cet hommage à Pasteur : « La rage, cette maladie terrible, contre laquelle toutes les tentatives thérapeutiques avaient échoué jusqu'ici, a enfin trouvé son remède ! M. Pasteur, qui n'a eu, dans cette voie, aucun autre précurseur que lui-même, a été conduit, par une série de recherches poursuivies sans interruption pendant des années, à créer une méthode de traitement à l'aide de laquelle on peut empêcher, à coup sûr, le développement de la rage chez l'homme mordu récemment par un chien enragé. »[345]

4- Étiologie, prophylaxie et biotechnologie des virus-vaccins : portée de l'approche pastorienne des pathologies virulentes

La méthodologie pastorienne enrichit incontestablement l'approche médicale à trois points de vue : étiologique, prophylactique, biotechnologique.

En effet, en raison de la nature des pathologies infectieuses, Pasteur montre comment face à la maladie, l'enquête étiologique ne doit pas toujours s'arrêter, par exemple, à l'examen des lésions organiques, ou des différences quantitatives qui séparent les fonctions physiologiques normales de celles qui déterminent l'état morbide. Il faut aller beaucoup plus loin et rechercher les micro-organismes pathogènes qui sont à l'origine des maladies. Il y a dans cette extension du spectre étiologique un enrichissement de la compréhension des mécanismes pathologiques : la maladie relève de causes diverses dont certaines échappent au déterminisme étroit de la physiologie.

Par ailleurs, l'amplitude de la prophylaxie pastorienne est plus étendue qu'une simple thérapeutique médicamenteuse. Elle inclut autant que les efforts pour mettre en place les stratégies de soins et de prévention de la maladie que l'appel aux ressources du génie personnel pour évaluer et surmonter les impasses éventuelles qui se présentent à l'occasion de la recherche d'un traitement ou d'un vaccin. Claude Bernard, en comparaison, ne paraît avoir insisté que sur la nécessité de la thérapie curative, sans doute à cause de la nature des maladies qu'il a étudiées. En effet, les maladies dues à une dégradation pathologique de la physiologie sont sous la loi d'une sorte d'inexorabilité endogène. Aussi le but de la thérapeutique expérimentale ne

[345] *Les Œuvres de Pasteur*, t. 6, p. 610.

peut qu'être alors de provoquer un retour (en principe toujours possible) des sujets à leur état physiologique normal. L'idée de prévention, ou même d'anticipation de la maladie latente, sans être inopérante, reste subsidiaire et marginale. On peut renforcer la physiologie pour que n'y surviennent pas certaines pathologies, mais cela ne constitue pas à proprement parler une thérapie préventive puisque dans la représentation bernardienne les états physiologiques et pathologiques se succèdent mutuellement sans jamais exister concomitamment. Dès que la cause du mal apparaît dans le corps du sujet, toute intervention thérapeutique devient curative. Empêcher que les causes ne se développent ou ne s'amplifient est sans doute possible, mais cela devient un acte curatif, puisque le physiologique est déjà potentiellement dérangé et en état de transition vers le pathologique. Si les causes sont absentes, le physiologique est en état de fonctionnement normal, et rien ne justifierait un acte proprement médical. La difficulté d'une approche préventive de la maladie est liée ici à l'impossible concomitance du physiologique et du pathologique. Dans cette situation, toute prévention médicale impliquerait nécessairement qu'il y ait au préalable le dérangement de la physiologie. Or le rôle régalien de la médecine, selon Bernard, c'est le rétablissement d'une physiologie dérangée par la pathologie et non le dérangement de la physiologie en vue d'empêcher la pathologie. Entre le moment où se déroule l'état physiologique normal, et le moment où survient la maladie, toute latence pathologique est interprétable comme état pathologique virtuel et inexorable, de sorte qu'il n'y a pas une phase intermédiaire, un moment transitoire qui légitimerait l'usage d'une substance médicamenteuse, sans qu'il ne soit destiné soit à déranger la physiologie, soit à corriger la pathologie.

Louis Pasteur au contraire, par la nature des pathologies auxquelles il s'est intéressé, développe nécessairement une autre conception de la maladie et des approches thérapeutiques. D'origine exogène, les maladies infectieuses sont moins inexorables parce qu'elles ne relèvent pas de la déviation de processus normaux de la physiologie, que les maladies qui s'expliquent par des dérèglements physiologiques. Elles sont dues à l'action d'agents pathogènes étrangers à la physiologie. Dès lors, la prophylaxie peut être, à proprement parler, préventive. Elle épouse un double aspect : dans les périodes où l'agent pathogène est introduit dans le corps mais où la maladie reste latente, il y a comme une concomitance de l'état sain et de la menace morbide qui autorise légitimement à rechercher les moyens d'empêcher la manifestation patente de la morbidité ; pour les corps sains, la prévention consistera à empêcher l'introduction des micro-organismes pathogènes à l'intérieur de l'organisme, ou à donner aux organismes la capacité d'annihiler la puissance pathogène des virus et bactéries. De cette façon, la prophylaxie acquiert chez Pasteur un spectre bien plus large que chez Bernard par exemple, et s'étend de l'hygiène au soin des malades, de la vaccination curative à la vaccination préventive.

Les recherches de Pasteur qui ont abouti à la découverte du vaccin antirabique constituaient sans doute l'avancée la plus importance dans la recherche immunologique et la vaccinothérapie, depuis les travaux de Jenner. Même si le principe du vaccin, tel qu'il avait été conçu par le médecin anglais fut conservé par Pasteur, il reste que l'approche méthodologique du dernier différait radicalement de celle du premier. Et ce sont les découvertes de Pasteur, bien plus que celles du pionnier anglais, qui marqueront les débuts de la science moderne des vaccins.

Sans doute, le point sur lequel la méthode pastorienne établit sa supériorité sur celle de Jenner concerne la portée universelle qu'il reconnut au principe vaccinal. Ce n'est plus seulement la variole, comme chez Jenner, mais toutes les pathologies à germes qui sont susceptibles d'un traitement au moyen de virus-vaccins. Comme dit René Dubos, Pasteur « comprit immédiatement que, par ses observations sur le choléra des poules, c'était l'ensemble des phénomènes de l'immunité qui devenait accessible aux techniques microbiologiques ».[346]

Un autre trait distingue la biotechnologie des vaccins de Jenner celle de Pasteur : tandis que le premier était resté attaché à l'atténuation naturelle du virus de la variole par son passage dans le corps de la vache, c'est sans doute ce qui l'empêcha d'étendre la technique vaccinale à d'autres maladies virales ou bactériennes, Pasteur, au contraire, rechercha et découvrit une technique artificielle de production et d'administration des virus-vaccins consistant à isoler le virus, à l'atténuer par une méthode artificielle adaptée, et à administrer le virus-vaccin par doses de virulence croissante. La technique était générale mais elle couvrait une multiplicité de méthodes d'atténuation artificielle adaptée à la variété des virus pathogènes. Le plus important pour Pasteur, c'était de soustraire les biotechnologies vaccinales à toute forme de dépendance vis-à-vis des techniques utilisant les méthodes naturelles d'atténuation des virus ou de celles employant des moyens naturels d'immunisation. Avec lui, « il ne s'agissait plus de découvrir fortuitement dans la nature des agents d'immunisation, comme le cow-pox pour la variole, mais d'élaborer une technique générale, valable pour toutes les maladies infectieuses », dit avec raison René Dubos.[347] Et, en l'occurrence, la méthode d'atténuation du virus par l'exposition à l'air sec fut tout à fait pertinente et efficace pour le traitement du virus rabique.

Pasteur, à un autre niveau encore, marqua un progrès par rapport aux méthodes jennériennes. Sa technique d'inoculation au moyen de seringues

---

[346] DUBOS R., *Louis Pasteur, franc-tireur de la science*, Paris, P. U. F., 1955, p. 333.
[347] *Idem.*

Pravaz rompait avec la vieille méthode du « bras à bras[348] pratiquée par Jenner. Cette dernière était particulièrement dangereuse pour les deux sujets qui risquaient de se communiquer mutuellement des germes. La vaccination à la seringue permettait d'éviter ce risque et, en outre, de doser rigoureusement la quantité de sérum à injecter et d'éviter l'administration de doses fatales ou inefficaces.

La seringue facilita par ailleurs la pratique de la trépanation qui, comme on l'a dit, permettait d'introduire directement le virus rabique à la surface du cerveau, son milieu de développement. Ainsi, le processus d'immunisation pouvait aussitôt se mettre en place en cas d'administration par trépanation des virus-vaccins, avant que la maladie n'ait éventuellement terminé sa phase d'incubation. Or, dans la prophylaxie préventive, lorsque le sujet est déjà infecté, l'efficacité du vaccin dépend grandement de l'enclenchement précoce et rapide du processus d'immunisation, qui doit être installé avant le terme de l'incubation et le début de la maladie. La trépanation - que permet l'usage des seringues - accroît ainsi l'efficacité du vaccin.

Il apparaît, dès lors, que Pasteur avait conçu son projet prophylactique en tenant compte de la nécessité d'une maîtrise totale de tous les paramètres, qui lui permettrait d'échapper à une stratégie purement empirique ou naturaliste.

L'approche pastorienne constitue, vers la fin du 19ème siècle, une avancée notable dans la prophylaxie des maladies virulentes. Ce qui frappe dans cette démarche, c'est le souci de rechercher des principes généraux pouvant s'appliquer à toutes les maladies infectieuses, alors que les recherches antérieures, qu'il s'agisse des travaux de Jenner ou de ceux d'Auzias-Turenne[349] par exemple, se limitaient à des prophylaxies spécifiques et de portée limitée.

Aujourd'hui encore, la production de vaccin par atténuation de la virulence virale est utilisée, et, en hommage à Pasteur, les produits ainsi obtenus sont appelés « vaccins Pasteur ». Mais, depuis les débuts de la microbiologie, les méthodes d'atténuation des virus se sont grandement diversifiées. Outre la dessiccation, employée par Pasteur pour le vaccin antirabique, sont utilisées, la chaleur, le vieillissement ou encore l'usage de substances chimiques telles que le formol. On est même parvenu à produire des vaccins en prélevant simplement les substances toxiques des microbes (toxines), et à neutraliser ou réduire leur toxicité tout en développant leur vertu immuni-

---

[348] C'est de cette manière que Jenner inoculait ses patients après le succès de cette méthode utilisée lors de la première inoculation le 14 mai 1796 au petit James Phipps. JENNER E., *Œuvres complètes*, trad. franc. Jacques Joseph de Laroque, Ardiche, Privas, 1800.

[349] Joseph-Alexandre Auzias-Turenne (1812-1870) exposa dans son ouvrage posthume intitulé *La syphilisation*, paru chez Baillière, en 1878, une méthode d'immunisation contre la syphilis par l'inoculation préventive du virus syphilitique prélevé dans le pus du chancre mou.

sante, donnant ainsi les anatoxines dont l'inoculation confère l'immunité contre certaines maladies. Ces progrès apportent la confirmation de l'opinion, d'abord empirique, selon laquelle, dans certains cas, la maladie préserve de la maladie, opinion qui reçut avec Pasteur ses preuves théoriques et expérimentales les plus décisives.

La méthode pastorienne donne, par sa fécondité, un modèle des processus inventifs dans les sciences biomédicales. Elle s'est vouée non seulement à l'invention de théories médicales relatives à l'étiologie des maladies à germes, mais aussi à l'invention des moyens destinés à corriger les situations pathologiques provoquées par l'intrusion de micro-organismes pathogènes au sein des organismes vivants. Ce qui était remarquable dans la méthodologie pastorienne, c'est, en définitive la part importante qu'y a prise l'imagination créatrice. Comme le dit René Dubos, « Pasteur est parvenu à ses réalisations les plus frappantes par d'audacieuses divinations qui lui permettaient de saisir la solution d'un problème avant d'en avoir entrepris systématiquement l'étude expérimentale. » Mais, poursuit-il, « pénétré qu'il était de la philosophie de la méthode expérimentale, (Pasteur) avait conscience que ses divinations n'étaient rien de plus que les hypothèses de travail dont il fallait vérifier et démontrer la validité par l'examen critique, et qui n'avaient d'utilité que dans la mesure où on pouvait mettre au point des techniques d'exécution permettant d'en poursuivre et d'en exploiter les conséquences logiques ».[350]

Sans exagérer la part de la divination dans la genèse des inventions pastoriennes, on peut, il est vrai, reconnaître que Pasteur fut un inventeur de génie à l'imagination créatrice particulièrement féconde. Il en fit la preuve lorsqu'il devina les liens qui unissent les maladies virulentes aux phénomènes des fermentations, lorsqu'il imagina les moyens de surmonter les impasses étiologiques liées à l'impossibilité d'isoler le virus rabique, lorsqu'enfin il conçut les protocoles prophylactiques qui vinrent à bout d'une maladie aussi redoutable que la rage.

[350] DUBOS R., *op. cit.*, pp. 365-366.

VIII

LES MANIPULATIONS DU VIVANT ET LES CARACTÈRES DE L'INVENTION DANS LES SCIENCES BIOLOGIQUES CONTEMPORAINES

La biologie contemporaine n'est plus seulement une science théorique, dont le dessein se limiterait à la recherche des lois qui gouvernent le monde vivant. À cette tâche originelle, elle ajoute désormais une aptitude plus grande et une capacité nouvelle qui s'amplifient à mesure que s'approfondit la connaissance de la structure fine de la matière organique. Comme la chimie, les sciences biologiques et médicales ont acquis le pouvoir de modifier, voire de "créer" leur objet. L'hybridation artificielle des plantes et des animaux, les manipulations des gènes afin de réorganiser les dispositifs cellulaires et moléculaires des organismes, les greffes d'organes, la fécondation *in vitro*, la mise au point d'Organismes Génétiquement Modifiés (OGM), le clonage artificiel des animaux à reproduction sexuée, le projet de création *in vitro* de formes élémentaires de vie, etc., donnent un aperçu de l'étendue des pratiques créatrices dans les technosciences de la vie.

L'inventivité des sciences biologiques s'exprime dans deux directions remarquables : d'abord, elle se manifeste par l'utilisation des êtres vivants (micro-organismes, animaux et plantes) pour la fabrication de composés chimiques et biologiques utiles pour soigner les malades ou prévenir les maladies et maintenir la santé. Les médicaments et les vaccins sont, dans les sciences biomédicales, les principaux fruits de l'exploitation biotechnologique des entités vivantes. Ensuite, elle s'illustre par les manipulations auxquelles elle soumet les êtres vivants, en vue d'en modifier - plus ou moins profondément - la structure organique ou la fonction naturelle. Là, il ne s'agit moins d'*utiliser* ces entités que de les *transformer*.

Il faut donc bien voir que dans les sciences biologiques, le but utilitaire des manipulations n'est pas toujours visé, même s'il est parfois présent et motive, par exemple, les recherches sur les vaccins et les médicaments. Les manipulations manifestent, dans certains cas, l'autonomie de la transformation du matériau vivant ou celle de la modification de la nature et de la fonction des êtres, vis-à-vis d'un but utilitaire traditionnel. Tel est le cas de toutes les inventions de la biologie qui ne visent pas un autre but que la transformation de dispositions naturelles ou la création d'entités vivantes.

La fécondation *in vitro* et transfert d'embryon (FIVETE), les manipulations génétiques, le clonage, les tentatives de synthèse artificielle d'entités vivantes, constituent des illustrations de cette spécificité de l'inventivité des sciences biologiques contemporaines.

Certes, depuis longtemps, l'homme connaît des procédés empiriques de croisement artificiel des espèces, de manipulations visant à améliorer la productivité du bétail ou des plantes agricoles, de sélection artificielle des espèces, etc. Les manipulations et autres inventions opérées sur les êtres vivants dans le but de les modifier ne sont donc pas apparues avec les sciences contemporaines. Elles sont antérieures aux pratiques de la biologie moderne. Par exemple, la sélection artificielle des animaux et des plantes était connue très tôt des premiers éleveurs et des premiers agriculteurs, comme l'a montré Charles Darwin dans *l'origine des espèces*.[351] C'était une pratique sans doute née avec les premières tentatives de domestication des animaux et des plantes. Il s'agissait, par une intervention directe et indirecte sur ces êtres, d'obtenir des races et des espèces améliorées et plus utiles à l'homme. Ces sélections et manipulations empiriques étaient donc toutes motivées par des visées eugéniques et des mobiles pragmatiques.

Mais, tandis que les éleveurs et les agriculteurs procédaient d'une manière empirique, suivant l'art transmis d'une génération à une autre, l'agriculture moderne, grâce aux progrès de la biologie, peut procéder d'une manière méthodique et rationnelle, pour obtenir l'accroissement du rendement et de la qualité de ses produits. Les connaissances scientifiques aujourd'hui permettent, en effet d'obtenir un grand nombre de produits sélectionnés et améliorés, donnant ainsi une impulsion et une portée jamais égalées à ces interventions créatrices. Elles leur fournissent une base théorique plus ferme, un contenu plus étendu et plus diversifié, une ambition plus audacieuse.

---

[351] Dans le premier paragraphe de l'*Origine des espèces* (1859), Darwin donne de nombreux exemples montrant que la sélection artificielle des animaux et des plantes était une pratique connue très tôt de l'homme : « Je pourrais citer plusieurs ouvrages d'une haute antiquité prouvant qu'on reconnaissait, dès lors, l'importance de ce principe », annonce-t-il d'emblée. Puis, il cite quelques exemples historiques : « Nous avons la preuve que, même pendant les périodes barbares qu'a traversées l'Angleterre, on importait souvent des animaux de choix, et des lois en défendaient l'exportation; on ordonnait la destruction des chevaux qui n'atteignaient pas une certaine taille; ce que l'on peut comparer au travail que font les horticulteurs lorsqu'ils éliminent, parmi les produits de leurs semis, toutes les plantes qui tendent à dévier du type régulier. » Ou encore : « Une ancienne encyclopédie chinoise formule nettement les principes de la sélection, certains auteurs classiques romains indiquent quelques règles précises; il résulte de certains passages de la *Genèse* que, dès cette antique période, on prêtait déjà quelque attention à la couleur des animaux domestiques. Encore aujourd'hui, les sauvages croisent quelques fois leurs chiens avec des espèces canines sauvages pour en améliorer la race… » DARWIN C., *L'Origine des espèces*, trad. Daniel Becquemont, Paris, Flammarion, 1992, pp. 78-79.

En définitive, ce qui caractérise l'inventivité spéciale des sciences biologiques contemporaines, ce sont ces trois choses : d'abord elle a doté des pratiques manipulatrices millénaires d'une base scientifique ; ensuite elle s'illustre par des créations dont le but n'est pas seulement de servir de moyen en vue de réalisations utiles à l'homme, mais qui constituent par elles-mêmes la finalité du processus créatif ; enfin elle ne se limite plus à la simple répétition de faits biologiques naturels : son objectif n'est plus de produire, dans un cadre artificiel, un acte qui avait déjà cours dans la nature, mais d'obliger désormais la nature à suivre des voies tout à fait nouvelles, inventées pour elle par la raison humaine. Nous pouvons évoquer, à titre d'illustrations de ces inventions qui s'affranchissent totalement ou partiellement des modèles de la nature, les exemples de la fécondation *in vitro*, qui consiste, pour ainsi dire, à la dé-contextualisation de l'acte reproductif, par la réalisation de germes reproductifs en dehors des conditions naturelles de la germination ; le clonage artificiel, notamment le clonage réalisé à partir des cellules somatiques des mammifères, qui donne à l'intervention biologique d'atteindre un autre niveau d'engagement créatif ; et enfin le projet non encore réalisé de création artificielle de la vie, à partir de la reconstitution artificielle du génome minimal des vivants. Dans ce dernier cas, on n'assiste pas à la simple modification du contexte ou des conditions de la reproduction du vivant, ni à la substitution d'un mode artificiel de transmission de la vie à un mode de reproduction naturelle : c'est la vie elle-même que l'on tente d'obtenir par une voie artificielle.

1- Une intervention créatrice limitée : la fécondation *in vitro* et le transfert d'embryon (fivète).

Depuis le 25 juillet 1978, date de naissance du premier "bébé-éprouvette", Louise Brown, grâce aux travaux du pionnier mondial de la procréation médicale assistée, le Britannique Robert Edwards, l'homme a réalisé une partie de son vieux rêve démiurgique : donner naissance à un être humain sans l'accomplissement d'un acte reproducteur, sans l'union physique d'un couple ! Aujourd'hui, même si des risques d'échec sont toujours présents à chaque tentative, comme cela est le cas pour toute opération délicate de la même envergure, la pratique de la fécondation *in vitro* s'est banalisée et démocratisée pour soulager un nombre croissant de couples souffrant d'infertilité.

Du point de vue de sa portée créatrice, la fécondation *in vitro* et le transfert d'embryon, communément désigné par son acronyme FIVETE, nous fournit l'exemple d'une intervention créatrice limitée de l'homme, dans les sciences biomédicales. Cette invention est en effet créatrice parce qu'elle réalise par des moyens artificiels et hors de son cadre naturel une partie du processus germinal et embryonnaire. Mais cette création est partielle ou limitée, par ces deux caractères : d'abord, elle ne procède pas *ex nihilo*, mais à partir de matériaux reproductifs parvenus naturellement à un certain niveau de leur maturation naturelle dans l'organisme ; ensuite, même si la fécondation proprement dite est réalisée *in vitro*, la suite du développement embryonnaire s'effectue jusqu'à son terme dans l'utérus, de sorte que pour cette raison, comme le font remarquer François Arnal et Claude Humeau, auteurs de *Fécondation in vitro. Informations sur les aspects biologiques à l'usage des couples FIVETE*, le terme de ''bébé-éprouvette'' par lequel on désigne l'enfant issu d'une fécondation *in vitro*, « attire l'attention, mais est mal choisi ».[352]

La FIVETE est un processus dont les phases principales sont constituées par i) le prélèvement, ii) la préparation artificielle de gamètes humains en vue de leur fusion, iii) la fusion elle-même réalisée *in vitro* et, iv) enfin le transfert de l'œuf dans l'utérus, où il poursuivra son développement. Plus globalement, elle comprend deux grandes parties bien distinctes : a) la fécondation *in vitro*, qu'on pourrait définir, à la suite du professeur A. Campana, comme « la fusion en éprouvette d'un spermatozoïde avec un ovule prélevé à l'aide d'instruments »[353]; et b) le transfert d'embryon, c'est-à-dire « l'introduction par le vagin dans la cavité utérine du zygote en cours de développement ».[354]

Pour montrer toute l'étendue mais aussi la limite de l'intervention humaine dans la Fivète, exposons brièvement les grandes étapes de la fécondation et de l'embryogenèse naturelles, avant de situer précisément le niveau de l'intervention humaine dans l'exécution d'une Fivète.

Fécondation et Embryogénie in vivo

La fécondation consiste, chez les vivipares et donc chez l'homme, à la fusion d'un gamète mâle, le spermatozoïde, et d'un gamète femelle, l'ovule. Cette fusion des deux cellules forme une cellule diploïde, le zygote, dont la première division produit l'embryon qui se développe pour donner le fœtus lorsque sont mis en place ses principaux tissus et organes. Dans la procréation naturelle, tout ce processus qui part de la fécondation à l'embryogenèse, puis, au développement fœtal, est précédé d'une longue phase de formation

---

[352] ARNAL F. & HUMEAU C., *Fécondation in vitro. Informations sur les aspects biologiques à l'usage des couples FIVETE*, publication du Laboratoire de Biologie de la Reproduction du CHR de Montpellier, Sauramps Médical /Diffusion Vigot, 1986, p. 7. En effet, expliquent les auteurs, la FIVETE « ne comporte qu'une très courte phase en éprouvette ou i*n vitro* : la fécondation elle-même (fusion d'un ''ovule'' et d'un spermatozoïde), et 1 à 2 jours de développement embryonnaire. Le très jeune embryon est ensuite transféré dans la cavité utérine, où il s'implante quelques jours plus tard, avant de poursuivre son développement ».

[353] CAMPANA A., « Fécondation in vitro, transfert d'embryon, transfert intratubaire de gamètes : Indications, techniques, chances de succès, problèmes médicaux » in MÜLLER H., SPRUMONT P., *Médecine de la reproduction et génie génétique*, Éditions Universitaires Fribourg- Suisse, 1990, p. 66.

[354] *Idem.*

et de maturation des gamètes eux-mêmes, car pour que leur rencontre soit féconde, c'est-à-dire propre à générer la vie, il faut qu'ils soient parvenus d'abord, chacun pour sa part, à leur pleine maturité.

L'ovule désigne précisément le gamète femelle (ovocyte) lorsque celui-ci atteint son stade ultime de maturation. Pour y parvenir, l'ovocyte, généré par l'ovaire, se développe suivant cinq grandes étapes, remarquables à l'évolution des cellules satellites, constituant son follicule, passant par les stades de follicule primordial, primaire, secondaire, tertiaire et mûr. Chacun de ces stades de l'ovogenèse est caractérisé par une évolution très apparente du follicule due à la multiplication des cellules folliculeuses. [355] À la modification des dimensions du follicule s'ajoute une modification de sa structure. Ainsi, au fur et à mesure qu'il se développe, ses cellules s'arrondissent de plus en plus. Et, au stade secondaire, apparaît une couche cellulaire externe la *thèque* ; au stade tertiaire, se forme une cavité à l'intérieur du follicule, l'*antrum*, qui s'étendra à mesure que se développera le follicule et recueillera le liquide sécrété par les cellules ; dans le follicule mûr, les cellules folliculeuses sont parvenues à leur stade final de développement et sont prêtes à la fécondation. À ce stade, font remarquer Arnal et Humeau, « la cavité folliculaire atteint un volume considérable (5 ml en moyenne) et le nombre des cellules folliculeuses est maintenant de 50 millions. Elles sont disposées sur quelques couches autour de la cavité folliculaire, un groupe fait saillie dans cette cavité, c'est le *cumulus*, au sein duquel se trouve l'ovocyte ».[356] L'apparition du cumulus péri-ovocytaire est le signe de la maturité du complexe folliculaire, à l'intérieur duquel l'ovocyte, lui-même, a mûri : sa taille a augmenté jusqu'à atteindre 12 cm de diamètre ; son cytoplasme est parvenu à maturité ; sont apparents désormais sous sa couche superficielle sa surface des granules corticaux, etc.

Lorsqu'un follicule parvient ainsi au stade ultime de sa maturation, il entre dans la phase d'ovulation. Celle-ci commence par la libération de l'ovule et son expulsion hors de l'ovaire et de l'enveloppe péri-ovocytaire. Puis, celui-ci s'engage dans la trompe jusqu'au niveau de l'ampoule, où il s'installe dans l'attente d'une éventuelle fécondation. L'ovulation est un processus complexe qui a lieu autour du 14ème jour du cycle menstruel. Elle commence par la rupture du follicule, se poursuit par la migration de l'ovocyte contenu dans le cumulus oophorus, entraîné par le liquide follicu-

---

[355] Le follicule primordial mesure environ 0,03 mm de diamètre, le follicule primaire 0,15 mm, le follicule secondaire 0,5 mm, le follicule tertiaire 10 mm et le follicule mûr 2,4 cm en moyenne.

[356] ARNAL F. & HUMEAU C., op. cit., p. 22. « Le cumulus est constitué par plusieurs milliers de cellules appelées péri-ovocytaires, puisqu'elles gravitent sur la couche superficielle de l'ovocyte, la couche la plus proche de l'ovocyte est en relation avec lui et porte le nom de *corona radiata*. Le follicule mûr a une taille très importante par rapport à celle de l'ovaire; en fin d'évolution, son diamètre est en moyenne de 2,4 cm. »

laire, vers l'ampoule. La partie du follicule restée dans l'ovaire, entame alors sa métamorphose en se transformant en une masse de cellules lutéales, le *corps jaune*. L'ensemble du processus d'ovulation est stimulé par deux hormones hypophysaires : la FSH ou hormone folliculo-stimulante, produite pendant la période pré-ovulatoire, et dont la fonction consiste à stimuler la maturation du follicule et la LH ou hormone lutéinisante, qui provoque la rupture du follicule et le déclenchement de l'ovulation.[357]

Lorsque le complexe cumulus-ovocyte parvient au niveau de l'ampoule, il est en principe prêt à la fécondation. Celle-ci survient lorsque se produit une rencontre avec un spermatozoïde ayant accompli, pour sa part, son propre processus de maturation et ayant effectué sa migration jusqu'à l'ampoule.

Le spermatozoïde est le gamète mâle. Il présente, à maturité, une structure en trois grandes parties : une tête contenant le noyau cellulaire, et recouverte par un organite, l'acrosome, dont la fonction est de produire les enzymes nécessaires à la pénétration de l'ovocyte ; un col reliant la tête au flagelle; le flagelle, sorte de queue filiforme comprenant à sa base un agencement de mitochondries ayant pour fonction de fournir l'énergie nécessaire au mouvement du spermatozoïde, et dans son axe, un agencement de microtubules dont les glissements induisent les ondulations du flagelle.

Dans la fécondation naturelle, les spermatozoïdes émis et déposés dans le vagin migrent par leur mouvement propre à travers le col de l'utérus, où ils subissent, dans la glaire cervicale, un lavage qui les débarrasse du liquide spermatique, des bactéries et des cellules mortes ou étrangères. Puis ils traversent la cavité utérine et parcourent la trompe jusqu'à l'ampoule, où se trouve l'ovocyte au terme de l'ovulation. Pendant cette migration les spermatozoïdes, outre le lavage subi, sont sélectionnés et progressivement capa-

[357] En fait, expliquent F. Arnal et C. Humeau, « la LH a deux sortes de cellules cibles : - celles du follicule, mais principalement du follicule mûr qui réagissent en subissant les modifications caractéristiques de l'ovulation (...) La LH est donc l'hormone de l'ovulation. - Les cellules du corps jaune, qui réagissent en élaborant à leur tour une autre hormone, la progestérone. » *Ibid.*, p. 28. Les auteurs montrent aussi que les deux hormones ovariennes ont d'autres fonctions, notamment sur les organes périphériques, qui seront sollicités à un moment ou un autre de la fécondation. Ainsi, par exemple, elles provoquent des modifications physiologiques du tractus génital féminin : « Trompe, muqueuse utérine, col de l'utérus, muqueuse vaginale, dont les structures et les fonctions se trouvent de la sorte modifiées de façon cyclique. Ainsi sous l'influence des œstrogènes [hormones sécrétées par la FSH], le col de l'utérus s'ouvre et sécrète un mucus (la glaire cervicale) qui régulera le passage des spermatozoïdes, la progestérone a une action inverse. De même la muqueuse utérine, ou endomètre, est modifiée jour après jour sous les effets combinés de ces deux hormones. » *Ibid.*., p. 29.

cités.[358] Dans la fécondation naturelle normale, seul un spermatozoïde parvient à entrer en fusion avec l'ovocyte (principe dit de monospermie).

Le mécanisme de la fécondation est enclenché lorsque le spermatozoïde atteint le complexe cumulus-ovocyte, au niveau de l'ampoule ; l'acrosome sécrète alors les enzymes qui permettent sa pénétration dans les couches péri-ovocytaires. Puis le spermatozoïde se fixe latéralement sur l'ovocyte. S'engage alors le processus de la fusion.

La fusion effectuée, commence la formation et le développement embryonnaires. Une phase d'activation de l'œuf opère les premières métamorphoses cellulaires qui, à terme, généreront l'embryon. Dans l'activation de l'œuf, on distingue 3 grandes réactions qui induisent ces métamorphoses : une réaction corticale, qui transforme la membrane cellulaire, une action nucléaire, avec l'apparition d'un deuxième globule polaire dans l'espace péri-vitellin, une réaction cytoplasmique. On observe aussi la fusion chromosomique ; celle-ci est précédée de la formation de deux pronuclei respectivement par une modification du noyau du spermatozoïde (pronucléus mâle) et par la formation d'une membrane autour des chromosomes femelles (pronucléus femelle). Ce sont les deux pronuclei qui, en fusionnant, forment, sur un fuseau de division cellulaire, la chaîne chromosomique de l'embryon (constituée par 23 paires de chromosomes).

À la phase de la fusion des gamètes succède celle de la segmentation, c'est-à-dire le début du développement embryonnaire. La segmentation s'étend sur 6 jours à l'issue desquels, l'œuf, après de multiples subdivisions, forme un *blastocyste* de 50 000 à 100 000 cellules, les blastomères. La configuration du blastocyste présente un pourtour constitué par une chaîne de cellules (le trophoblaste, qui formera le placenta et jouera, durant toute l'évolution de l'embryon un rôle nourricier), un amas cellulaire groupé dans un coin de la concavité blastocystique (appelé bouton embryonnaire, qui formera l'embryon proprement dit). Pendant les phases de la segmentation[359], l'embryon est entraîné de l'ampoule vers la cavité utérine qu'elle atteint au 3e ou 4e jour. Au 6e jour, commence la nidation de l'œuf dans l'utérus : l'embryon se fixe sur la muqueuse utérine (l'endomètre), puis, peu à peu, pénètre dans cette muqueuse qui se referme sur l'œuf autour du 13e

[358] Pour devenir fécondants, les spermatozoïdes subissent des modifications chimiques de la membrane qui les enveloppe : « élimination d'un film superficiel de substances glucidiques, réarrangement des constituants membranaires. C'est la capacitation. » *Ibid.*, p. 48.

[359] La chronologie de la segmentation comporte un certain nombre de phases :
-stade à 2 blastomères : entre la 20è et la 30è heure après la fusion des gamètes,
-stade à 3 blastomères, entre la 30è et la 36è heure;
- stade à 4 blastomères entre 36è et la 40è heure;
- stade à 8 blastomères entre 40è et la 50è heure;
- stade morula (15 à 50 cellules) entre la 50è et la 80è heure (3è et 4è jour);
- stade blastocyste (50 à 100 cellules entre le 5è et le 6è jour).

jour. La nidation se termine au 14e jour. L'embryon continuera son développement dans l'utérus, jusqu'au terme de la grossesse qui est ainsi enclenchée.

Étant donné que l'intervention directe de l'homme, dans la fécondation artificielle, ne concerne pas les stades ultérieurs de la grossesse, mais les phases antérieures à la nidation, l'on peut arrêter ici l'exposé sur les phases de la fécondation naturelle et exposer à présent les mécanismes de l'intervention humaine dans la fécondation *in vitro* et le transfert embryonnaire

Fécondation in vitro et transfert d'embryon

La Fivète se décompose en phases qui définissent les niveaux précis de l'intervention de l'homme dans la procréation artificielle : prélèvement et conservation des gamètes ; culture et maturation artificielle des ovocytes et des spermatozoïdes, réalisation de la fusion *in vitro*, activation de l'œuf ; transfert embryonnaire. Elle couvre une courte période de la genèse et du développement du zygote, s'étendant du 14e jour du cycle au 16e jour. On observera donc le caractère bien limité et bien délimité de l'intervention humaine dans la procréation *in vitro*. Mais cette relative brièveté de la durée de l'invention n'en réduit pas l'importance : au contraire, l'acte artificiel se situe précisément à un moment crucial, celui qui conditionne tout le développement embryonnaire, à savoir la fécondation. L'intervention ne vient pas apporter un complément ou un supplément d'être, elle vient initier le processus vital, produire l'œuf à partir duquel se développeront l'embryon et le fœtus.

a- Prélèvement et préparation des gamètes

1) Les spermatozoïdes

Le prélèvement des spermatozoïdes en vue d'une Fivète, s'effectue par masturbation. Les gamètes, une fois recueillis, subissent une phase de préparation devant les porter à un niveau de maturité et de capacité comparable à celui qu'ils atteignent au moment d'entrer en fusion avec l'ovocyte, dans la procréation naturelle.

La préparation des spermatozoïdes consiste essentiellement à les laver par centrifugation et à les capaciter dans un milieu de survie (milieu Menezo). Plusieurs phases sont à observer dans cette opération : une première centrifugation du sperme dans un liquide physiologique qui dure environ 5 minutes, et à l'issue de laquelle le culot constitué de spermatozoïdes est retenu tandis que le surnageant formé par le mélange de liquide spermatique et de liquide physiologique est rejeté. Puis, on fait subir de nouveau aux spermatozoïdes une deuxième centrifugation pour sélectionner les plus vigoureux (les plus mobiles) et rejeter les cellules mortes et les spermatozoïdes les moins actifs. À l'issue de la deuxième centrifugation, on ajoute au culot recueilli et contenant les meilleurs spermatozoïdes un milieu de survie dans lequel migreront les spermatozoïdes les plus mobiles. On recueille alors le milieu contenant en général une population très dense de spermatozoïdes (entre 1 et 5 millions par millilitre), qu'il faut diluer pour obtenir une densité identique à celle de la population de spermatozoïdes qui, dans la fécondation naturelle, entre en contact avec l'ovocyte (50 000 à 100 000 par millilitre). À l'issue de ces manipulations, on a en général une population de spermatozoïdes capacités par les facteurs capacitants du milieu Menezo et aptes à la fécondation.

2) Les ovocytes

Dans le cadre de la Fivète, l'on prélève un grand nombre d'ovocytes juste avant la rupture du follicule et le début de l'ovulation. En effet, expliquent Arnal et Humeau, « une fois émis dans l'ovaire, [l'ovocyte] serait très difficile à retrouver. Ainsi les ovocytes sont-ils obtenus par ponction de follicules mûrs qui font saillie à la surface de l'ovaire, juste avant l'ovulation. »[360]

Avant la ponction, pour se donner de chances de recueillir un grand nombre de follicules ayant atteint à peu près le même niveau de maturité, on procède, dans la période pré-ovarienne, à une stimulation artificielle de l'ovaire par l'administration d'hormones FSH ou d'hormones aux effets analogues à ceux de la FSH, ou encore de substances chimiques déclenchant la sécrétion de la FSH. Puis, on provoque artificiellement l'ovulation par l'administration d'hormones LH, ou d'hormones HCG[361] aux effets identiques à ceux de LH. L'ovulation survient 36 heures après.

La ponction ovarienne, c'est-à-dire l'aspiration des follicules mûrs qui font saillie à la surface de l'ovaire, est effectuée avant que ne s'opère la rupture des follicules, sont environ 35 heures après l'administration des hormones lutéinisantes. Elle est pratiquée généralement pendant une cœlioscopie, ou sous contrôle échographique, par voie transabdominale ou transvaginale. Le prélèvement vise à recueillir non pas l'ensemble du complexe folliculaire, mais le liquide folliculaire dans lequel se trouve l'ovocyte entouré des cellules péri-ovocytaires, en enlevant, si cela est nécessaire, le cumulus et la corona radiata, afin d'observer leur degré de maturité et précéder, au besoin, à leur maturation *in vitro*[362], avant la fécondation *in vitro* proprement dite.

---

[360] ARNAL F. & HUMEAU C., *op. cit.*, p. 32.

[361] Human Chorionic Gonadotrophin

[362] La maturation *in vitro* des ovocytes survient au terme d'un processus qui consiste à les tenir dans un milieu de survie et dans un incubateur porté à 37°C, pendant une durée de 1 à 10 heures suivant les cas. Mais observent Arnal et Humeau, « on tend cependant à rendre [la maturation artificielle] la plus courte possible, car il n'est pas certain que cette phase soit réellement indispensable : elle est sans doute efficace sur la maturité nucléaire mais sans effet sur la maturité cytoplasmique; en outre, si elle est trop longue, elle a peut-être un effet néfaste

b- Le transfert intratubaire des gamètes (GIFT)

Toutes les fécondations artificielles ne comprennent pas nécessairement la phase d'une ''fécondation *in vitro*''. En effet dans certains cas, les gamètes, après avoir été artificiellement prélevés et portés à un degré suffisant de maturité, sont transférés séparément dans les trompes de la femme, sans attendre qu'ils soient mis en présence les uns des autres et ne fusionnent dans un milieu artificiel. C'est le transfert Intratubaire de Gamètes ou GIFT (Gamete Intrafallopian Transfer). Il peut concerner seulement les spermatozoïdes, ou à la fois les spermatozoïdes et les ovocytes. Voici, à grands traits la méthode du GIFT, décrite par A. Campana : « La ponction folliculaire est réalisée, comme pour une FIV, sous contrôle laparoscopique. Les ovocytes (...) sont classés d'après leur degré de maturité et conservés en milieu de culture jusqu'au transfert. »[363] Puis, on effectue le transfert intratubaire de gamètes proprement dit. Celui-ci se réalise en quelques opérations très précises : 1) d'abord on remplit la sonde de transfert avec le milieu de culture, on y place les gamètes prélevés en veillant à séparer les ovocytes et les spermatozoïdes, par exemple au moyen d'une bulle d'air ; 2) on pousse la sonde par la voie transabdominale vers l'ampoule d'une trompe, et à l'aide d'une pince, on dirige l'extrémité de l'ampoule vers le bout de la sonde ; 3) on enfonce le bout de la sonde vers l'ampoule d'environ 1,5 cm et on y libère les gamètes. Le transfert est ainsi réalisé.[364]

c- L'insémination *in vitro*

Mais l'intervention humaine peut être poussée plus loin et réaliser dans une éprouvette la fusion des gamètes (la fécondation), avant de transférer l'œuf dans l'utérus. C'est ici qu'on peut proprement parler de fécondation *in vitro*.

Celle-ci se réalise par la mise en présence d'un grand nombre d'ovocytes mûrs et de 50 000 à 100 000 spermatozoïdes préparés, dans une éprouvette contenant un milieu de survie. Un des spermatozoïdes parvient à se fixer sur les cellules qui enveloppent l'ovocyte comme dans la fécondation naturelle, puis l'acrosome du spermatozoïde sécrète ses enzymes lui permettant de traverser le cumulus oophorus, la zone pellucide et la membrane ovocytaire. La fusion des gamètes se réalise en deux ou trois heures.

On peut alors observer quelques manifestations physiologiques caractéristiques de la fécondation, à savoir « l'élargissement de l'espace péri-

---

sur l'ovocyte. Raisonnablement courte, elle sert au moins à débarrasser le cumulus des cellules sanguines souvent très nombreuses dans les ponctions de liquide folliculaire. » Op. cit., p. 39.

[363] CAMPANA A., *op. cit.*, p.76.

[364] *Idem.*

vitellin, l'apparition du deuxième globule polaire, la formation de deux pronuclei et la première division de segmentation. »[365]

Dès la formation de l'œuf, pour éviter toute pénétration polyspermique, on transfère celui-ci dans un autre milieu de culture ayant les mêmes caractéristiques, mais qui est dépourvu de spermatozoïdes. Là on le laisse pendant 24 heures opérer ses premières phases de segmentation, jusqu'au stade de 2 à 4 blastomères, selon la vitalité des œufs. Après cela, l'embryon est extrait du milieu artificiel et transféré dans l'utérus pour y poursuivre son développement.

d- Le transfert d'embryon

En général, l'embryon est transféré dans l'utérus au stade 4 blastomères, c'est-à-dire lorsqu'il est âgé d'un jour et demi. Mais, sur la question du meilleur moment pour réaliser un transfert embryonnaire avec les meilleures chances de succès, on notera que certains praticiens ont réussi le transfert précoce des embryons (au stade des pronuclei par exemple). Ce qui est en revanche plus risqué, c'est de procéder au transfert tardif (au-delà du stade 8 blastomères).[366] Une fois introduit dans la cavité utérine, l'embryon y poursuit le processus de segmentation jusqu'à la formation du blastocyste, avant d'entamer sa nidation dans l'endomètre.

Le transfert d'embryon est pratiqué par voie transcervicale, au moyen d'une sonde qui dépose l'embryon dans le fond utérin. La grossesse s'engage et se développe à partir de là sous une stricte surveillance médicale jusqu'à l'accouchement.

La Fivète est une réussite biotechnologique importante, notamment en raison de ses conséquences sociales : elle permet de soulager de nombreux couples aujourd'hui. Sur le plan strictement scientifique, elle illustre le niveau actuel des capacités inventives de la biologie. En procédant, dans des conditions artificielles, à la fusion des germes vivants, préalable au développement embryonnaire, la science ne crée certes pas la vie, elle ne crée pas non plus le vivant ; toutefois elle dispense la nature confrontée à la difficulté d'étapes primordiales et fondamentales du processus embryonnaire, en les accomplissant elle-même artificiellement.

La question de la viabilité et même du statut des fruits de cette prouesse scientifique ne se pose plus aujourd'hui. La science n'ayant fait qu'utiliser des méthodes artificielles pour accomplir et accompagner les processus natu-

---

[365] ARNAL A. et HUMEAU C., op. cit., p. 63.

[366] CAMPANA A., *op. cit.*, p. 71. Cela n'exclut pas que, dans certains cas, des transferts tardifs (au stade morula ou même au stade blastocyste) puissent conduire à des grossesses évolutives. En fait, les difficultés auxquelles se heurtent les transferts tardifs d'embryon s'expliquent par le fait que, disent Arnal et Humeau, « la vitalité de l'embryon dans le milieu de culture est moins bonne que dans la cavité utérine et que les chances de nidation sont moindres; on a donc tendance à effectuer le transfert le plus tôt possible. » Op. cit., p. 77.

rels, les bébés-éprouvettes sont des bébés, comme les autres. Ils sont capables de se reproduire, et mieux, de procréer par voie naturelle, comme le montre l'exemple d'Amandine, le premier enfant né d'une fécondation *in vitro* en France, qui vient de mettre au monde (par voie naturelle) son premier bébé le 12 juin 2013. La fillette, née en parfaite santé et pesant 3,2 kg à la naissance, se prénomme Ava.

Dans la fécondation *in vitro*, l'artifice n'a constitué en définitive qu'une parenthèse heureuse et bénéfique, mais qui n'a jamais compromis la naturalité ou la normalité du processus embryonnaire. C'est Amandine elle-même qui, dans une interview parue dans *Le Journal du dimanche*, résume le mieux ce rapport entre nature et artifice dans la procréation médicalement assistée : « Les personnes nées par FIV (fécondation *in vitro*) n'ont pas plus de problèmes d'infertilité que les autres (...) C'est un symbole : la médecine aide les couples à un moment et trente ans plus tard, tout est naturel. »[367]

2- Le clonage des mammifères

Les manipulations biologiques atteignent un autre stade d'inventivité avec la réalisation artificielle du clonage[368] d'animaux qui ne se reproduisent pas naturellement de cette manière.

Le clonage en effet peut être une voie naturelle de procréation ou être étranger au mode naturel par lequel une espèce donne vie à de nouvelles générations. Il s'ensuit que le clonage artificiel n'a pas dans les deux la même valeur inventive. Lorsqu'il est appliqué à des animaux tels que les bactéries, les madrépores ou les hydres, qui se reproduisent naturellement par cette voie, il ne pose pas, par rapport à la question de l'invention biologique, de problèmes fondamentalement différents de ceux de la fécondation *in vitro* par exemple, puisqu'il s'agirait, dans ce cas aussi, de la réalisation artificielle d'un mode naturel de reproduction. En revanche, dans le cas du clonage artificiel d'espèces se reproduisant naturellement par voie sexuée, nous atteignons, pour ainsi dire, un double niveau de l'artifice. Nous sommes pour ainsi dire en face d'une reproduction artificielle d'un artifice,

---

[367] *Le Journal du dimanche*, n° 3466 du 16 juin 2013.

[368] Le terme de ''clonage'' vient de ''clone'' qui signifie suivant son étymologie grecque : ''pousse''. Le clone peut être défini, en général, comme le résultat d'une reproduction asexuée ; c'est le cas par exemple, chez les plantes qui se reproduisent par bourgeonnement ou, chez les animaux qui se reproduisent par parthénogenèse. Les cancers sont une multiplication anarchique de clones cellulaires dans l'organisme. Ainsi que le définit *Le Dictionnaire des Sciences* (Hachette), un clone est « un ensemble d'individus (qu'il s'agisse de cellules, d'organismes ou de molécules d'ADN) issus par reproduction conforme d'une même information génétique et par suite génétiquement identiques entre eux. » Les plantes se clonent lorsque, au lieu de se reproduire par fécondation des fleurs, s'engendre, par exemple, par marcottage. Dans le règne animal, les bactéries, les hydres, les madrépores, de même que certains lézards, se reproduisent naturellement par clonage. Le mot ''clone'' a été employé pour la première fois, en 1903, par le botaniste américain Herbert John Webber pour désigner les plantes issues d'une reproduction asexuée.

c'est-à-dire de la réalisation artificielle d'un mode de reproduction lui-même complément étranger à la nature des êtres. La reproduction par clonage, dans le cas de ces animaux, est elle-même une invention de la science, en même temps que la méthode de sa réalisation la désigne comme un acte purement artificiel.

La différence entre la reproduction clonée et la reproduction sexuée est profonde, parce qu'elles reposent sur des dispositions physiologiques radicalement divergentes. Le clonage n'est possible en principe que pour les espèces animales ou végétales chez lesquelles la différenciation cellulaire n'induit pas de spécialisation irréversible des fonctions organiques. Par exemple, lorsqu'on prélève une tige aérienne ou une branche de telle plante, et qu'on l'enfouit ensuite dans le sol préalablement traité afin qu'elle y prenne racine, se développe et donne une plante identique à celle qui a fourni la tige prélevée, la réussite de cette pratique dépend de cette loi biologique sans doute inconnue des premiers agriculteurs qui ont commencé à pratiquer ce clonage empirique. Il s'agit de la loi suivant laquelle la différenciation cellulaire n'entraîne pas une spécification irréversible des fonctions génétiques, de sorte que, quoique les branches et les tiges aériennes ne soient pas d'abord destinées à servir directement de maillons reproductifs, leur contact avec le sol provoque comme un phénomène de ''dédifférenciation'' cellulaire, puis de ''ré-différenciation'' les rendant aptes à bourgeonner.

Cet atout ne s'observe pas chez les animaux supérieurs. Dans leur cas, au contraire, le processus de la différenciation cellulaire entraîne une spécification irréversible des fonctions génétiques, rendant, en principe, impossible le clonage de l'individu à partir de cellules somatiques. En effet, si le clonage artificiel des êtres (unicellulaires ou pluricellulaires) dont le développement n'implique pas de différenciation irréversible ne semble se heurter à aucune difficulté théorique, en revanche, chez les êtres supérieurs tels que les mammifères, le développement ontogénique impliquant des spécialisations progressivement nettes des fonctions physiologiques, c'est par conséquent une véritable prouesse biotechnologique que de parvenir à réaliser leur clonage artificiel à partir de cellules somatiques notoirement différenciées.

L'aventure du clonage expérimental des animaux supérieurs commença au début des années 1950, lorsque certains biologistes comme Robert Briggs et Thomas Joseph King se demandèrent s'il n'était pas possible de concevoir le clonage artificiel de ceux-ci par manipulation de leurs cellules adultes déjà différenciées. Par exemple, en transplantant dans un ovocyte énucléé le noyau d'une cellule différenciée de l'individu adulte. Un tel transfert pouvait-il induire un développement normal de l'œuf ?

La grande question théorique qui était à l'origine de ces supputations était la suivante : le noyau d'une cellule différenciée de ces animaux a-t-il subi des changements irréversibles qui limitent ses fonctions ? Ou encore : a-t-il perdu irrévocablement sa totipotence ? Si tel est le cas chez les mammifères, alors toute tentative de procéder à leur clonage par implantation du noyau de ces cellules dans un ovocyte énucléé ne peut qu'être vouée à l'échec, puisqu'une telle manipulation ne peut donner lieu à la formation et au développement d'un embryon viable. Mais, au contraire, si la différenciation cellulaire n'induit pas l'irréversibilité des changements subis par son noyau ou, pour employer ces mots, « si chaque noyau demeure identique au noyau du zygote (ovule fécondé), quelle que soit la cellule à laquelle il appartient, il serait alors capable de donner lieu au développement d'un organisme complet lorsqu'on le transplante dans un œuf dont on a préalablement enlevé le noyau ».[369] En d'autres termes, l'objectif scientifique des expériences auxquelles allaient se livrer Briggs et King, c'était de savoir si, en dépit de la différenciation qu'elles ont subie, les cellules adultes d'un organisme pluricellulaire, tel qu'un vertébré, continuent ou non d'êtres totipotentes, c'est-à-dire d'êtres susceptibles, à l'image d'une cellule non encore différenciée, de se développer en un organisme entier. L'enjeu pratique était de montrer jusqu'à quel point on pouvait espérer donner artificiellement naissance à des clones d'êtres complexes, qui soient la reproduction identique d'adultes existants, obtenue par le développement d'un ovocyte dans lequel on a transplanté le noyau d'une cellule différenciée.

Ainsi qu'on le voit, les enjeux du clonage des vertébrés étaient à la fois théoriques et technologiques : tester la solidité de la théorie de l'irréversibilité des différenciations cellulaires chez les animaux à reproduction sexuée, et aussi éprouver l'étendue de la capacité humaine à imposer à la nature des voies d'une reproduction tout à fait originale.

La possibilité de soumettre des mammifères à des modes de reproduction non conventionnels avait déjà été formulée et expérimentée. L'idée d'une transplantation viable de noyaux de cellules somatiques dans des ovocytes énucléées avait été évoquée pour la première fois par l'embryologiste allemand Hans Spemann, en 1935. En 1939, le biologiste américain Gregory Goodwin Pincus réalisa la première reproduction artificielle par parthénogenèse d'une lapine. L'expérience consista à féconder par excitation un ovule, sans l'apport d'un spermatozoïde. La réussite expérimentale de la parthénogenèse d'un mammifère ouvrait à la possibilité du clonage, même s'il est vrai que les deux exercices diffèrent dans leurs objectifs théoriques : dans la parthénogenèse, il s'agit de substituer à la fécondation par fusion de deux gamètes la fécondation artificielle par excitation de l'ovule, en sauvegardant le principe naturel de la reproduction sexuée, à savoir la mise à contribution des gamètes. Or, dans le clonage, le matériau minimal de la reproduction

---

369 DUBOIS M., DEMOULIN A., JOUAN C., THONON F., SCHAAPS J.P., FOIDART J.M., « Dolly ou le meilleur des mondes. Un prélude vers le clonage humain ? », *Revue médicale de Liège*, mars 1997, vol. 52 (3), p. 174.

sexuée est absent. Certes, l'ovule a été fécondé, mais en vue de la réalisation du clonage, l'œuf fécondé est énucléé, c'est-à-dire délesté de sa mémoire génétique et réduit à son cytoplasme. Puis, on substitue au noyau de la cellule reproductrice le noyau d'une cellule non reproductrice. Dans la parthénogenèse de la lapine, Pincus n'avait fait que remplacer, dans un processus de reproduction sexuée, une fonction organique (la fécondation de l'ovule par le spermatozoïde) par un substitut mécanique ayant exactement le même effet sur l'ovule. Le clonage, au contraire n'implique pas une simple substitution fonctionnelle, mais une véritable conversion, celle qui change une cellule qui naturellement n'est pas destinée à la reproduction en cellule reproductrice. Autant dire qu'il y a une différence capitale entre les deux artifices : l'un préserve l'essentiel du processus naturel, l'autre le bouleverse et le remplace par un processus emprunté à d'autres natures.

Néanmoins la parthénogenèse artificielle préfigure ou rejoint le clonage, quand elle impose aux mammifères un mode de reproduction qui échappe à leur nature. On peut en effet soutenir que, parce qu'elle n'est pas fondée sur la rencontre et la fusion des gamètes mâle et femelle, la parthénogenèse s'apparente aussi à un mode de reproduction asexuée.

Le clonage opéré par Briggs et King ne concernait pas des mammifères, mais des batraciens, en l'occurrence la grenouille de l'espèce *Rana pipiens*. Le principe en a consisté à transplanter le noyau d'une cellule différenciée dans un ovocyte énucléé.

La méthode de Briggs et King était très interventionniste puisque, à plusieurs niveaux de l'expérience, elle fit intervenir un acte externe des expérimentateurs qui influençait ou modifiait la structure et le développement de l'œuf expérimental. D'abord, la fécondation de l'œuf-hôte est obtenue artificiellement par son activation au moyen d'une aiguille; ensuite la division méiotique est provoquée par la piqûre de l'ovocyte ; puis le noyau de l'œuf fécondé est extrait en utilisant des instruments artificiels ; il en est de même du prélèvement du noyau de la cellule donneuse et enfin de son injection dans le cytoplasme de l'œuf énucléé.

Le clonage de *Rana pipiens* ainsi obtenu est une opération dans laquelle l'action de l'homme est prépondérante, et survient pratiquement à tous les stades des modifications essentielles des cellules donneuses et receveuses. Voici la méthode de Briggs et King résumée par les auteurs de l'article « Dolly ou le meilleur des mondes. Un prélude vers le clonage humain? ». Celle-ci se compose de trois grandes phases : 1) d'abord la fécondation artificielle de l'œuf du batracien : « Briggs et King avaient observé que lorsqu'on pique un œuf de *Rana pipiens* (la grenouille léopard) à l'aide d'une aiguille de verre propre, l'œuf subit tous les changements cytoplasmiques et biochimiques associés à la fécondation. Les réarrangements cytoplasmiques internes de la fécondation ont lieu, l'œuf hôte est ainsi activé. » 2) Ensuite, l'énucléation de l'œuf fécondé : « On peut aisément, dans un tel œuf, localiser la région nucléaire au moment où s'achève la deuxième division méiotique. On enlève alors les chromosomes et le fuseau de la cellule. L'œuf hôte, ainsi activé, est énucléé. » 3) Enfin, la transplantation de noyau de cellules différenciées dans l'ovocyte énucléé : « Briggs et King ont alors transféré le noyau de diverses cellules différenciées d'amphibiens dans cet œuf énucléé. Ils utilisèrent une micropipette servant à prélever le noyau de la cellule donneuse et à l'injecter dans le cytoplasme de l'œuf énucléé. »

Le résultat de ces manipulations fut un succès : « Briggs et King démontrèrent successivement en 1952, puis 1956, que les noyaux de cellules embryonnaires, mais aussi de cellules somatiques ou de cellules germinales (le précurseur des gamètes), sont capables d'induire un développement complet d'un têtard normal, puis d'une grenouille adulte. »[370]

Plusieurs enseignements théoriques découlent des expériences de Briggs et King. On remarque par exemple que, concernant les cellules embryonnaires, le succès du clonage dépendait du stade de développement de l'embryon. Les noyaux prélevés sur des cellules embryonnaires n'ayant pas encore subi toutes les divisions induisant les spécialisations cellulaires étaient plus aptes à conserver leur totipotence que ceux prélevés sur des embryons plus développés, et *a fortiori* ceux issus d'organismes adultes. Il faut attendre l'année 1962 pour qu'une équipe de chercheurs de l'Institut de Recherche sur le cancer de Philadelphie, conduite par John Bertrand Gurdon, parvienne au clonage de grenouilles à partir de noyaux de cellules somatiques différenciées, notamment les cellules intestinales et épithéliales, prélevées chez des grenouilles adultes. Le succès de ces expériences montrait, à l'instar de celles de Briggs et King, que chez ces batraciens, certaines cellules somatiques continuent d'être totipotentes nonobstant la différenciation cellulaire.

Mais le succès du clonage des amphibiens ne garantissait pas celui des mammifères, dont ils diffèrent par de nombreux caractères biologiques. Néanmoins, le clonage embryonnaire des mammifères fut assez vite réalisé, et la technique en est aujourd'hui relativement maîtrisée. On est même parvenu à obtenir des clones d'embryons de plus en plus développés[371], sans que l'on ne soit arrivé, jusqu'au clonage de la brebis Dolly, à aller plus loin, notamment en clonant des mammifères à partir de noyaux de cellules différenciées adultes.

---

[370] *Idem.*

[371] Par exemple, en 1990, Jean-Paul Renard et Ivan Heyman de l'Unité de Biologie du Développement de l'INRA de Jouy-en-Josas (France) ont obtenu par le clonage d'un embryon congelé de 32 cellules, la naissance de six lapereaux. En 1993, ils obtinrent par le clonage d'un embryon de 50 à 60 cellules cinq veaux, en 1996, Ian Wilmut lui-même, le futur père de Dolly, parvint au clonage d'un embryon de 120 cellules, qui donna deux agnelles : Megan et Morag, etc.

Le clonage de Dolly par l'équipe écossaise du docteur Ian Wilmut n'est donc pas seulement une prouesse biotechnologique, elle a une portée révolutionnaire sur une théorie jusque-là admise par les biologistes : l'irréversibilité de la différenciation cellulaire dans ces incidences sur les caractères et les fonctions du génome. En effet, comme le dit Sylvia Vaisman dans un article paru dans la revue *Biofutur*, en avril 1997, « la naissance de Dolly va à l'encontre de la théorie établie selon laquelle la différenciation cellulaire conduit à des modifications irréversibles du génome, interdisant ainsi le retour à la totipotence des noyaux des cellules déjà différenciées. D'où l'idée, qui a prévalu jusqu'alors, que le clonage des mammifères à partir de cellules somatiques d'adulte était impossible ».[372]

La publication, le 27 février 1997, dans le numéro 385 de la revue *Nature*, de l'article d'Ian Wilmut et son équipe du Roslin Institute d'Édimbourg (Écosse), annonçant la naissance de Dolly, marque une date importante dans l'histoire de l'invention scientifique en général et en particulier de l'invention biotechnologique. La science venait de franchir une autre étape cruciale dans la maîtrise et la reproduction de la vie, en faisant jaillir la vie par la composition artificielle des matériaux non reproductifs. Dans leur article intitulé : *Viable Offspring derived from fetal and adult Mammalian Cells*, Wilmut et son équipe situent clairement les enjeux théoriques de leur découverte : celle-ci apportait la démonstration de la non-irréversibilité de la différentiation génétique dans certaines cellules somatiques adultes, chez les mammifères :

"The fact that a lamb was derived from an adult cell confirms that differentiation of that cell did not involve the irreversible modification of genetic material required for development to term. The birth of lambs from differentiated fetal and adult cells also reinforces previous speculations, that by inducing donor cells to become quiescent it will be possible to obtain normal development from a wide variety of differentiated cells".[373]

La procédure du clonage de Dolly ne diffère pas fondamentalement de la méthode utilisée par Briggs et King pour le clonage des batraciens. Elle consistait à énucléer un ovocyte, prélever le noyau d'une cellule somatique et le transférer dans le cytoplasme de l'œuf énucléé. Mais, ici, après le transfert nucléaire, au lieu d'activer artificiellement le développement de l'ovocyte, Ian Wilmut et son équipe l'ont réintroduit dans l'utérus du mammifère donneur pour qu'il y continue et achève son développement.

---

[372] VAISMAN S., « Une brebis nommée Dolly », in *Biofutur. Le Mensuel Européen de Biotechnologie*, n°166, avril, 1997, p. 32.

[373] WILMUT I., SCHNIEKE A. E., MCWHIR J., KING A. J., CAMPBELL K. H. S., "Viable Offspring derived from fetal and adult Mammalian Cells", *Nature*, vol. 385, 27 février 1997, pp. 810-813.

Dans le cas de Dolly, la cellule donneuse fut prélevée sur la glande mammaire d'une brebis de six mois de la race Dorset-Finn à face blanche.[374] L'œuf receveur est fourni par une brebis d'une autre race : une Scottish Blackface. Il s'agit d'un ovule non fécondé.

La cellule donneuse fut plongée dans une solution saline qui a la propriété de la laisser en vie tout en arrêtant progressivement son développement. Puis, le noyau fut extrait au moment où la cellule était en interphase dans le processus de division. La méthode consista donc à « appauvrir progressivement le milieu de culture de la cellule donneuse afin de mettre son noyau en quiescence, c'est-à-dire de le bloquer en interphase, phase du cycle cellulaire où n'intervient aucun processus de division ».[375] Cette technique présentait un double avantage, résumé par Sylvia Vaisman : le noyau prélevé dans ces conditions, dit-elle en citant Ivan Heyman, se trouve alors « en parfaite synchronisation avec le cycle de l'ovocyte receveur » ; et, par ailleurs, « à ce stade du cycle, sa chromatine est en outre parfaitement accessible aux protéines du cytoplasme de l'ovocyte et peut ainsi être plus facilement remodelée, et donc reprogrammée ».[376]

Par ailleurs, la technique était parfaitement adaptée au cas de la brebis. Ainsi que l'expliquent Ian Wilmut et ses collègues, la brebis présente cette particularité qui constitue un réel avantage pour la manipulation expérimentale de ses cellules embryonnaires : « le tout début du développement embryonnaire est contrôlé par les ARN et les protéines du cytoplasme de l'ovocyte, qui ont été synthétisés lorsque celui-ci était encore dans l'ovaire. » Le noyau cellulaire n'est mis à contribution que relativement tardivement. En fait, expliquent-ils, « la transcription des gènes nucléaires n'intervient pas en effet [chez l'embryon de la brebis] avant que ne se produisent trois ou quatre divisions, soit au stade huit à seize cellules. Ce qui n'est pas le cas chez tous les mammifères. Chez l'homme, par exemple, le noyau est mis à contribution dès que l'œuf a achevé sa deuxième division, c'est-à-dire au stade quatre cellules. Et chez la souris, immédiatement après la fécondation ».[377] Ainsi, le cytoplasme d'un ovocyte énucléé n'ayant pas encore sollicité la contribution du noyau au processus embryonnaire reste en principe apte à recevoir un noyau cellulaire quelconque pourvu que, d'une part il soit établi une harmonie entre le rythme de la division du noyau et le cycle du

---

[374] En fait, Ian Wilmut et ses collaborateurs ont utilisé, dans leurs expériences, plusieurs noyaux cellulaires prélevés à divers stades du développement cellulaire de la brebis : « Des cellules dérivées de la mise en culture d'un embryon de 9 jours, des cellules fibroblastiques d'un fœtus de 26 jours, enfin des cellules obtenues par culture primaire du tissu mammaire prélevé chez une brebis de 6 ans dans le dernier stade de sa gestation. » JAISSER F., ''La biologie du développement revue par le docteur Wilmut'' in *Biofutur* n°166, p. 32.

[375] VAISMAN S., ''Une brebis nommée Dolly'', in *Biofutur* n°166, p. 32.

[376] *Idem.*

[377] *Ibid.*, p.33.

cytoplasme de l'ovule. Il reste entendu qu'une transplantation nucléaire précoce donne davantage de chance à une reprogrammation réussie du noyau par les ARN et les protéines du cytoplasme receveur.

L'équipe de Wilmut va énucléer de nombreux zygotes afin d'y transplanter le noyau de cellules mammaires de brebis Finn-Dorset. La fusion est provoquée par la stimulation de l'ovocyte énucléé au moyen d'impulsions électriques. Lorsque la fusion réussit, les chercheurs attendent 6 à 7 jours pour observer les premières divisions cellulaires. Puis, quand ils sont assurés que celles-ci s'opéraient de manière satisfaisante, l'œuf est introduit dans l'utérus d'une mère porteuse, une autre Scottish Blakface, pour y poursuive son développement. Les expériences de l'équipe écossaise ont duré du 2 avril au 5 juillet 1996. Entre ces deux dates, 277 fusions ont été ainsi tentées et réalisées, mais seulement 29 embryons ont été obtenus. Et, sur ces 29 embryons, un seul a survécu. Né après une gestation de 148 jours, le 5 juillet 1996, Dolly est le premier mammifère issu d'un clonage par transplantation du noyau d'une cellule somatique. À sa naissance, il pesait 6,6 kg et possédait les caractères de la race Finn-Dorset.[378]

La réussite du clonage de Dolly montre l'étendue des manipulations auxquelles la science contemporaine peut soumettre le vivant, non seulement pour l'accompagner et amplifier ses dispositions naturelles, mais aussi pour l'en détourner, voire pour l'en dérouter.

La biologie, aujourd'hui, se trouve engagée à la convergence de la science théorique et de la recherche appliquée. À l'exploration du vivant qui la maintenait à la remorque de ce qui vit ou a vécu, elle ajoute le dessein audacieux de partir de la connaissance du possible pour réinventer le vivant, en réorientant et en redimensionnant l'ordre vital. Le clonage des mammifères est un exemple riche d'enseignements sur les capacités créatrices de la biologie moderne, qui possède désormais le pouvoir d'anticiper le possible et de reculer sans cesse l'horizon de la vitalité et de la viabilité. Connaître le vivant, cela ne signifie donc plus seulement s'ouvrir à un monde déjà constitué, c'est aussi faire exister ce qui est rationnellement possible, même si cela déroge aux habitudes de la nature. Et dans le cas du clonage animaux à reproduction sexuée, la puissance créatrice de la science s'est singulièrement amplifiée, en passant du clonage des batraciens, à celui des mammifères, en passant de la manipulation des cellules germinales et embryonnaires à celle des cellules somatiques adultes.

[378] Dolly vécut du 5 juillet 1996 au 14 février 2003. Elle donna naissance, par voie sexuée, à quatre brebis entre 1998 et 1999. Atteinte d'une arthrite et d'une infection pulmonaire évolutive, elle fut euthanasiée à l'âge de 6 ans et demi, un âge inférieur à la longévité moyenne de la brebis, qui est de 11 à 12 ans.

Le clonage de Dolly ouvre les sciences biologiques à des perspectives créatrices encore plus audacieuses, et permet d'envisager le clonage de l'être humain lui-même. Certes, en raison des différences physiologiques entre les organismes respectifs de l'homme et de la brebis, rien ne préjuge d'emblée du succès de la méthode utilisée par Ian Wilmut et ses collègues quand il s'agira de l'appliquer à l'homme. Par exemple, la réalisation du clonage à partir des cellules somatiques de la souris ou de l'homme, si elle n'est plus théoriquement impossible, supposerait néanmoins que soient levées les difficultés que ne manquera pas de poser la précocité de la transcription des gènes dans le développement embryonnaire de ces espèces. Et dans le cas de l'homme, en outre, le clonage soulèverait indéniablement des problèmes d'ordre éthique. Il est vrai Ian Wilmut que l'on soupçonnait de nourrir quelque projet dans ce sens, s'en défendit en déclarant, en janvier 1999, qu'en voulant s'engager dans le projet d'un clonage expérimental de l'homme avec l'aide de la firme américaine Geron, il n'entendait pas opérer un clonage reproductif, mais un visant exclusivement des finalités médicales.[379] Cependant la question reste encore entière aujourd'hui : la fin peut-elle justifier les moyens ? Il peut paraître de toutes les façons bien naïf de croire que, une fois réalisé le premier clone humain, l'on pourra trouver le moyen juridique d'empêcher le clonage humain reproductif dans tous les États du monde.

3- Vers la création artificielle de la vie ?

L'activité créatrice de la biologie moderne ne se limite pas à la manipulation des organismes vivants en vue de modifier leur physiologie ou leur structure génétique, ou d'en réaliser artificiellement des fonctions vitales spécifiques telles que la reproduction. À ces manipulations expérimentales qui supposent toujours, au départ, une matière première vivante (cellules, gènes, œufs, spermatozoïdes, ovules, etc.), elle ajoute aujourd'hui le projet d'une étape nouvelle de son aventure prométhéenne : réaliser la synthèse du vivant à partir de matériaux biochimiques dénués de vie. Il ne s'agit plus simplement de dériver la vie à partir de la vie, mais de composer artificiellement le génome minimal d'un être structuré.

Cette opération qui se distingue de la synthèse des substances organiques, limitée à reproduire des composantes organiques isolées, vise à donner naissance au substrat vital minimal capable d'induire le développement d'un être complet : elle se caractérise par la complexité et la complétude de son résultat fini. Par rapport à d'autres prouesses de la biologie créatrice, telles que la fécondation *in vitro* ou le clonage des mammifères, elle marque sa supériori-

---

[379] Le clonage reproductif est distinct du clonage thérapeutique. Le premier consiste à reproduire à l'identique un individu vivant. Le second ne consiste qu'à produire par clonage du matériel vivant afin de l'utiliser dans le cadre d'une thérapie médicale.

té par sa portée théorique, puisqu'elle est destinée à livrer, à terme, la clé pour comprendre et maîtriser le phénomène de la vie même.

Ce rêve fou est devenu aujourd'hui un projet scientifique viable que, depuis deux décennies, quelques chercheurs tentent de réaliser. En avril 1999, en effet, le mensuel français d'information scientifique, *Science et Vie*, annonçait à la Une de son numéro 979, cette nouvelle inédite : « On va créer une forme de vie inconnue. Un biologiste américain fabrique les premiers êtres vivants artificiels. » On relève certes, que du titre principal au sous-titre, l'information est passée du simple projet à sa réalisation effective (comme l'indique le passage du futur *va créer* au présent *fabrique*). Mais l'article, signé de Philippe Chambon, confirma bien qu'il s'agissait encore d'un projet qui, néanmoins, à en croire son auteur, le biologiste américain Craig Venter, avait atteint le stade de sa réalisabilité technique.

Craig Venter, fondateur de The Institute for Genome Research (TIGR) de Rockville, près de Washington, envisage, apprend-on, de créer en laboratoire un être vivant, non pas encore un mammifère, ni même un reptile, mais une bactérie parmi celles possédant le patrimoine génétique le moins étendu : *Mycoplasma genitalium*. Cette bactérie est un parasite des canaux urinaires et génitaux. Son génome, entièrement séquencé par Claire Fraser, l'épouse de Craig Venter et directrice de TIGR, ne comprend que 470 gènes.

Le projet de Venter comprend deux grands défis : d'abord, procéder à la réduction du patrimoine génomique de *Mycoplasma genitalium*, en n'en retenant que les gènes strictement indispensables à la vie de la bactérie. Comme méthode de réduction, il choisit d'inactiver par injection de *transposon*,[380] les gènes du mycoplasme les uns après les autres pour voir, à la fin, ceux dont l'inactivation suffit à entraîner la mort de la bactérie.

En appliquant cette méthode, Craig Venter obtint, selon *Science et Vie*, un premier résultat : « 170 des 470 gènes de *Mycoplasma genitalium* - soit 36% - seraient superflus. »[381] Même s'il est vrai, comme le souligne l'article, que « pour l'instant, rien n'indique que *genitalium* pourrait survivre si ces quelques 170 gènes étaient tous détruits en même temps ».[382] Néanmoins, les 300 gènes dont l'inactivation provoque des perturbations cellulaires entraî-

[380] Le transposon est un fragment d'ADN qui a la propriété de brouiller le message d'un gène lorsqu'il le contamine. Par l'injection du transposon dans le milieu cellulaire, l'on inactive ainsi les gènes qu'il affecte et donc on peut aisément vérifier s'il s'agit ou non de gènes essentiels à la vie. Dans un commentaire en note de son article, Philippe Champon explique le principe de l'inactivation des gènes par le transposon : « Ce dernier est placé dans un petit anneau d'ADN, ou plasmide, qu'on injecte dans la cellule. La présence du transposon provoque une coupure du plasmide et de l'ADN bactérien. Le transposon se réplique spontanément et s'intègre au hasard dans le génome de la bactérie. Puis le plasmide se sépare de l'ADN bactérien. » *Science et Vie*, n°979, avril 1999, p. 59.
[381] *Ibid.*, p. 58.
[382] *Idem.*

nant la mort de la bactérie peuvent être considérés comme ceux constituant, en théorie, son patrimoine génomique minimal, indispensable à sa vie. En pratique, il fallait toutefois vérifier si effectivement la constitution d'un génome artificiel formé des 300 gènes présumés suffisants à la vie de la bactérie, pourrait constituer le point de départ de la création d'un mycoplasme artificiel viable. Techniquement, se dit Venter, « pour savoir si *genitalium* peut vivre avec les seuls 300 gènes qui paraissent indispensables (...), on pourrait assembler ces gènes en un chromosome artificiel que l'on insérerait à la place du chromosome naturel de *genitalium*, pour voir si l'organisme survit avec ce génome restreint ».[383] Si le résultat était positif, l'équipe de Venter pourrait envisager la possibilité de construire la bactérie avec ce génome artificiel restreint.

Le projet de Venter se heurte néanmoins à une difficulté que souligne l'article : le chercheur était convaincu que la composition du génome minimal de *Mycoplasma genitalium* ne pourrait vraisemblablement pas se satisfaire des 300 gènes sélectionnés au transposon, étant donné que cette sélection par élimination individuelle, ne garantit aucunement *a priori* la cohésion vitale des gènes retenus. De même, l'élimination individuelle des 170 gènes inaptes aux tests au transposon n'assure pas de leur inefficacité ou inutilité collective. Il était dès lors probable que la suppression simultanée des 170 gènes soit fatale à la bactérie alors que leur suppression individuelle n'entraînerait pas sa mort. C'est pourquoi, « sachant que *genitalium* ne peut certainement pas survivre si on lui supprime d'un coup les 170 gènes réputés superflus, il faudra donc découvrir quelle combinaison minimale de ces gènes, ajoutés à ceux qui lui sont totalement indispensables, lui donnera la vie. Pour sélectionner la bonne combinaison parmi les 170 gènes identifiés comme superflus, il faudrait explorer 2^{170} configurations, soit environ 1,5 x 10^{51} configurations. »[384] Tâche immense, qui n'exclut pas cependant que le hasard - dont le concours a souvent été décisif dans la recherche scientifique - puisse venir au secours du chercheur qui, au bout de quelques expériences seulement, pourrait trouver la combinaison adéquate, sans être obligé d'examiner toutes les configurations possibles.

Il a fallu encore huit ans de recherche pour que l'équipe de Craig Venter déclare être parvenue enfin à la réalisation de la première combinaison génomique viable de *Mycoplasma genitalium*. Le 6 octobre 2007, ce pas important dans l'évolution de la biologie de synthèse fut franchi. En effet, Ce jour-là, le biologiste américain annonça dans une interview parue dans le magazine anglais *The Guardian*, la mise au point en laboratoire de ce premier génome de synthèse, à partir, non pas de 300, mais de 381 gènes de

[383] *Ibid.*, pp. 58-59.
[384] *Ibid.*, pp. 60-62.

Mycoplasma genitalium. Cette réalisation qu'il salua lui-même comme « un pas philosophique important dans l'histoire de notre espèce », fut l'œuvre d'une équipe de dix-sept scientifiques de son centre qu'il dirigea conjointement avec le prix Nobel de médecine Hamilton Othanel Smith.

Après la mise au point du génome minimal de *M. genitalium*, l'étape suivante fut de réaliser artificiellement le génome intégral d'une bactérie. La méthode utilisée par l'équipe de Venter a consisté à assembler en laboratoire 101 séquences d'ADN synthétisées, d'abord en les raboutant trois par trois pour former des huitièmes de génome, ensuite en couplant ces derniers pour obtenir des quarts, puis en associant encore ceux-ci pour avoir des demi-génomes et enfin le génome entier. Pour cloner l'ADN, les chercheurs américains ont eu recours à la machinerie cellulaire de la bactérie *Escherichia coli.* Si les premiers assemblages des portions d'ADN furent directement réalisés par l'équipe en laboratoire, les deux derniers, qui forment notamment les demi-génomes et le génome entier, furent obtenus en utilisant la levure *Saccharomyces cerevisiae.* La technique fut appliquée à la synthèse du génome de la bactérie *M. mycoides.*

Bien qu'elle constitue un fait scientifique majeur, la réalisation artificielle du génome intégral de *Mycoplasma mycoides* ne constituait pas la finalité du projet de de Venter. L'étape suivante, c'était de parvenir à insérer le génome artificiel dans l'enveloppe cellulaire d'une bactérie, délestée de son propre ADN, et procéder ainsi au clonage de la bactérie donneuse.

En 2008, Craig Venter et son équipe parviennent à réaliser une greffe d'ADN entre une bactérie donneuse *Mycoplasma mycoides* et une bactérie receveuse *Mycoplasma capricolum.* Cette réalisation montrait bien que théoriquement et pratiquement, la science pouvait réussir à transférer le patrimoine génétique d'une bactérie dans une autre.

Toutefois le projet de Venter était d'une tout autre envergure. Il cherchait à transplanter dans une bactérie, non pas un génome directement prélevé chez une autre, mais plutôt à transplanter un génome artificiel issu des manipulations humaines, et pousser ainsi l'invention biologique à un autre niveau, encore plus élevé, de l'artifice. L'objectif étant de parvenir, à terme, à créer une cellule artificielle viable.

Cette étape semble avoir été atteinte en 2010. En effet, le 21 mai 2010, la revue *Science* annonça que l'équipe de Venter venait de mettre au point la première cellule *synthétique* vivante, dotée d'un chromosome artificiel. Pour le biologiste, cette réalisation constituait, en soi, un accomplissement. Dans *Science* cité par *Le Monde*, il déclarait en effet : « Nous parlons de cellule synthétique parce qu'elle est totalement dérivée d'un chromosome synthétique, fabriqué à partir de quatre bouteilles de produits chimiques, dans un synthétiseur chimique, d'après des informations stockées dans un ordinateur. »[385]

Mais, Craig Venter le sait, sa « cellule synthétique » n'est encore qu'une cellule partiellement artificielle. Comme l'écrit Hervé Morin dans le journal *Le Monde*, « en fait, seul le génome est synthétique, copie quasi servile de celui de *M. mycoides*. Il a fallu, pour qu'il s'exprime, l'insérer dans une bactérie naturelle dont le propre ADN avait été extirpé ».[386] On est en effet encore assez loin d'une bactérie totalement artificielle dont l'enveloppe et le noyau cellulaires auront été entièrement synthétisés, au laboratoire.

En attendant l'exécution de ce projet, on peut remarquer que la biologie de synthèse contemporaine continue néanmoins de se lancer, avec Craig Venter et d'autres généticiens, à la poursuite de conquêtes de plus en plus audacieuses. Après avoir réalisé avec succès la modification de la structure naturelle de certaines espèces vivantes, après avoir réussi à appliquer à des plantes et à des animaux des modes artificiels de reproduction, elle s'attaque maintenant au projet scientifiquement grandiose, mais éthiquement inquiétant, de reproduire par l'artifice, des formes élémentaires de vie.

---

[385] http://www.lemonde.fr/planète/article/2010/5/21/création-d'une-cellule-synthétique/
[386] *Idem.*

IX

L'HOMOLOGIE TECHNO-BIOLOGIQUE

Hormis les raisons d'ordre éthique, les adversaires des biotechnologies justifient généralement leur rejet de la transgénèse, du clonage et même de la thérapie génique, par l'argument selon lequel l'artifice, par les manipulations des entités et des matériaux biologiques, leur semble investir la vie au point de transformer radicalement ce que la nature y a établi de plus intime. C'est au nom de cet écologisme ou de ce vitalisme qu'ils récusent les modifications des processus biologiques naturels.

Sans contester la possibilité que les changements que la science fait subir au vivant bouleversent l'ordre de la nature et comportent, à terme, de réelles menaces pour la vie, on relèvera néanmoins que le postulat qui sous-tend ainsi le rejet de la biologie créatrice et des biotechnologies ne paraît pas, à vrai dire, totalement irrécusable. En effet, le rapport entre la nature et les biotechnologies est complexe et non uniforme, et ne s'exprime pas toujours sous la forme d'une hétérogénéité irréductible entre les opérations de la nature et les processus biotechnologiques : il a épousé, au cours de l'histoire, des modulations telles que l'on ne peut le décrire sous des traits exclusivement antinomiques.

Si, à l'origine, les « proto-biotechnologies » et, plus tard, l'ensemble des biotechnologies classiques, ne paraissent avoir visé qu'à répéter, par des moyens artificiels, les opérations de la nature et poursuivre un dessein qui, globalement, respecte l'ordre habituel des choses, la révolution moléculaire, en ouvrant à la biologie, des perspectives inédites de manipulations créatrices touchant au matériau biochimique de la vie, paraît avoir introduit une rupture des biotechnologies modernes avec l'idéal écologique des technologies anciennes. Ainsi, après s'être développées d'abord comme la science des transformations chimiques opérées *par* la machine vivante, les biotechnologies sont devenues, avec le génie génétique, la science des modifications opérées *dans* la machine vivante elle-même. Elles ne semblent plus chercher simplement à utiliser, à des fins bénéfiques à l'homme, les ressources de la nature vivante ; désormais, elles sont capables de pénétrer au cœur de la vie pour en modifier les facteurs structurels et fonctionnels.

Beaucoup ont cru percevoir dans cette révolution le signe d'un divorce profond entre la nature et les biotechnologies. Or, s'il est vrai que les manipulations des supports moléculaires de l'hérédité permettent de réaliser des opérations contrastant parfois avec les opérations habituelles de la nature, celles-ci rompent-elles vraiment avec l'ordre de la nature, puisque, à vrai dire, comme l'affirment des biologistes, elles ne font que répéter et prolonger ce que François Jacob appelle « les bricolages » de l'évolution ? Les biotechnologies contemporaines les plus révolutionnaires ne réaliseraient alors, en définitive, que les possibilités inscrites au cœur de la nature même. Dans ce cas, elles ne s'opposent pas au *naturel*, puisque celui-ci s'ouvre au champ des possibles. Les anticipations biotechnologiques ne contestent que le réductionnisme *écologique*, qui postule une ontologie close et une nature fermée à des possibilités inédites.

1- Le dessein écologique des premières biotechnologies

« Depuis des millénaires, l'homme est biotechnologue », affirme François Gros dans *L'ingénierie du vivant.*[387] En effet, les biotechnologies ont existé longtemps avant que le terme soit inventé par l'agronome hongrois Karl Ereky, en 1917. Très tôt, l'homme a appris à utiliser à son profit les ressources de la nature vivante, dans des opérations où l'intervention humaine se limite à l'emploi des propriétés actives des organismes, et donc à la stimulation, au renforcement et à l'accompagnement de leurs opérations naturelles. Ces pratiques souscrivaient ainsi à une inventivité qui préservait l'intégrité des processus biologiques naturels.

Tourner à l'avantage de l'homme les dispositions de la nature, tel était, par exemple, le but des procédés traditionnels de fermentation, de variolisation, d'utilisation médicinale de champignons bactéricides, etc. Prenons les fermentations. Traditionnellement utilisées dans la fabrication du pain, du fromage, de la bière, etc., sans que l'on connaisse les agents biochimiques impliqués, ni les processus biologiques dont elles répondent, elles s'expliquent, comme on le sait aujourd'hui, par l'action spécifique d'enzymes contenues dans les levures qui agissent sur les matières fermentescibles pour les altérer. Les micro-organismes actifs dans les fermentations servent ainsi d'instruments vivants pour réaliser les transformations dans la matière fermentescible. On voit bien que ces techniques traditionnelles utilisent les propriétés naturelles de la machine vivante et que dans leurs opérations, les organismes élémentaires conservent, pour ainsi dire, l'intégrité de leur nature et de leur fonction, tout en servant à modifier, conformément à l'ordre naturel des choses, la structure chimique des matières organiques.

Le passage des techniques anciennes aux premières biotechnologies modernes n'a pas bouleversé cet idéal écologique. Par exemple, dans la zymotechnie du 19ème siècle, ce qui a changé, c'est le fait que les pratiques empiriques traditionnelles ont commencé à être éclairées par des sciences théo-

---

[387] GROS F., *L'ingénierie du vivant*, Paris, Odile Jacob, 1990, p. 21.

riques telles que la chimie et la biologie ; elles se trouvent amplifiées par des instruments de plus en plus performants. Ainsi, la compréhension scientifique des fermentations, commencée au 17ème siècle avec l'invention du microscope par Antony Van Leeuwenhoek[388], connaît un réel progrès grâce aux explications de Charles baron Cagniard de La Tour qui, en 1835, après avoir observé les globules de la levure de bière, émet l'hypothèse que la fermentation alcoolique est due à l'action d'un micro-organisme. Les fermentations, dont on connaît les enjeux économiques et scientifiques, sont par la suite l'objet d'une attention croissante des chimistes, surtout à partir du milieu du 19ème siècle. Mais les interprétations, pendant un moment, divergent entre théories « chimiques » (J. J. Berzelius, J. Liebig) et « biologiques » (T. Schwann, P. Müller, F. T. Kützing). Avec Louis Pasteur qui explique, en 1854, que les fermentations sont dues à l'action de micro-organismes, la théorie organique supplante la théorie chimique.[389] La biochimie, en plein développement, viendra néanmoins relativiser quelque peu la portée de l'interprétation physiologique de Pasteur : les enzymes, responsables aussi bien des fermentations alcooliques que lactiques, peuvent être obtenues sans l'action de micro-organismes comme le montreront Anselme Payen et Jean-François Persoz. Cette idée, confirmée par Marcellin Berthelot[390], sera définitivement établie par l'Allemand Édouard Büchner.[391]

Mais ces progrès qui firent entrer la zymotechnie dans la modernité et qui fondèrent les biotechnologies modernes à partir du 19ème siècle, furent d'une portée révolutionnaire toute relative. Leur évolution ne concernait que la formation et la consolidation de la composante théorique des pratiques ancestrales, sans remettre en cause ni leur fondement, ni leur dessein traditionnel. Les progrès scientifiques étaient en fait destinés à mieux comprendre ce que la nature avait toujours réalisé et les applications technologiques qui permettaient désormais d'isoler et de purifier les agents biochimiqucs des fermentations ne visaient qu'à stimuler et à amplifier les processus naturels. La continuité entre la nature et l'artifice était préservée en tant que caractéristique commune des « biotechnologies » ancestrales et modernes.

Comme les fermentations, d'autres exploitations traditionnelles de la machinerie animale ou végétale, telles que les vaccinations, ont connu une phase empirique et rudimentaire avant de devenir une technique moderne et

[388] Leeuwenhoek observa grâce à cet instrument, pour la première fois, en 1680, les globules de la levure de bière.

[389] Pasteur prenait ainsi le contre-pied de l'opinion de Liebig pour qui elles sont la conséquence de la décomposition de la levure elle-même, et de celle de Berzelius qui croyait y voir un effet du contact de la levure avec la matière fermentescible.

[390] Berthelot montra que la salive produit une enzyme, l'invertine, pouvant transformer les solutions sucrées en sucre plus simple.

[391] En 1897, Büchner isola la diastase alcoolique donnant ainsi raison à Berthelot, Payen et Persoz.

scientifique. Par exemple, la modernisation des vaccinations a consisté à doter une croyance très vieille et une technique empirique d'une base scientifique susceptible d'éclairer les vieilles présomptions sur la non-récidivité de la variole et le caractère immunisant du jus des pustules varioliques. Ce fut l'œuvre d'Edward Jenner et plus encore celle de Louis Pasteur.

La méthode de Jenner avait affirmé sa supériorité théorique et technique sur les variolisations traditionnelles sur deux points : d'abord par le choix de la vaccine (cow-pox) et non de la variole elle-même pour immuniser contre la variole, et par une étude systématique de l'efficacité de la technique d'atténuation de l'agent de la vaccine et de l'innocuité des vaccins vivants. En fait, l'idée selon laquelle la vaccine protège contre la variole était assez répandue lorsque Jenner commençait ses vaccinations[392], le 14 mai 1796.[393] Mais il fut le premier à la vérifier expérimentalement, et cela pendant une vingtaine d'années, de 1776 à 1796, avant d'administrer son premier vaccin à l'homme. La technique fut affinée par une ébauche théorique : Jenner n'inoculait que le jus de pustules mures d'au moins 7 jours, sûr d'avoir, à ce moment, un virus suffisamment atténué pour ne pas être dangereux, mais possédant toujours sa faculté immunisante. La vaccination jennérienne était donc fondée sur un socle théorique certes rudimentaire, mais qui la distinguait des pratiques vaccinales traditionnelles.[394]

Avec Louis Pasteur, le principe de la vaccination se généralise. Il ne concerne plus seulement la variole, mais aussi le choléra des poules, la maladie du charbon, la rage… Cette généralisation est fondée sur l'idée que toutes les maladies « putrides », comme il appelait les pathologies infectieuses, sont des phénomènes de fermentation dus à des germes vivants. Dès lors, les processus étiologiques consistaient systématiquement à identifier l'agent pathogène, à l'isoler, à chercher une méthode d'atténuation appropriée du virus, à atténuer le virus, à procéder aux tests expérimentaux et enfin à administrer le virus-vaccin.

---

[392] Déjà, au début des années 1770, l'idée qu'il était plus efficace d'immuniser contre le virus de la variole par l'inoculation de la vaccine que par celle de la variole elle-même était assez répandue, notamment en Angleterre, où quelques personnes s'étaient fait vacciner contre la variole. En 1781, le Français Rabaut-Pommier observa le caractère immunisant de la vaccine contre la variole dans la région de Montpellier.

[393] C'est à cette date qu'il fit inoculer le jeune James Philipps du contenu d'une pustule de vaccine.

[394] Pour la première fois, l'immunisation contre les maladies non récidives commençait à renoncer aux techniques empiriques pour se doter d'une base scientifique. Jenner exposa ses résultats, en juin 1798, dans un mémoire intitulé *Une enquête sur les causes et les effets de la variole-vaccine, maladie découverte dans certains comtés occidentaux de l'Angleterre, notamment dans le Gloucestershire, et connue sous le nom de* cow-pox. Malgré de nombreux échecs, la vaccination jennérienne inaugurait ainsi la prometteuse coordination de la technique à la science fondamentale dans la vaccinothérapie.

Chez Pasteur comme chez Jenner, tout le dessein des biotechnologies classiques se trouve clairement mis en évidence dans la production des virus-vaccins : il s'agit d'utiliser les vertus naturelles des micro-organismes (pouvoir immunisant des virus atténués) pour réaliser des transformations (atténuations artificielles) utiles à l'homme (immunisations). Comme pour les fermentations, les progrès ont consisté, ici encore, à la maîtrise et à l'optimisation des ressources de la nature. On remarque bien que, chez Jenner aussi bien que chez Pasteur, les entités pathogènes qui sont l'objet des manipulations biotechnologiques ne sont qu'exploitées dans les limites de leurs fonctions naturelles. Tout le génie inventif de ces savants a consisté à trouver une méthode artificielle pour atténuer la virulence des virus. Et c'est sur ce point que Pasteur surclassa Jenner trop attaché à l'atténuation des virus par leur passage successif et prolongé dans le corps de la vache. Pasteur, lui, opta pour une méthode artificielle parfaitement contrôlable et indépendante de la disponibilité des supports naturels : l'atténuation par dessiccation des virus anaérobies, c'est-à-dire par leur exposition au contact de l'oxygène de l'air.

Les progrès ultérieurs de la recherche sur les vaccins vivants porteront essentiellement sur deux aspects de la méthode classique : (i) la diversification des méthodes d'atténuation : outre l'atténuation par dessiccation, des vaccins ont été obtenus par utilisation de la chaleur (anthrax), du vieillissement (tuberculose), du formol (poliomyélite)...(ii) Hormis l'atténuation de la virulence des agents pathogènes, l'on a également produit des vaccins en prélevant les toxines dans les virus et en neutralisant leur toxicité tout en préservant leur vertu immunisante. C'est ainsi que l'on a obtenu les premières anatoxines utilisées à des fins vaccinales, comme dans les vaccins anti-dysentériques, antivenimeux, anti-gangréneux...

Mais, en dépit de ces différencçs, tous ces progrès sont réalisés suivant l'esprit classique des biotechnologies. Ils ont consisté à optimiser le rendement chimique et biologique d'agents organiques. Cela a été le cas de toutes les biotechnologies classiques : fermentations, vaccins, antibiotiques, etc.

2- La révolution moléculaire et son impact sur le dessein des biotechnologies actuelles

Au contraire des biotechnologies « écologiques », qui prolongent et amplifient les processus de la nature, les biotechnologies contemporaines sont remarquables par leur capacité à modifier la structure intime du vivant, à transformer les mécanismes habituels de constitution et de transmission de la vie, et pour tout dire, à aliéner l'ordre des processus naturels. Ces progrès sont essentiellement liés au développement de la biologie moléculaire.[395]

[395] Cette science, née de la rencontre entre la génétique et la biochimie, « a permis l'analyse moléculaire des processus les plus intimes du vivant, de ceux qui en assurent la pérennité et la

Sous l'impulsion de cette discipline qui a livré la structure hélicoïdale de l'ADN (1953) et les secrets de l'ADN recombinant (1972), les biotechnologies sont passées de l'exploitation des atouts et propriétés naturels des organismes supérieurs (animaux et végétaux) et des micro-organismes (virus et bactéries) à la manipulation des matériaux moléculaires de la vitalité (ADN et ARN). Le vivant est constitué, en ses parties les plus élémentaires, de molécules[396] ; la vie et sa transmission reposent sur des supports moléculaires ; il est possible de procéder à des recombinaisons moléculaires *in vitro* : voilà les découvertes majeures qui bouleverseront le dessein des biotechnologies.

Tout est parti en effet de la découverte de la structure de l'ADN par Francis Crick et James Watson, en 1953. C'est le premier pas important dans l'avènement du génie génétique. Cette découverte et les développements qui s'ensuivent permettent de comprendre comment s'opèrent, au niveau le plus intime du vivant, la formation et la transmission du patrimoine génétique. En expliquant des phénomènes essentiels comme la réplication des gènes ou la synthèse protéique, la biologie moléculaire montre jusqu'où l'homme peut espérer modifier les supports biochimiques de l'hérédité dans les plantes, les animaux et les hommes.

Crick et Watson ont découvert que l'ADN était une molécule formée de deux chaînes torsadées de nucléotides : chaque nucléotide étant formée de la liaison du sucre désoxyribose avec, d'une part, un atome de phosphore entouré de 4 atomes d'oxygène et, d'autre part, une base parmi les 4 suivantes : Adénine (A), Thymine (T), Guanine (G), Cytosine (C). Les nucléotides de chaque chaîne de la double hélice sont reliés à celles de l'autre en appariant les bases de la manière suivante : l'adénine ne se liant qu'à la thymine (A-T), et la guanine à la cytosine (G-C), et *vice versa*.

La réplication de l'ADN est expliquée comme un processus consistant d'abord à la séparation des deux hélices, par le désappariement des bases ; puis se constitue, pour chacune des chaînes séparées, une nouvelle chaîne complémentaire de nucléotides formés à partir des nucléotides en suspension dans le fluide cellulaire, en respectant les appariements pertinents des bases (A-T), (G-C), formant ainsi deux molécules d'ADN. Dans ce modèle dit semi-conservatif, entrevu par Crick et Watson, mais établi par les travaux de Matthew Meselson et Franklin Stahl en 1957, la réplication de l'ADN s'explique par la duplication de l'ADN au moyen de la synthèse de l'hélice complémentaire de chacune des deux hélices désappariées de l'ADN. Ce

---

reproduction ». Voir MORANGE M., *Histoire de la biologie moléculaire*, Paris, La découverte, 1994, p. 5.

[396] Le terme « molécule » fut inventé par le chimiste et physicien italien Amedeo Avogadro et judicieusement défini par Julius Lother Meyer dans *Modernen Theorie der Chemie* (1862) comme la plus petite fraction de matière possédant les mêmes propriétés que la matière ; les molécules sont formés d'atomes.

modèle, qui s'imposa devant des modèles concurrents, montrait comment la réplication de l'ADN conserve les caractères génétiques de la cellule en raison de la conservation de la moitié de l'ADN initial. En même temps, elle explique comment l'ADN se multiplie.

La structure de l'ADN permet aussi d'expliquer les rapports entre celle-ci et la synthèse des protéines, de découvrir et de décrypter le code génétique. Dans un article intitulé « Genetical Implications of the Structure of Desoxyribonucleic Acid » paru le 30 mai 1953, Watson et Crick disaient déjà que « la séquence précise des bases était le code qui portait l'information génétique ».[397] Ils entrevoyaient donc la relation qui existe entre la structure des bases de l'ADN et les acides aminés constituant les protéines. La découverte de l'ARN messager, en 1960, par François Jacob et Jacques Monod, permettra de mieux comprendre le processus de transfert de l'information génétique de l'ADN au lieu de synthèse des protéines, situé hors du noyau cellulaire, dans le cytoplasme. Mais le code génétique ne sera décrypté qu'en 1961, grâce aux travaux de Marshall Niremberg et Johan Matthaei.

Ces découvertes, aussi importantes soient-elles, ne démontraient encore que l'existence d'une base biochimique de l'hérédité. Mais elles montraient aussi clairement que les manipulations de ces données étaient envisageables. Toutefois, elles ne fournissaient pas encore les outils ni la méthode d'un génie génétique opérationnel.

On atteindra ce stade avec la découverte de la technique de l'ADN recombinant par l'Américain Paul Berg, en 1972. Dans son article intitulé « Biochemical Method for Inserting New Genetic Information into DNA of Simian Virus 40: Circular SV40 Molecules containing lambda Phages Genes and the Galactose Operon of Escherichia coli », publié par Paul Berg et ses collaborateurs, David Jackson et Robert Symons, dans les comptes rendus de l'Académie américaine des sciences, en 1972, l'équipe basée à l'université de Stanford (Californie), décrit comment elle est parvenue à introduire un gène de virus de singe dans une bactérie en utilisant comme vecteur le phage lambda. La production artificielle de la molécule hybride lamda-SV40 fut en elle-même l'étape inaugurale de l'histoire de la transgénèse. La technique a consisté à couper l'ADN en utilisant une enzyme de restriction EcoR1 [398]; puis, à modifier les extrémités des fragments de virus et d'ADN pour les rendre cohésives à l'aide de l'enzyme terminal-transférase. Michel Morange décrit les différentes phases de cette expérience : « Les séquences répétées ainsi formées s'apparièrent, provoquant

[397] Cité par MORANGE M., *op. cit.*, p.156.

[398] La découverte des enzymes de restriction (Werner Arber, Hamilton O. Smith, Daniel Nathans) constitue, pour certains historiens, l'étape déterminante de l'avènement du génie génétique, en raison du rôle fondamental de ces enzymes (couper l'ADN) dans les recombinaisons génétiques.

l'association de l'ADN du phage lambda et de l'ADN du virus SV40. L'addition d'une enzyme, la ligase, capable de refermer les molécules circulaires obtenues et d'ADN polymérase permettait l'achèvement de l'opération et l'obtention d'une molécule circulaire hybride lambda-SV40. »[399] S'agissant de la portée de la découverte de Paul Berg et son équipe, Michel Morange note qu'il s'agit de « la première recombinaison génétique réalisée entièrement *in vitro* entre molécules d'ADN d'origines spécifiques différentes ». Pour apprécier la portée de l'expérience de Berg et son équipe, il faut savoir que, la recombinaison génétique de molécules d'ADN d'origines distinctes « est un processus naturel qui se produit de manière aléatoire tant chez les bactéries que chez les organismes supérieurs. Mais il intervient toujours entre gènes portés par les organismes d'une même espèce, dans le pire des cas, entre les gènes d'un virus et ceux de la cellule infectée. Dans son expérience, P. Berg réunit des gènes bactériens et un virus de singe. En outre, P. Berg utilise simultanément un grand nombre d'enzymes qui formeront les outils de base de toute expérimentation en génie génétique ». [400]

La maîtrise des techniques de recombinaison génétique ouvre ainsi les perspectives les plus prometteuses aux manipulations génétiques. Avec la découverte de l'ADN recombinant, on commence à procéder à des greffes de gènes et à des manipulations sur les matériaux biochimiques en vue de modifier le vivant en modifiant son génome. C'est là tout le principe de la transgénèse, qui consiste à introduire des gènes exogènes dans la structure de l'ADN hôte, après avoir dégradé celui-ci au moyen d'enzymes spécifiques (enzymes de restriction). Cette modification du génome de l'organisme hôte induit l'apparition dans la cellule et dans l'organisme hôtes de caractères génétiques différents de ceux observés dans l'organisme « naturel ». La transgénèse consiste donc à modifier les caractères génétiques initiaux, et ainsi à transformer, par l'artifice, « la nature » dans certains êtres vivants.

On comprend bien pourquoi les organismes génétiquement modifiés (OGM) sont récusés par de nombreux naturalistes parce que, à leurs yeux, ils contiennent une part intolérablement élevée d'artifice dans les produits de la nature vivante.

Quoi qu'il en soit, la transgénèse fait entrer les biotechnologies dans une ère nouvelle, différant des précédentes par ce qui peut apparaître comme une rupture avec l'idéal écologique, c'est-à-dire la préservation de l'intégrité structurelle et fonctionnelle du vivant.

Les perspectives offertes par les manipulations génétiques sont vraiment inédites. Certes, il y a eu avant la révolution moléculaire, quelques anticipations fondées sur la génétique classique. Mais en 1953, dans leurs avancées

[399] MORANGE M., *op. cit.*, p. 242.
[400] *Ibid.*, p. 243.

les plus récentes, les manipulations biotechnologiques n'avaient pu atteindre que la cellule, appréhendée comme la base élémentaire de toutes les recompositions possibles du vivant. Au contraire, les biotechnologies post-moléculaires, au-delà de la cellule, accèdent au noyau cellulaire. Or le noyau cellulaire contient tout le patrimoine génétique de l'individu, de sorte que sa manipulation ouvre à la possibilité de modifier la totalité du vivant dans sa structure et ses fonctions biologiques les plus spécifiques.

Une telle perspective, accueillie avec beaucoup d'espoir, en raison des possibilités qu'elle offrait de résoudre enfin, à la racine, l'épineuse question des pathologies génétiques, permettait d'envisager une authentique thérapie génique. Sachant désormais que le siège de ces pathologies se situe dans le noyau de la cellule, on pouvait procéder à leur étude scientifique en recherchant leur cause dans des anomalies moléculaires spécifiques. On pourrait dès lors envisager la correction des tares génétiques, voire l'empêchement de l'apparition de ces maladies, en amont, par la manipulation des gènes impliqués.

On appréciera toute la portée du progrès que permet la biologie moléculaire dans le traitement et la prévention des maladies génétiques, quand on sait que l'investigation anatomique et physiologique des milieux tissulaires et cellulaires n'a constitué, en définitive, qu'une approche périphérique de ces maladies. Comme le remarquent Philippe Meyer et Patrick Triadou dans leurs *Leçons d'histoire de la pensée médicale*, « l'anatomie pathologique conventionnelle et les principes pasteuriens ont conduit, pendant près d'un siècle, à reconnaître et à attaquer le mal en périphérie, au sein des tissus constitués. Avec la pathologie moléculaire une alternative inédite apparaît, une maladie pouvant être cernée à deux niveaux (nucléaire et périphérique). Il est devenu possible, ou théoriquement possible au moins, d'entreprendre soit une thérapeutique correctrice sur le produit du gène, soit une thérapie génique proprement dite ».[401]

On pourrait rétorquer certes, que dès les premiers développements de la biochimie, on avait compris, grâce à Archibal Garrod, que les pathologies génétiques étaient des maladies innées du métabolisme, dues à « l'altération héréditaire d'une enzyme qui produit le surplus spécifique de son substrat dans l'organisme ».[402] On expliquait ces pathologies par l'absence ou la diminution de cet enzyme qui provoque dans l'organisme l'accumulation de substances pathogènes. Par exemple, dès 1949, grâce aux travaux du chimiste américain Linus Pauling, on avait compris que la drépanocytose était due à des anomalies de l'hémoglobine, identifiée comme une protéine assurant l'oxygénation du sang. Toutefois, on ne comprendra la cause de

[401] MEYER P., et TRIADOU P., *Leçons d'histoire de la pensée médicale*, Paris, Odile Jacob, 1996, pp. 189-190.
[402] *Ibid.*, p. 185.

l'hémoglobinopathie elle-même que dans le cadre de la biologie moléculaire, qui peu à peu révèlera que celle-ci est due à l'altération du gène codant pour l'hémoglobine. Si les travaux antérieurs ont le mérite d'avoir pu désigner le facteur biochimique de la maladie, c'est la biologie moléculaire qui permettra d'identifier et de décrire avec précision le lieu, la nature et l'impact de la déficience pathologique du facteur dans l'économie moléculaire. Cette connaissance théorique est la condition *sine qua non* d'une étiologie complète de la maladie, induisant la possibilité de son traitement à la racine. L'idée de thérapie génique ne naît que si on comprend que les maladies génétiques proviennent d'altérations survenant dans les structures nucléaires de la cellule. C'est pourquoi, aujourd'hui, le spectre des maladies visées par la thérapie génique s'est largement diversifié, puisqu'il s'étend au-delà des pathologies héréditaires à toutes les maladies causées par des gènes défaillants (certains cancers, infections virales, maladies cardio-vasculaires).

Bien entendu, la possibilité pratique de la thérapie génique requérait que fussent remplies certaines conditions théoriques et techniques qui ne se mettront en place que lentement : réplication d'ADN, usage des enzymes de restriction, utilisation de virus-vecteurs et de vecteurs non viraux, découverte de l'ADN recombinant, etc. Aujourd'hui la thérapie génique est encore au stade des essais cliniques, en ce qui concerne l'homme. Mais, malgré de nombreux échecs liés à la difficile maîtrise des effets secondaires, l'espoir reste permis de voir cette biotechnologie devenir une stratégie thérapeutique véritablement opérationnelle, notamment depuis la réussite relative de certains protocoles comme celui d'Alain Fischer (1999).

L'idée de thérapie génique, dont on ne doute pas de la portée scientifique et sociale, porte l'annonce d'une profonde rupture dans le dessein naturaliste ou écologique des biotechnologies : la fatalité de l'hérédité et toute l'irréversibilité des processus biologiques sont en passe d'être vaincues. En effet l'homme se donne les moyens désormais de corriger en amont les pathologies héréditaires, de régénérer les cellules mortes, ou d'entreprendre le clonage thérapeutique des organismes… et d'envisager la guérison comme un authentique retour à l'innocence physiologique.

D'autres prouesses scientifiques, telles que le clonage des organismes supérieurs, rendu possible désormais grâce aux connaissances sur la biochimie du noyau cellulaire, participent à la même rupture de l'idéal écologique des biotechnologies contemporaines. Toutefois, même s'il est vrai que la manipulation de l'œuf peut induire des modifications génétiques importantes chez l'embryon, le clonage des organismes supérieurs, contrairement au génie génétique, ne vise pas directement à modifier le génome du vivant. Il touche au mode de reproduction naturelle de ces êtres, en obtenant des « clones » d'organismes se reproduisant habituellement par voie sexuelle. D'ailleurs, historiquement parlant, la maîtrise des techniques de transplantation cellulaire qui ouvrirent la voie au clonage des mammifères est antérieure au développement de la biologie moléculaire dont le génie génétique est issu.

Qu'il s'agisse de la transgénèse, de la thérapie génique ou du clonage des mammifères, les biotechnologies contemporaines modifient véritablement l'ordre de la nature. Dans la transgénèse, elles transforment la structure du génome initial de la plante ou de l'animal ; dans la thérapie génique, elles corrigent les déficiences des gènes pathogéniques, et brisent le cycle de l'irréversibilité de l'hérédité ; dans le clonage des animaux supérieurs[403], elles imposent, contre les habitudes de la nature, un mode de reproduction asexué à des animaux sexués. Toutes ces inventions participent à la même révolution qui paraît opérer une rupture radicale avec l'idéal écologique des biotechnologies classiques.

3- L'homologie techno-biologique et la légitimité ontologique des biotechnologies

Dans *Le possible et les biotechnologies*, publié en 2003, le philosophe français Claude Debru développe l'idée d'une homologie des opérations biotechnologiques avec les processus de la nature, rompant radicalement avec l'opinion selon laquelle les biotechnologies contemporaines s'inscrivent au rebours ou à l'encontre des processus de la nature. Cette homologie s'exprime à trois égards : d'abord par l'usage des mêmes outils ; ensuite par la similarité de leurs opérations, et enfin par la continuité du bricolage technologique et du bricolage évolutif.

Le premier aspect de cette isomorphie bio-technique concerne le fait que les biotechnologies opèrent en utilisant les mêmes outils biochimiques que la nature. En effet, dans l'évolution, les modifications opérées dans le vivant, au niveau moléculaire, sont le fait des mêmes enzymes dont se servent aujourd'hui les biotechnologies pour couper, coller, ligaturer. Lorsque Paul Berg procéda aux premières recombinaisons d'ADN, ce sont ces enzymes qu'il a utilisées : enzymes de restriction pour couper l'ADN et ligase pour le refermer, exonucléase pour le dégrader et ADN polymérase pour le réparer, terminal-transférase pour créer des extrémités cohésives.[404] Les bactéries et les virus porteurs, au moyen desquels l'homme transfère les gènes exogènes jusqu'à leur site sur l'ADN hôte, ne sont pas une invention humaine ; ils sont exactement de la même nature que ceux que la nature a de tous temps employés pour réaliser ses transferts de gènes, et induire ainsi des mutations

---

403 C'est à dessein que nous n'évoquons que le clonage des animaux supérieurs, qui ne se reproduisent pas naturellement par clonage. Car la réalisation *in vitro* du clonage des virus ou des bactéries se reproduisant naturellement par clonage répond encore de l'idéal des technologies écologiques et n'a pas à être évoquée ici, même si elle participe aux prouesses des biotechnologies actuelles.

404 Voir MORANGE M., *op. cit.*, p. 243.

dans les organismes hôtes. Debru évoque à ce sujet des travaux de généticiens comme Werner Arber, qui confirment le rôle des enzymes de restriction dans l'évolution et celui des bactéries dans la mutagenèse.[405]

L'usage des mêmes outils par les techniques et la nature, évoquée par Claude Debru, n'est pas une idée nouvelle. Il rappelle, par exemple, le parallèle qu'Antoine-Augustin Cournot établissait entre nature et artifice en commentant la circulation du sang, découverte par William Harvey en 1628 : « Quand la nature veut faire de la chimie, elle emploie comme nous des leviers, des poulies, des canaux, des soupapes. Cette rencontre de la Nature et de l'homme dans la construction des mêmes engins (...) est, pour le dire en passant, l'une des meilleures preuves que le système de nos sciences (mécanique, physique, chimie, etc.) est bien fondé sur des raisons naturelles indépendantes des conceptions et artifices de l'esprit humain. »[406] Cournot fondait ainsi le réalisme des sciences sur cette analogie des constructions de l'esprit et des constructions de la nature. À plus forte raison, l'identité des outils biochimiques utilisés par la nature et les biotechnologies était-elle de nature à permettre de fonder le naturalisme des biotechnologies.

Mais, au-delà des outils, ce sont les opérations biotechnologiques ellesmêmes qui, dans leur modalité, coïncident avec celles de la nature. Celles-ci imitent et répètent en effet les processus de la nature. Selon Claude Debru, « lorsque le biologiste, aujourd'hui, greffe un noyau, prélevé sur une cellule, sur une autre cellule préalablement énucléée, le bricolage auquel il se livre n'est pas très différent dans son principe », du bricolage évolutif. En effet, explique-t-il, « l'évolution elle-même a procédé à des fusions d'organismes, à l'introduction d'organites ou de particules d'un organisme à l'autre. Elle a réalisé, en un certain sens des chimères ».[407] Parce qu'au cours de l'évolution, la nature a eu, elle aussi, à couper, à recoller, à ligaturer, à séparant, à recombiner des pièces biochimiques, François Jacob avait désigné par la métaphore de « bricolage moléculaire » ces opérations de l'évolution.[408] Claude Debru, qui partage la même idée que Jacob, va même plus loin dans l'exploitation de l'analogie anthropomorphique : plus qu'un bricolage, il parle à la suite du biologiste James Shapiro, de l'existence d'une « véritable ingénierie génétique naturelle » qui se manifeste par « toutes sortes de modifications génétiques, transpositions, recombinaisons, réassortiments, etc. ».[409] Ainsi, ce qui était de règle dans les proto-biotechnologies anciennes et dans les premières biotechnologies modernes, à savoir que les biotechno-

---

[405] DEBRU C., *Le possible et les biotechnologies*, pp.130-131.

[406] COURNOT A.-A., *Considérations sur la marche des idées dans les temps modernes*, Paris, Vrin, 1973, p. 195.

[407] DEBRU C., op. cit., p. 100.

[408] Voir JACOB F., *Le jeu des possibles. Essai sur la diversité du vivant*, Paris, Fayard, 1981.

[409] DEBRU C., op. cit., p. 128.

logies ne font qu'imiter et améliorer les processus de la nature, est étendu par Claude Debru aux biotechnologies contemporaines.

Le paradigme sous lequel s'opère la continuité du modèle naturaliste dans les biotechnologies se trouve dans la capacité évolutive de la nature, c'est-à-dire, dans la possibilité pour elle d'opérer des mutations dans les organismes. Les biotechnologies créant du nouveau par un « bricolage » exercé sur les formes, les structures ou les fonctions habituelles des organismes pour les transformer, agissent, ici encore, comme a toujours agi la nature. Dans leurs moyens et leurs méthodes comme dans leurs fins, les opérations des biotechnologies rencontrent celles de la nature. C'est ainsi que la répétition du bricolage évolutif ne se réduit pas en itération du mécanisme biologique ni en reproduction des produits de l'évolution, elle est, par la réalisation du possible, l'anticipation sur le futur.

Les possibilités évolutives des organismes sont déterminées par la structure et le dynamisme de l'ADN. En effet, dit Debru, « la structure primaire de l'ADN est fluctuante, en raison de modifications de la séquence des nucléotides ou de phénomènes de transposition. La molécule est elle-même un objet extrêmement dynamique. Nombre de ses modifications apparaissent comme la conséquence d'erreurs dans les mécanismes de réplication, de recombinaison et de réparation. D'autres résultent de l'instabilité chimique des nucléotides dans les conditions physiologiques. D'autres enfin résultent de la sensibilité de l'ADN à différents agents chimiques, dont certains peuvent être d'origine biologique métabolique ».[410] La dynamique interne des phénomènes biomoléculaires, voilà ce qui rend possible et autorise les manipulations technologiques en vue de réaliser certaines des possibilités définies par la structure même de l'ADN.

La légitimité des biotechnologies ne se justifie donc pas seulement par l'isomorphie des processus technologiques et des opérations de la nature. Selon Claude Debru, elle repose fondamentalement sur le fait que les biotechnologies ne procèdent qu'à la réalisation des possibilités de la nature : « La possibilité pour l'homme de modifier les structures biologiques résulte du fait que l'évolution produit des structures marquées de l'espèce particulière de nécessité propre aux choses contingentes, nécessité telle qu'une variation est toujours possible sans ruiner la stabilité de l'ensemble. » L'idée défendue ici est celle de la continuité ou de l'homogénéité entre les produits de l'artifice et ceux de l'évolution parce que c'est la structure même des organismes qui permet les modifications et les mutations. Lorsque les organismes sont modifiés par les biotechnologies, le changement est parfois si profond et si radical que cela fait penser que l'artifice n'imite pas la nature, mais se substitue à elle ou s'oppose à elle. Claude Debru réfute cette dichotomie des produits, en insistant plutôt sur l'homogénéité des modes de pro-

[410] *Ibid.*, pp. 123-124.

duction : dans les bricolages biotechnologiques, on retrouve le même type d'opération que dans les bricolages évolutifs qui ont formé les organismes actuels.

D'un point de vue philosophique, l'idée de Claude Debru tient en deux thèses majeures, l'une ontologique, l'autre épistémologique. D'une part, elle rétablit la continuité entre les productions de la nature et celles de l'artifice et, d'autre part, elle rétablit l'unité du dessein des biotechnologies : il n'y a pas, à vrai dire, selon lui, de rupture entre le but des premières biotechnologies et celui des biotechnologies nées essentiellement des progrès de la biologie moléculaire. Quelles qu'elles soient, les biotechnologies sont isomorphes quant à leur dessein : elles réalisent les possibilités évolutives laissées ouvertes par la nature elle-même.

Claude Debru relativise ainsi la rupture qu'il y a eu entre les biotechnologies classiques et les biotechnologies contemporaines, entre l'ingénierie génétique, mise en place à partir des années soixante-dix à la suite du développement explosif de la biologie moléculaire et les techniques des fermentations, la fabrication de produits biologiques d'intérêt médical (vaccins, antibiotiques), etc. : elles opèrent toutes, en définitive, conformément à l'ordre de la nature, suivant la méthode et les fins de sa dynamique évolutive.

Dans leur but, les nouvelles biotechnologies ne peuvent être dites opposées à la nature que si l'on a une conception non évolutive de la nature, c'est-à-dire, si l'on croit que la nature actuelle est identique à celle qu'elle a toujours été, et qu'elle doit demeurer telle qu'elle a été créée. Mais si l'on sait qu'elle est le résultat d'une évolution, alors disparaît le mythe de la nature statique et figée dans ses formes originelles. En même temps disparaît aussi le dogme de la sacralité écologique. Car ce qui choque les adversaires des biotechnologies actuelles, c'est la capacité qu'a l'homme de modifier les configurations structurelles et fonctionnelles de la nature *actuelle*. La dichotomie entre nature et artifice est inévitable si l'on s'enferme dans le présent et dans le passé, si l'on pense que les configurations écologiques épuisent les possibilités de la nature. Mais elle disparaît si l'on ouvre la nature au possible, si l'on comprend qu'elle est dynamique et évolutive. Là on comprend que les biotechnologies n'opèrent pas en marge de la nature : les premières l'imitaient dans ses configurations écologiques, les actuelles l'imitent dans son dynamisme évolutif en réalisant les possibilités inscrites dans sa structure.

Une telle conception a nécessairement une incidence sur le mythe de la perfection naturelle et relativise le paradigme écologique. La nature n'est pas parfaite parce que le bricolage auquel elle procède elle-même n'est pas toujours heureux, comme en témoigne, dans l'évolution phylogénétique, l'apparition d'espèces inaptes à la vie ou, dans le développement ontogénétique, la reproduction d'embryons porteurs de tares génétiques. Dès lors, on ne saurait combattre les biotechnologies simplement parce qu'elles exposent à des risques d'échec. La possibilité de l'échec est inscrite au cœur de l'évolution. L'argument de l'écologisme est fondé sur une espèce de théologie ou de morale implicites qui commandent le respect de la Nature dans ses formes actuelles et nie le droit à l'homme d'anticiper sur ses évolutions possibles. Or, rappelle Claude Debru, « l'univers biologique est caractérisé par l'espèce particulière de nécessité (nécessité conditionnelle) propre aux choses contingentes ». Cela signifie que ce qui rend possibles les biotechnologies et les justifie, ce n'est pas le passé, mais le futur qui leur offre une perspective ouverte, dans les limites de ce qu'autorisent les lois de la nature. Portées à modifier les structures vivantes sous leurs formes actuelles, ou dans les formes actuelles de leur mode de reproduction, les biotechnologies se développent peut-être en marge de l'*écologique*, mais jamais du *naturel*. Car la nature n'est pas simplement la synthèse des évolutions passées, elle est aussi ouverte sur un futur de possibilités inédites.

Le grand enseignement de l'interprétation naturaliste, c'est de montrer que les biotechnologies peuvent être unifiées sous un dessein unitaire : l'homologie fondamentale des techniques humaines et des bricolages de l'évolution. Qu'elles imitent, amplifient ou anticipent les processus naturels, elles ne s'écartent jamais, radicalement, des possibilités inscrites dans les structures les plus intimes de la nature.

Bien entendu, les questions fondamentales posées par les biotechnologies ne sont pas épuisées par le problème envisagé ici. Et l'interprétation naturaliste ne donne qu'une justification *théorique* des biotechnologies. Par exemple, la question de la réalisabilité pratique et de la faisabilité éthique de toutes les manipulations biotechnologiques théoriquement possibles n'est pas réglée par la problématique envisagée dans cette étude.

D'un point de vue pratique, par exemple, on sait que ce qui a été consolidé, au fil des temps géologiques, ne peut être déconstruit, sans risque, à l'échelle du temps technologique. Pourquoi des vaches nourries aux protéines animales développent-elles une pathologie spécifique : l'encéphalopathie spongiforme bovine ? Il a pourtant été prouvé qu'à jeun, les herbivores se transforment en carnivores et se nourrissent de leur propre sang (Claude Bernard). Cela, en principe, fait de tout herbivore un carnivore potentiel. La maladie dite de la vache folle n'exprime-t-elle pas le rejet écologique du technologique, là où la nature les invite à se concilier ? S'il y a une incommensurabilité irréductible des temps géologiques si longs, qui ont formé les habitudes alimentaires des herbivores, avec les temps technologiques si rapides à anticiper le futur et à réduire le passé, alors le naturalisme biotechnologique, aussi cohérent soit-il en tant que doctrine de légitimation, ne peut donner carte blanche à toutes les manipulations biotechnologiques possibles. La critique écologiste des produits transgéniques, par exemple, n'est pas dénuée de bon sens, puisqu'elle exprime la crainte que la réalisation du possible ne débouche sur l'inviable, en déstabilisant trop radicalement et trop rapidement l'équilibre actuel du monde vivant. *Tout est permis, mais tout n'édifie pas* !

L'éclairage théorique ne suffit donc pas à la légitimation globale des biotechnologies. Il faut aussi nécessairement, par exemple, un éclairage et un cadrage éthiques qui diront jusqu'où il est possible pour les biotechnologies de reformer les habitudes de la nature, sans remettre en cause la vie elle-même, car la vie reste une fin et non un simple moyen de la recherche scientifique, notamment quand il s'agit de la vie humaine.

Mais, sur la question du fondement ontologique de la légitimité des biotechnologies, l'étude théorique nous aura permis de montrer comment une interprétation naturaliste des biotechnologies est possible, à condition de voir que le naturalisme ne peut être porté par une ontologie close et fermée sur les figures réalisées par l'évolution, mais par une ontologie ouverte sur un futur contingent qui laisse libre cours au jeu des possibles.

X

À L'ORIGINE DES MUTATIONS GÉNÉTIQUES : LE « BRICOLAGE » MOLÉCULAIRE

La question de l'apport de la biologie moléculaire à la compréhension de l'évolution des espèces est un sujet qui, depuis longtemps, divise le monde des biologistes. Alors que les pères de la théorie synthétique de l'évolution, Ernst Mayr et Theodosius Dobzhansky en tête, prônent l'autonomie de la biologie des populations et refusent tout réductionnisme moléculaire[411], la plupart des biologistes moléculaires, eux, pensent trouver au contraire dans les secrets de la constitution des molécules biochimiques intervenant dans la formation et l'exécution de l'information génétique (acides nucléiques et protéines notamment), la clé des énigmes de l'évolution. Au fil des années cependant, plusieurs contributions majeures de la biologie moléculaire étant parvenues à éclairer des phénomènes évolutifs comme la variabilité génétique ou l'origine symbiotique des cellules eucaryotes, la grande majorité des biologistes admet désormais la possibilité de rapporter à l'échelon moléculaire l'explication des phénomènes évolutifs. Il reste néanmoins à comprendre le mécanisme global de cet évolutionnisme moléculaire. Dans cette optique, le généticien français François Jacob propose, à travers la métaphore du « bricolage » moléculaire, un modèle original et fécond : la diversité biologique ne résulte pas d'innovations inédites dans le patrimoine biochimique des systèmes organiques, mais tient de réaménagements moléculaires par lesquels la nature associe ou dissocie des pièces puisées dans un fonds stable, constitué il y a des millions d'années, à l'aube de la vie sur terre. L'évolution s'expliquerait, dès lors, comme la production du nouveau à partir de l'ancien, par une méthode qui, si elle ne dénie pas à la nature toute initiative créatrice, la place néanmoins dans une situation où elle ne crée pas *ex nihilo* et ne suit pas un projet prédéfini.

Cette idée, selon laquelle la nature crée en tâtonnant, en combinant opportunément des ressources biochimiques anciennes, a été développée par le biologiste français, prix Nobel de physiologie et de médecine en 1965[412], pour la première fois, en 1977[413]. Mais, c'est surtout dans *Le jeu des pos-*

---

[411] Voir MORANGE M., op. cit., pp. 325-326.

[412] Prix partagé avec André Lwoff et Jacques Monod, récompensant leurs travaux sur les mécanismes de régulation génétiques chez les micro-organismes.

[413] JACOB F., « Evolution and Tinkering », *Science*, vol. 196, 1977, pp. 1161-1166.

sibles (1981)[414] qu'il en livre toute la portée. Il y montre notamment comment, rapportée à l'échelle moléculaire, l'évolution des espèces résulte du jeu opportuniste qui préside aux combinaisons inter et intramoléculaires, dans un processus qui concilie innovation et conservation.

La thèse du bricolage évolutif poursuit trois objectifs majeurs : d'abord, sur un plan général, en se rapportant aux réaménagements moléculaires impulsant les variations évolutives dans les systèmes vivants, elle vise à conforter l'explication moléculaire des processus évolutifs ; ensuite, sur un plan spécifique, elle vient pour battre en brèche les survivances créationnistes et spontanéistes dans l'interprétation scientifique de l'évolution, et donne ainsi à la théorie néo-darwinienne un fondement plus homogène et plus cohérent ; enfin le bricolage évolutif montre que l'homologie techno-biologique ne se décline pas seulement dans le sens d'un naturalisme biotechnologique ; elle s'entend aussi comme la confirmation du caractère ''artificiel'' des processus de l'évolution.

1- L'origine et la signification de la métaphore du bricolage évolutif

François Jacob donne lui-même l'origine de la métaphore du bricolage évolutif. Dans un entretien accordé à Dominique Lecourt et à Pierre-Henri Gouyon, paru en 1999 dans la revue française *Magazine littéraire*, le généticien explique comment lui est venue l'idée que l'évolution n'opère pas à la manière d'un ingénieur qui travaille suivant un plan prédéfini, utilisant des matériaux neufs et adaptés à son projet, mais à la manière d'un « bricoleur » qui tâtonne et n'utilise que les éléments que les circonstances placent à sa portée. D'abord, dit-il, l'origine de la métaphore se situe dans les « années soixante-dix lorsque nous avons commencé à établir systématiquement des séquences de protéines et de gènes ». Puis, il énumère les trois types de faits qui l'orientèrent vers l'interprétation opportuniste des processus évolutifs : une même structure de protéine remplissant des fonctions différentes dans le même organisme ; les mêmes structures protéiques se retrouvant chez des animaux différents ; des morceaux de protéines différentes étant semblables : « Ce qui est apparu dans les années soixante-dix (...), c'est d'une part qu'une structure donnée se retrouvait dans un même organisme avec une fonction différente et que d'autre part la même structure, ou une structure très voisine, se retrouvait chez des animaux différents. De plus, on trouvait qu'il y avait des morceaux de différentes protéines qui se ressemblaient. Il m'est apparu absolument évident, à ce moment-là, que pour fabriquer du nouveau il fallait prendre du vieux. Voilà ce que veut dire ''bricolage''. »[415]

---

[414] JACOB F., *Le jeu des possibles. Essai sur la diversité du vivant*, Paris, Fayard, 1981.

[415] « François Jacob : Éloge du darwinisme », interview réalisée par Dominique Lecourt et Pierre-Henri Gouyon, in *Magazine littéraire*, n° 374 de mars 1999, *Nouveaux enjeux de l'évolution*, p. 18.

Au début des années 1970, faut-il le rappeler, l'école française, dont François Jacob est, avec Jacques Monod et André Lwoff, l'un des principaux acteurs, joua un rôle déterminant dans les avancées de la biologie moléculaire. Michel Morange, dans son *Histoire de la biologie moléculaire*, souligne l'originalité de cette contribution essentielle, grâce à laquelle, par exemple, on avait découvert que certaines protéines, à côté de leur fonction structurale, jouent un rôle régulateur en se fixant sur les gènes et en contrôlant la synthèse des protéines pour lesquelles ces gènes codent.[416] Mais, qu'elles remplissent une fonction structurale ou une fonction catalytique, les protéines possèdent toutes la même structure : elles sont formées de chaînes d'acides aminés liés les uns aux autres par des liaisons peptidiques.[417]

Ce qui est remarquable dans la structure de ces macromolécules, c'est la stabilité du matériau biochimique élémentaire (les acides animés) servant à leur formation. Toutes les protéines sont en effet formées par des chaînes d'acides animés, reliés dans un ordre particulier selon les protéines. Et, quoique les chaînes diffèrent d'une protéine à l'autre, elles sont toujours constituées à partir d'un ensemble intangible de vingt acides aminés : glycine, alanine, valine, leucine, isoleucine, sérine, arginine, asparagine, glutamine, cystéine, méthionine, phénylalanine, thréonine, lysine, tyrosine, tryptophane, histidine, proline, acide aspartique, acide glutamique. Pourquoi y en a-t-il vingt ? Nul ne le sait. Aujourd'hui encore, cette invariance quantitative des acides aminés reste l'un des mystères de la biologie moléculaire, et à propos duquel s'opposent les partisans du « hasard déterminant » et ceux de la « loi biochimique ».[418] L'idée de bricolage moléculaire renvoie sans doute donc, dans un premier sens, à ces multiples opérations par lesquelles l'évolution a formé un si grand nombre de macromolécules protéiques à partir d'une base invariable de vingt acides aminés.

Mais, la métaphore acquiert une légitimité plus grande encore quand, au-delà de ce premier mécanisme combinatoire qui associe des pièces biochimiques originelles, elle évoque surtout la réutilisation de morceaux, de segments ou de séquences de chaînes protéiques dans des protéines remplissant des fonctions différentes ou dans celles remplissant des fonctions semblables au sein d'organismes différents. Car, là l'évolution opère véritablement

---

[416] MORANGE M., *op. cit.*, pp.194-209.

[417] Les acides aminés sont des molécules dont la structure présente à une extrémité un atome d'hydrogène H et à l'autre un radical OH constitué d'un atome d'oxygène et d'un atome d'hydrogène ; entre les deux on trouve un ensemble d'atomes différents selon les acides animés. Dans les chaînes protéiques, les acides animés s'arriment en joignant l'extrémité H de l'un à l'extrémité OH de l'autre, formant ainsi une molécule d'eau H2O. C'est cette liaison qui est nommée « liaison peptidique ».

[418] Les partisans du hasard déterminant affirment que c'est de manière fortuite que la première cellule contint les 20 acides aminés ; l'évolution préserva dans les organismes cette détermination originelle. Les partisans de la loi biochimique, eux, pensent que l'existence des 20 acides aminés répond à une nécessité biologique non encore élucidée.

comme un bricoleur, en réutilisant des morceaux de structures qu'elle a conçues précédemment pour d'autres usages. Alors que dans la situation de l'utilisation d'un fonds invariant de matériaux biochimiques, il s'agissait de construire du neuf avec des constituants originels, dans ce cas-ci, il s'agit de réutiliser ce qui avait été conçu à d'autres fins et de lui affecter une fonction nouvelle.

La clé de la diversité biologique réside dans le remaniement progressif des molécules intervenant dans la transmission et dans l'exécution de l'information génétique, c'est-à-dire, non seulement des protéines, mais aussi des gènes. Selon Jacob, « non seulement des protéines remplissant des fonctions semblables chez des organismes différents présentent souvent des séquences semblables, mais des protéines assurant des fonctions différentes possèdent parfois d'importants fragments de séquence en commun. Comme si, durant l'évolution, les gènes de structure déterminant la séquence des acides aminés dans les protéines s'étaient formés par la combinaison et la permutation de petits fragments d'ADN ».[419] L'apparition de gènes nouveaux au cours de l'évolution dans un organisme donné répond du jeu des réassortiments de séquences nucléiques et, dit Jacob, « selon toute vraisemblance, c'est par la réunion au hasard de séquences préexistantes d'ADN qu'ont pu se former de nouveaux gènes ».[420]

Ces hypothèses concernant la formation et la diversification des protéines et des gènes permettent à François Jacob d'induire la généralisation du modèle du bricoleur : la nature crée du nouveau « en combinant sans fin les mêmes morceaux et les mêmes fragments » des chaînes moléculaires.[421] Ainsi, la redondance qui est l'un des traits caractéristiques des systèmes vivants s'observe aussi bien dans la formation des protéines que dans celle l'ADN, puisque la constitution de celui-ci présente les mêmes homologies de séquences « entre l'ADN d'organismes différents et même phylogénétiquement distants, mais aussi dans l'ADN d'un même organisme ».[422]

Il apparaît, dès lors, que l'évolution ne peut être conçue comme une simple succession d'innovations biologiques. Elle repose sur la conservation d'un patrimoine biochimique formé aux premiers moments de la vie sur terre. Jacob émet même l'hypothèse d'une origine commune des macromolécules de stockage et de transfert de l'information génétique (acides nucléiques) et celles remplissant les fonctions structurales et catalytiques (protéines)[423] : « Ce qu'ont montré la physiologie et la biochimie au cours de ce

[419] JACOB F., *Le jeu des possibles. Essai sur la diversité du vivant*, op.cit., p. 78.

[420] *Ibid.*, p. 79.
[421] *Idem.*
[422] *Ibid.*, pp. 77-78.
[423] Cette hypothèse est venue de la découverte de la fonction catalytique de l'ARN, selon Michel MORANGE : *Histoire de la biologie moléculaire*, Paris, La Découverte, 1994, p. 274.

siècle, c'est d'abord l'unité de composition et de fonctionnement dans le monde vivant. Par-delà la diversité des formes et la variété des performances, tous les organismes emploient les mêmes matériaux pour effectuer des réactions similaires. Comme si, dans son ensemble, le monde vivant utilisait toujours les mêmes ingrédients et les mêmes recettes, n'apportant de fantaisie que dans la cuisson et les condiments. »[424]

Unité et diversité, stabilité et évolution, conservation et innovation sont donc les formes paradoxales mais complémentaires de la dynamique évolutive. Mais cette dualité n'est pas seulement illustrée par les réaménagements moléculaires dans l'ADN et les protéines ; elle l'est aussi dans les variations fonctionnelles des gènes, notamment des gènes régulateurs. On a vu comment le fonds biochimique originel est conservé et la diversité biologique, obtenue au moyen de bricolages effectués par la nature sur les chaînes constituées à partir de ces éléments structuraux.

Il y a aussi que les très légères différences de structure entre espèces congéniques ne peuvent rendre compte des variétés phylogénétiques. Celles-ci s'expliquent en fait, non pas par des différences structurales, mais de régulation.[425] Comme l'explique Claude Debru, commentant la thèse de François Jacob, « les différences entre les organismes tiendrait alors à l'expression différente de ces gènes dans l'espace et dans le temps, plutôt qu'à des différences dans ces gènes eux-mêmes et dans leurs produits... Le produit du gène est simplement exprimé à différents moments du développement et agit sur des sites divers ». [426] La multifonctionnalité est une caractéristique des gènes régulateurs, qui sont capables, au fil de l'évolution, selon les lieux et les espaces, de coder pour des molécules différentes, et de produire des organes différant par leur morphologie et leur physiologie quoiqu'ils soient formés des mêmes matériaux.[427] Selon Jacob, l'explication des différences

---

« Avec la découverte du rôle catalytique des ARNs, il était possible d'imaginer qu'une même molécule avait porté, aux tout débuts de l'évolution des êtres vivants, à la fois une information de type génétique et une fonction de type catalytique. Le monde actuel aurait été précédé par un monde à ARN, et la séparation des fonctions entre les deux grandes classes de macromolécules biologiques ne serait intervenue que plus tard dans l'évolution. »

[424] JACOB F., *La logique du vivant. Une histoire de l'hérédité*, Paris, Gallimard, 1970, p. 22.

[425] La distinction entre gènes structuraux codant pour les enzymes ou les protéines structurales et gènes régulateurs contrôlant l'activité d'autres gènes est due à F. Jacob. Voir MORANGE M., op. cit., p. 204.

[426] DEBRU C., (avec la collaboration de Pascal Nouvel), *Le possible et les biotechnologies*, Coll. Science, histoire et société, Paris, PUF, 2003, pp.143-144.

[427] Par exemple, dit Jacob, « ce qui distingue une aile de poulet d'un bras humain, ce sont moins des différences dans les matériaux dont sont faits ces organes que dans la manière de les construire, dans la répartition des molécules et des cellules qui les constituent. Il suffit de petits changements qui redistribuent les mêmes structures dans le temps et l'espace pour modifier profondément la forme, le fonctionnement et le comportement du produit final : l'animal adulte ». JACOB F., *Le jeu des possibles. Essai sur la diversité du vivant*, Paris, Fayard, 1981, pp.84.

entre organismes voisins se trouve dans cette capacité multifonctionnelle des gènes de régulation.

Avec les possibilités offertes par la combinatoire moléculaire, c'est donc l'évolution fonctionnelle des gènes contrôlant l'activité structurale ou enzymatique des autres gènes, qui rend compte des variations évolutives, donc de la diversité du vivant. Avec l'augmentation des fonctions des gènes, ce qui apparaît nettement, c'est que les mécanismes évolutifs eux-mêmes évoluent, tout en conservant leurs agents biochimiques. Qu'il s'agisse de remaniements structurels ou fonctionnels, l'évolution construit du nouveau avec du vieux. C'est pourquoi, dit Jacob, « ce n'est donc pas l'innovation biochimique qui paraît avoir constitué la principale des forces opérant dans la diversification des êtres vivants. La phase réellement créatrice de la biochimie n'a pu survenir que très tôt car l'unité biochimique qui sous-tend l'évolution du monde vivant n'a de sens que si les organismes très primitifs contenaient déjà la plupart des constituants communs aux êtres vivants ».[428]

Toutefois, bien qu'il affirme la stabilité du fonds biochimique de l'évolution, François Jacob ne nie pas cependant la possibilité d'authentiques innovations biochimiques, notamment à l'occasion de l'apparition d'êtres complexes. Mais ce qu'il rejette - argument essentiel à sa thèse du bricolage évolutif - c'est l'idée selon laquelle ces innovations sont à la base de la diversité biologique. Au contraire, c'est plutôt la diversité biologique qui conduit aux innovations biochimiques et non l'inverse. [429] Les créations biochimiques sont ainsi la conséquence et non la cause des processus évolutifs et sont expliquées comme une réponse à la pression de la diversité.

En définitive, la métaphore du bricolage souligne le fondement mixte de l'évolution, marqué à la fois par la conservation des matériaux et des agents biochimiques et l'innovation dans les structures moléculaires et les fonctions géniques. Mais cette image serait incomplète si on ne retenait pas aussi que, sur le plan opératoire, ce qui caractérise le bricolage moléculaire, c'est l'opportunisme qui préside aux choix des outils, des moyens et des fins de l'évolution. La nature en effet, dans les processus évolutifs, ne paraît en mesure de n'utiliser que ce qu'elle a sous la main, profitant au mieux des opportunités et des contingences plutôt qu'exploitant des outils et matériaux rigoureusement sélectionnés et adaptés à un projet. D'ailleurs, l'évolution n'obéit

---

[428] Ibid., pp.82-83.

[429] « L'évolution biochimique s'est poursuivie à mesure qu'apparaissaient des organismes plus complexes. Mais ce ne sont pas les innovations biochimiques qui ont provoqué la diversification des organismes. Selon toute vraisemblance, c'est l'inverse qui a eu lieu. C'est la pression sélective exercée par les changements de comportements ou de niche écologique qui a entraîné des enchaînements biochimiques et des réaménagements moléculaires », JACOB F., *Le jeu des possibles*, p.89.

à aucun plan prédéfini, ni programme[430], et aucun principe téléonomique ne régule la production et la sélection des espèces naturelles.

Mais l'idée que la nature fait du neuf avec de l'ancien n'est pas, elle-même, une idée bien neuve. L'originalité de Jacob, consiste à montrer que cette thèse qu'on doit à Darwin lui-même, se trouve confirmée à l'échelle moléculaire. Pour Darwin en effet, dans l'évolution, la nature ne crée rien, mais réutilise et réaménage ce qui existe déjà dans la nature. Dans *De la fertilisation des Orchidées par les insectes*, le naturaliste anglais écrivait : « Si un homme avait à fabriquer une machine pour un usage particulier, mais se trouvait obligé d'utiliser de vielles pièces, des roues, des ressorts et des poulies qui auraient subi une très légère altération, on pourrait dire que la machine tout entière, toutes ses parties, aurait été spécialement agencée pour cet usage. Ainsi dans la nature entière, presque chaque partie de chacun des êtres vivants a probablement servi, dans un état légèrement modifié, à divers usages et a fonctionné dans la machinerie de nombreuses formes vivantes spécifiques anciennes et distinctes. »[431]

Le bricoleur de François Jacob reprend à son compte les opérations du mécanicien de Darwin : « Souvent sans dessein à long terme, le bricoleur prend un objet dans son stock et lui donne une fonction inattendue. D'une vieille roue de voiture il fait un ventilateur ; d'une table cassée, un parasol. Ce genre d'opération ne diffère guère de ce qu'accomplit l'évolution quand elle produit une aile à partir d'une patte, ou un morceau d'oreille avec un fragment de mâchoire ».[432]

Au regard de l'antériorité du mécanicien de Darwin, l'enjeu de la thèse de François Jacob ne paraît pas résider dans l'originalité de sa métaphore. Certes, l'idée de bricolage apporte quelques éléments nouveaux non contenus dans celle du mécanicien, mais globalement, les deux images soutien-

---

[430] *Ibid.*, p. 71.

[431] Cité par François Jacob, in « Éloge du darwinisme », op. cit., p. 20.

[432] JACOB F., *Le jeu des possibles,* p. 71. Les exemples de ce type sont nombreux qui révèlent la parenté entre les espèces. La présence des organes dits « homologues » sont un bon exemple de ces dérivations : vessies natatoires chez des poissons et poumons chez les vertébrés aériens, ou pièces buccales des insectes et os de la face et du crâne chez les vertébrés, dans tous les cas la déviation évolutive qui engendre les organes homologues préserve la communauté du matériel cellulaire présent. François Jacob, s'appuyant sur une hypothèse due à Ernst Mayr selon laquelle les poumons sont apparus chez les vertébrés à la suite de l'absorption d'oxygène par les poissons à travers la paroi de l'œsophage qui s'est progressivement dilaté et a produit des diverticules qui se transformèrent, beaucoup plus tard, en poumon, s'exclame : « Fabriquer un poumon avec un morceau d'œsophage, cela ressemble beaucoup à faire une jupe avec un rideau de grand-mère » ! (*Ibid.*, p.73). Des dérivations évolutives expliquent également la présence des organes rudimentaires, comme chez l'homme le système pileux ou les vertèbres coccygiennes), et celle des organes embryonnaires transitoires qui, présents au stade embryonnaire, disparaissent chez l'animal adulte comme, par exemple chez l'orvet, dont l'embryon possède des ébauches de pattes alors que l'adulte en est complètement dépourvu.

nent la même thèse centrale : l'évolution ne crée pas des structures nouvelles, mais travaille, au gré des opportunités, sur des matériaux anciens pour former de nouveaux organismes. La confirmation de cette thèse de la biologie des populations par la biologie moléculaire place en définitive le principal enjeu de la métaphore, au-delà de sa validité scientifique, au niveau de la validité de l'interprétation moléculaire de l'évolution.

2- L'enjeu et la portée du bricolage moléculaire

Le modèle du bricolage évolutif est riche de conséquences épistémologiques et idéologiques. D'abord, en expliquant la diversité biologique par les variations moléculaires, il démontre l'unité des sciences biologiques. Comme l'explique Claude Debru, la vision de François Jacob « unifie biochimie, génétique, évolution d'une manière puissante et nouvelle, à partir d'éléments préexistants ».[433] Cette unité se réalise-t-elle sur un fond de réductionnisme ? Autrement dit, François Jacob est-il convaincu que tous les phénomènes biologiques peuvent être expliqués en définitive par des mécanismes moléculaires ?

À première vue, l'objectif de la métaphore du bricolage semble plus limité que de réduire l'ensemble des processus biologiques à leur expression moléculaire. Et, en étudiant simplement cette thèse, il est difficile d'extrapoler et de préjuger des convictions réductionnistes de François Jacob. Néanmoins, son refus de souscrire à l'exclusivité de l'analyse de l'évolution sur le seul plan des variations observées chez les individus et les populations l'oppose aux antiréductionnistes, et en fait un réductionniste au moins sur le plan ontologique.[434] Son interprétation de l'évolution vient remettre en cause, par exemple, la thèse défendue par certains néo-évolutionnistes comme Ernst Mayr, George Gaylord Simpson et Theodosius Dobzhansky, pour qui la biologie moléculaire confirmerait l'autonomie biochimique des espèces en affectant à chacune d'elles une identité biochimique propre. Cela reviendrait à confirmer une thèse qui est chère aux biologistes des populations : l'élément fondamental dans lequel s'opère la dynamique évolutive reste l'entité naturelle de l'espèce ou de l'individu et non la molécule. François Jacob résume ainsi leur point de vue : « Les mutations produisaient des allèles différentes et (…) c'était l'équilibre entre les différentes allèles qui poussaient l'évolution dans telle ou telle direction. La loi d'équilibre de l'évolution dite Hardy-Weinberg (1908)[435], que nous récitions

[433] DEBRU C., op. cit., p. 144.

[434] Comme l'a montré Francisco Ayala, cité par Michel Morange, on peut distinguer trois significations différentes du réductionnisme : ontologique, épistémologique, méthodologique. MORANGE M., op. cit., p. 323.

[435] Selon la loi Hardy-Weinberg, dans une population panmictique d'effectifs assez élevés, pour que puissent s'appliquer les lois statistiques, les proportions d'un gène neutre sont constantes d'une génération à l'autre. Voir DELSOL Michel, « La théorie synthétique de

tous traduisait cette conception : les mutations étaient favorables parce que certaines structures de protéines étaient favorables (...) Autrement dit, on avait l'idée que la structure des protéines d'un animal donné différait de celle des autres animaux ».[436]

L'enjeu du débat n'est donc pas tant la primauté de l'explication moléculaire que l'interprétation de cette explication en faveur ou non de la continuité de l'évolution. Sur le plan épistémologique, ces biologistes admettent la validité des contributions de la biologie moléculaire à la compréhension des mécanismes évolutifs. C'est dans l'interprétation ontologique de cette contribution que leur vue diverge de celle de Jacob. Celui-ci, dans *La souris, la mouche et l'homme* (1997), résume les enjeux de cette opposition. Selon l'opinion continuiste, « l'évolution apparaissait ainsi comme un processus plus ou moins linéaire et continu résultant de mutations qui modifiaient la qualité des protéines. Les mieux adaptées parmi les formes mutantes étaient favorisées par la sélection naturelle. Quant à l'accroissement de la complexité qui accompagne l'évolution, il était le fruit d'une addition linéaire et continue d'ADN aux génomes. D'où des couches de nouveautés biochimiques et physiologiques déposées l'une au-dessus de l'autre... »

C'est à cette conception continuiste que s'oppose le bricolage moléculaire. Celui-ci montre que « la structure du monde vivant n'est plus linéaire et continue mais, bien au contraire, non linéaire et discontinue. Gènes et protéines ne sont plus des objets uniques, des idiosyncrasies propres à une espèce. On retrouve des structures extrêmement voisines d'une espèce à une autre. Mieux, dans une espèce, on retrouve souvent des structures extrêmement voisines assurant des fonctions différentes ».[437]

L'enjeu du débat n'est plus celui de l'intérêt de la biologie moléculaire, et ne se pose pas directement en termes de sa préséance épistémologique. Il concerne l'interprétation des résultats de l'analyse moléculaire pour confirmer ou non l'irréductibilité ontologique des entités naturelles, et fonder ou non l'évolutionnisme sur le réalisme des espèces et des individus. La biologie moléculaire semble acceptée des deux parts pour une fonction arbitrale dans un débat plus ontologique qu'épistémologique, et dans lequel les généticiens des populations admettent l'analyse moléculaire comme un formalisme utile, mais incapable de reléguer le réalisme des individus et des espèces. Jacob rejette cette thèse et, par l'invocation des facteurs biochimiques transversaux, tente de montrer les limites de l'idée selon laquelle il existe des spécificités biochimiques.

---

l'évolution. L'histoire de la vie » in *La biologie. Les êtres vivants*, Paris, Marabout, 1973, p. 641.

[436] « François Jacob : Éloge du darwinisme », in *Magazine littéraire*, op. cit., p.18.

[437] JACOB F., *La souris, la mouche et l'homme*, Paris, Odile Jacob, 1997.

Mais, on le voit, ce débat ontologique a des répercussions épistémologiques, puisque, alors que François Jacob et les biologistes moléculaires veulent fonder les ressorts de l'évolution sur les mécanismes moléculaires, au contraire, selon les biologistes des populations, ramener les phénomènes évolutifs de l'individu ou de la population aux molécules dont ils sont formés est « un non-sens, car la sélection se fait au niveau des populations animales, non pas des molécules qui les constituent. De plus, vouloir réduire la biologie à la physico-chimie, c'était annuler les efforts des biologistes de l'évolution pour faire de la biologie une science autonome, unifiée, et même un modèle pour les autres sciences ».[438] Le débat demeure sans doute encore d'actualité aujourd'hui.[439]

C'est pour marquer sa différence avec les biologistes des populations que Jacob induit du bricolage moléculaire une vision fondamentalement discontinuiste de l'évolution. Cette vision ne repose pas simplement sur l'invocation du rôle déterminant des facteurs chaotiques et aléatoires de l'évolution, comme chez d'autres néo-darwiniens comme Stephen Jay Gould, opposés à une conception linéaire et continue de la diversification du vivant. Bien sûr, la formation spontanée du patrimoine biochimique du vivant révèle que la vie elle-même est le produit d'événements fortuits qui se sont produits au début de son histoire, et qui auraient pu tout autant ne pas se produire. Par la suite, l'enclenchement des processus évolutifs qui ont engendré les différentes espèces est le résultat d'événements fortuits, c'est-à-dire de rencontres de séries causales indépendantes, *i.e.* du hasard, selon la définition de Cournot. Pourquoi tels et tels événements se sont-ils produits pour que naisse la vie au milieu des phénomènes physico-chimiques primordiaux ? Pourquoi de tels événements ont-ils entraîné des variations si importantes dans les formes vivantes pour qu'elles occasionnent des mutations dans les espèces ? Selon Stephen Jay Gould, qui affirme si déterminante l'action des forces chaotiques qu'il en vient à relativiser l'impact évolutif de la sélection naturelle, « la sélection naturelle n'explique pas tous les changements évolutifs. D'une part, diverses causes peuvent agir sur l'organisation biologique, qu'on la considère à une échelle inférieure ou supérieure à celle qu'envisage Darwin (lequel se limite essentiellement à la lutte pour le succès reproductif). À l'échelle de la molécule, de la substitution de paires de bases dans les doubles hélices d'ADN, sont souvent aléatoires et dépourvues d'effets. À une échelle supérieure, celle des espèces, voire des faunes, des groupes sont parfois sélectionnés lors des périodes d'équilibre, en fonction de leur taux d'apparition et d'extinction, tandis que,

[438] Voir MORANGE M., op.cit., pp. 325-326.
[439] *Ibid.*, p. 332.

lors des périodes d'extinction de masse, de nombreuses espèces disparaissent, alors qu'elles étaient bien adaptées avant le cataclysme ».[440]

Mais alors que S. Jay Gould fonde la discontinuité de l'évolution sur son caractère erratique, Jacob, lui, insiste sur les motivations opportunistes de la sélection naturelle. Mais il est vrai que chez tous les deux, l'évolution obéit moins à l'ordre de la nécessité qu'à celui de la contingence, comprise non pas comme « absence de cause, mais absence de finalité, c'est-à-dire de causalité de l'effet sur la cause », explique Claude Debru.[441] Dans la vision erratique comme dans la conception opportuniste, aucun déterminisme téléologique ne préside à l'évolution. C'est pourquoi celle-ci n'est pas soumise, par exemple, à un impératif de progrès vers la perfection ou vers la complexité.

Leibniz qui était créationniste et qui pensait que le monde était soumis à un déterminisme téléonomique, avait décrété que l'ordre des choses était soumis à la fois aux principes de raison suffisante et du meilleur. L'évolution dément ces deux principes créationnistes et affirme la contingence – et non l'indétermination – des processus évolutifs, qui ne sont orientés par aucun principe normatif. Stephen Jay Gould explique ainsi, que « Homo sapiens n'est pas arrivé sur la Terre – au cours de la dernière seconde, à l'échelle des temps géologiques – en raison d'un progrès biologique ou d'une augmentation de la complexité neuronale prévue par la théorie de l'évolution, mais plutôt parce qu'il était l'aboutissement contingent et fortuit de milliers d'événements interdépendants. Chacun d'eux aurait pu se produire différemment et mettre l'évolution sur un autre chemin où la conscience ne serait pas apparue. »[442]

L'homme est donc le fruit du hasard ; il est le résultat d'événements qui auraient pu ne pas se produire. Quand Jacob affirme que l'évolution, elle, se trouve régie par le jeu de l'opportunisme plutôt que par celui de la nécessité, il ne veut certes pas dire que les effets évolutifs n'aient pas été déterminés par des causes précises, mais plutôt que dans l'évolution, l'avenir reste théoriquement ouvert et que tous les mondes possibles restent, en principe, strictement équiprobables. Ce sont des facteurs imprévisibles qui déterminent la survivance ou la réalisation de tels systèmes vivants au détriment de tels autres, et non une loi telle que la sélection du meilleur ou du plus complexe. C'est pourquoi selon Gould, « l'évolution préférentielle vers la complexité semble a priori improbable, car, à chaque forme de vie plus complexe correspond une forme de vie plus simple tout aussi adaptée (chez les parasites par exemple). Notre conviction que la vie évolue vers des formes de plus en plus complexes est un biais égocentrique, une attention exagérée portée aux

---

[440] GOULD Stephen J. « L'évolution de la vie sur Terre », in *Dossier pour la science*, hors-série, avril 1996, p. 30.
[441] DEBRU Claude, *Le possible et les biotechnologies*, Paris, PUF, 2003, p.101.
[442] GOULD S. J., *op. cit.*, pp. 30-31.

créatures complexes et une méconnaissance des lignées qui s'adaptent en tendant vers la simplification ». Et Gould de poursuivre : « Les parasites dégénérés morphologiquement, bien à l'abri dans les entrailles de leurs hôtes, ont autant d'avenir évolutif que leurs superbes cousins, « aux prises avec les traits dont les meurtrit l'outrage fortune » (Hamlet, Shakespeare) dans le monde extérieur, sans pitié. »[443] Les bactéries les plus simples, comme les systèmes vivants les plus complexes, sont au même titre le résultat de l'évolution.

Le rejet du déterminisme téléologique relègue tout créationnisme discret au cœur de l'évolution. Et c'est sans doute l'un des gains idéologiques majeurs de la métaphore du bricolage moléculaire. En effet, bien que Darwin lui-même, notamment dans *De l'origine des espèces au moyen de la sélection naturelle* (1859) et dans *De la fertilisation des Orchidées par les insectes et des bons effets du croisement* (1862), ait insisté sur le caractère erratique de l'évolution et la prééminence des facteurs chaotiques dans la diversification du vivant, les néo-darwiniens étaient partagés entre partisans et adversaires du déterminisme et de l'anti-hasard. L'enjeu de ces débats est l'éradication ou la préservation d'indices créationnistes dans l'interprétation de l'évolution, puisque l'orthogenèse assume un déterminisme de type téléologique et suggère l'action quasi démiurgique d'une force créatrice dans la production des formes vivantes nouvelles. L'idée de bricolage évolutif montre comment aucune force créatrice n'a l'initiative du projet ni du choix des outils, ni la parfaite maîtrise des finalités de l'évolution. Tout reste ouvert par le jeu du hasard et des opportunités.

Bien entendu, la métaphore du bricolage évolutif se heurte aux limites structurelles des analogies anthropomorphiques dans l'interprétation de la nature. Entre les opérations de l'homme et celles de la nature réside une différence essentielle qui tient au fait que les actions humaines, à la différence des processus de la nature, sont, en principe, portées par un projet réfléchi. Darwin lui-même, en établissant, dans l'*Origine des espèces*, une analogie entre la sélection artificielle par laquelle les hommes procèdent au choix des meilleures races et espèces vivantes et la sélection naturelle par laquelle l'évolution effectue la sélection des espèces, pouvait faire penser que les deux opérations procèdent à tous égards suivant les mêmes mécanismes et finalités. Or, ces opérations diffèrent fondamentalement dans leurs fins. En effet, au contraire de la sélection artificielle, la sélection naturelle ne procède pas suivant un plan prédéfini, mais en fonction de paramètres ponctuels et parfaitement imprévisibles. C'est un des aspects de l'évolution qui justifie la métaphore du bricolage, étant entendu que le bricoleur, au contraire de l'ingénieur, a certes un projet, mais celui-ci laisse libre le choix des moyens et des méthodes, de sorte que le bricoleur est libre de suivre sa

[443] GOULD S. J., op. cit., p. 33.

propre fantaisie. Il en est de même dans les processus évolutifs où, dit Jacob, *« il est difficile de ne pas trouver de l'arbitraire, voire de la fantaisie dans la structure de la nature ».* [444]

François Jacob ne va pas aussi loin que Stephen J. Gould dans l'évocation du déterminisme des causes aléatoires et chaotiques et n'adhère pas à la remise en cause de la sélection naturelle comme moteur de l'évolution. Néanmoins il reconnaît que l'existence de ces facteurs devrait mettre un bémol à certaines croyances attachées à l'évolutionnisme. La sélection naturelle était assimilée par certains néo-darwiniens à un choix qui obéit à un principe universel. Cette rationalité naturelle qui conduirait les processus évolutifs en vertu d'une nécessité immanente est défendue par des biologistes défenseurs de l'anti-hasard et de l'orthogenèse (Lecomte du Nouÿ, Lucien Cuénot). Selon ces derniers, grâce à des mécanismes d'adaptation rapide, les populations surmonteraient les effets des cataclysmes, des accidents, du hasard et s'adapteraient aux nouvelles conditions. Cette adaptation permettrait à de nombreuses espèces menacées d'extinction suite à des modifications brutales du climat, de corriger les effets du hasard et de poursuivre leur évolution. Procédant quasiment suivant le principe du meilleur, la sélection naturelle, dans ce cas, ne retiendrait que les organismes les plus forts et les espèces possédant cette faculté de surmonter les effets néfastes du hasard. Cette interprétation fait retourner le darwinisme au lamarckisme et suggère que l'adaptation prédomine sur les autres facteurs de l'évolution.

François Jacob rejette cette forme de nécessité dans l'évolution. Prenant le parti des biologistes critiques de « l'univers à la Panglosse »[445], c'est-à-dire principalement S. J. Gould et R. C. Lewontin[446], il récuse le paradigme de Pangloss qui ramène l'évolutionnisme à l'adaptionnisme et finalement interprète le mécanisme sélectif comme le moyen de former progressivement le meilleur des mondes possibles. Pour Jacob, l'adaptation n'est certes pas absente des processus évolutifs, mais il faut refuser d'y voir le facteur décisif de l'évolution. « En fait, l'adaptation, dit-il, n'est pas une composante nécessaire de l'évolution. Pour qu'une population évolue, il suffit que le fonds génétique commun à cette population varie, soit brusquement, soit progressivement au fil des générations. Une telle variation statistique dans la survie relative des différents gènes n'implique pas nécessairement une adaptation. Elle peut simplement refléter des effets du hasard sur une étape quelconque de la reproduction. »[447]

---

[444] *Ibid.*, p.17.

[445] Le personnage de Pangloss est tiré de l'œuvre de Voltaire *Candide ou l'optimisme*. Maître de Candide, il lui enseignait à interpréter les événements comme à la fois nécessaires et contribuant au meilleur des mondes.

[446] GOULD S. J. & LEWONTIN R. C., *The Pandrels of San Marco and the Panglossian paradigm: a critique of the adaptationist programme*, London, 1979.

[447] JACOB F., *Le jeu des possibles*, p. 46.

À vrai dire, François Jacob rejette aussi bien l'idée de tout expliquer dans l'évolution par l'action du hasard que celle qui consiste à nier le déterminisme même partiel des facteurs aléatoires et chaotiques. L'apport de la biologie moléculaire permet en effet de comprendre « qu'on n'expliquera pas l'univers dans tous ses détails par une seule formule ou une seule théorie ».[448] Il faut même relativiser la part de la sélection naturelle : la diversité biologique est, comme l'a montré Darwin, le fruit de mutations dans les organismes. Mais lorsqu'on remonte au-delà des organismes, on remarque que les mutations sont elles-mêmes provoquées par des remaniements moléculaires, phénomènes inconnus de Darwin, et dont on sait qu'ils ne peuvent tous s'expliquer par la sélection naturelle : « À côté de la sélection naturelle, on connaît aujourd'hui toute une série de mécanismes intervenant dans l'évolution : par exemple la dérive génétique, la fixation des gènes au hasard, la sélection indirecte qu'entraîne une liaison de gènes, la croissance différentielle des organes, etc. Beaucoup de ces facteurs concourent à brouiller les effets de la sélection naturelle. Ils peuvent même engendrer des structures qui ne servent à rien. »[449]

Ainsi, le bricolage moléculaire vient remettre en cause les survivances créationnistes dans l'interprétation de l'évolution. Il récuse le principe leibnizien du Meilleur, par le rejet de « l'univers à la Panglosse » : « L'évolution (...) reste loin de la perfection, comme l'a constamment répété Darwin qui avait à combattre l'argument de la création parfaite ».[450] Il récuse aussi le principe de raison suffisante par l'évocation de structures inutiles engendrées ou préservées par l'évolution.

La remise en cause de ces deux principes par François Jacob élargit l'écart entre l'évolutionnisme et le créationnisme, entre le processus aléatoire de la nature et l'œuvre réfléchie d'un Être intelligent. D'ailleurs la grande faiblesse de la métaphore du bricolage évolutif réside dans le fait qu'elle ne suggère pas suffisamment l'absence d'un projet. Jacob lui-même reconnaît cette faiblesse : « Le bricolage a certes un gros défaut, c'est qu'en principe le bricoleur sait ce qu'il a dans la tête, il sait ce qu'il veut alors que l'évolution procède à l'aveugle. Il ne fait aucun doute que là cesse la validité de la métaphore, mais cela me paraît un peu secondaire dans le schéma général. Lorsque je parle de bricolage, je vise un mode d'opération plutôt qu'un projet. »[451]

Dans le bricolage évolutif, Jacob invite sans doute à ne retenir que le modèle opératoire, à l'exclusion de toute idée de projet. Or il semble que dans les processus de la nature, la manière d'opérer est profondément déter-

---

[448] *Ibid.*, p. 48.
[449] *Ibid.*, p. 47.
[450] *Ibid.*, p. 69.
[451] « François Jacob : Éloge du darwinisme », in *Magazine littéraire*, op. cit., p. 20.

minée par l'absence de projet, de sorte que la métaphore ne paraît pas souffrir simplement d'une insuffisance « *un peu secondaire* » comme dirait Jacob, si elle ne suggère pas cette dépendance. Il s'agit d'une incohérence majeure de l'analogie du modèle du bricoleur avec la réalité de l'évolution. La différence réside dans le fait que le bricoleur n'invente rien, ni dans les matériaux qu'il utilise, ni dans les modèles qu'il réalise : il fait du neuf, mais pas de l'original, avec du matériau ancien ; il se projette un modèle préexistant. Il n'y a rien de comparable dans l'évolution qui, certes, utilise des pièces anciennes, mais se trouve engagée à tâtonner dans le noir d'une opération sans projet, ni modèle. Elle exerce en revanche une véritable activité créatrice par la mise au jour d'organismes inédits. La diversité du vivant résulte d'une authentique invention de formes originales qui, certes, emploie des matériaux et des outils préexistants. Il y a création, mais pas créationnisme dans la théorie de Jacob.

Toute la question épistémologique que suscite la métaphore du bricoleur, qui se veut radicalement anti-créationniste, est de savoir si celle-ci ne conduit pas à des impasses théoriques. Certes, le modèle du bricoleur fait disparaître de l'interprétation de l'évolution trois survivances majeures des idéologies créationnistes : d'abord l'idée que dans son cours, l'évolution produit du nouveau *ex nihilo*, ce qui suggère dans cette théorie athée dans son principe[452], l'intervention d'un agent créateur, fût-ce la Nature ; ensuite l'idée que la Nature, comme un être intelligent, procéderait à des choix clairs et poursuivrait des objectifs bien définis ; enfin l'interprétation de l'évolution comme un progrès nécessairement orienté vers la perfection ou la complexité. En somme, la métaphore de François Jacob vise à brouiller la substitution de la Nature à Dieu dans ses attributs démiurgiques.

Mais, destiné à renforcer le caractère anti-créationniste de l'évolutionnisme, le modèle du bricolage évolutif ne peut que se heurter à la question de l'origine radicale des choses : « La seule véritable question de tous, c'est « pourquoi y a-t-il quelque chose et pas rien ? » C'est toujours la même », avoue Jacob.[453] Devant cette énigme, les créationnistes avaient trouvé une réponse cohérente en postulant un premier moteur, un créateur. Or l'évolutionnisme récuse cette solution « axiomatique ». François Jacob justifie même ce rejet *a posteriori* par un argument fondé sur l'éthique du mérite : « Il est beaucoup plus glorieux pour l'homme d'avoir conquis sa place dans la nature que d'y avoir été installé par Dieu ».[454] Mais, si l'évolution est un concept strictement biologique, ne faut-il pas alors admettre que le processus évolutif ne s'enclenche que postérieurement à l'émergence de la vie ? Ne peut en effet évoluer que ce qui vit déjà, de sorte que l'évolutionnisme se

[452] *Ibid.*, p. 21.
[453] « François Jacob : Éloge du darwinisme », in *Magazine littéraire*, op. cit., p.23.
[454] *Ibid.*, p. 21.

trouve structurellement privé des moyens rationnels d'appréhender l'origine de la vie. Ce n'est pas son objet, c'est même sa limite.

La métaphore du bricolage, introduite par François Jacob pour caractériser le mode opératoire de l'évolution, conduit à une forme d'achèvement la laïcisation de l'évolutionnisme, en éliminant quelques-unes des survivances caractéristiques du créationnisme. Elle propose une interprétation anti-créationniste radicale qui rompt avec l'opinion de certains néo-darwiniens qui fondent l'évolution sur des innovations biochimiques provoquant dans les espèces les mutations évolutives. Dépourvue d'un programme prédéfini, l'évolution se réalise, selon François Jacob, à travers tâtonnements, erreurs et gâchis, qui montrent bien qu'elle n'est conduite par aucune intelligence immanente ou transcendante. Elle ne fait donc droit qu'à l'action de l'Histoire : « Pour justifier les structures révélées par le scalpel, les anatomistes du 16ème siècle devaient invoquer la volonté de Dieu. Pour justifier les structures révélées par leurs colonnes de chromatographie, les biologistes moléculaires du 20e siècle invoquent la sélection naturelle, c'est-à-dire une mixture de hasard et de compétition dans la reproduction. En conséquence, l'Histoire est promue au rang de cause majeure ».[455] Une Histoire laïcisée qui bute nécessairement sur l'énigme de ses propres origines et de ses fins.

---

[455] JACOB F., *Le jeu des possibles*, pp. 62-63.

BIBLIOGRAPHIE

ATLAN Henri & al., *Le clonage humain*, Paris, Le Seuil, 1999.

BERNARD Claude, *Introduction à l'étude de la médecine expérimentale*, Paris, Flammarion, Coll. Champs classiques, 2008.

- *Principes de médecine expérimentale*, Paris, P U F/Quadrige, 1987.
- *Introduction à l'étude de la médecine expérimentale*, Paris, Pierre Belton, 1966.
- *Leçons sur les phénomènes de la vie communs aux animaux et aux végétaux*, Paris, Vrin, 1966.
- *Lettres beaujolaises,* Villefranche-en-Beaujolais, Éditions du Cuvier, 1950.
- *L'œuvre de Claude Bernard*, Paris, Baillière, 1881.
- *Leçons de pathologie expérimentale*, Paris, Baillière, 1880.
- *Leçons, discours et conférences*, Paris, Charpentier, 1880.
- *Leçons sur les phénomènes de la vie communs aux animaux et aux végétaux*, Paris, Baillière, 1878.
- *Leçons sur le diabète et la glycogenèse animale*, Paris, Baillière, 1877.
- *Leçons sur les anesthésiques et sur l'asphyxie,* Paris, Baillière, 1875.
- *Leçons de pathologie expérimentale et Leçons sur les propriétés de la moelle épinière,* Paris, Baillière, 1872.
- *Rapport sur les progrès et la marche de la physiologie générale en France,* Paris, Imprimerie impériale, 1867.
- *Leçons sur les propriétés des tissus vivants,* Paris, Baillière, 1866.

BERT Paul, *L'œuvre de Claude Bernard*, Paris, Baillière, 1881.

BUFFON, *Histoire Naturelle, générale et particulière, avec la description du cabinet du Roi*, Paris, Garnier, 1853-1855.

CANGUILHEM Georges, *Le normal et le pathologique,* Paris, PUF, 1979.

- *Etudes d'histoire et de philosophie des sciences*, Paris, Vrin, 1968.
- *La connaissance du vivant,* Paris, Vrin, 1971.
- « Puissance et limite de la rationalité en médecine », in *Médecine, science et technique*, Paris, CNRS, 1984.

CHEVEIGNE S. & al., *Les biotechnologies en débat. Pour une démocratie scientifique*, Paris, Ed. Balland, 2002

COMTE Auguste, *Cours de philosophie positive*, Paris, Aubier Montaigne, 1970.

COURNOT Antoine-Augustin, *Considérations sur la marche des idées dans les temps modernes*, Paris, Vrin, 1973.

DAGOGNET François, *Pour une philosophie de la maladie*, Paris, Textuel, 1996.

DARWIN Charles, *L'origine des espèces, au moyen de la sélection naturelle ou la préservation des races favorisées dans la lutte pour la vie*, trad. E. Barbier, Paris Flammarion, 1992.

DEBRAY-RITZEN Pierre, *Claude Bernard ou un nouvel état de l'humaine raison,* Paris, A. Michel, 1992.

DELSOL Michel, « La théorie synthétique de l'évolution. L'histoire de la vie » in *La biologie. Les êtres vivants*, Paris, Marabout, 1973.

DEBRU Claude, *Le possible et les biotechnologies. Essai de philosophie dans les sciences*, Paris, PUF, 2003.

- -« Les possibles et leur réalisation : la structure des protéines » in J-M Exbrayat et J. Flatin (eds), *L'évolution biologique. Science, histoire ou philosophie ?* Paris, Lyon, Vrin/ Institut Interuniversitaire d'Études Épistémologiques, 1977.

DUBOIS M., DEMOULIN A., et al ; « Dolly ou le meilleur des mondes. Un prélude vers le clonage humain ? in *Revue médicale de Liège*, vol 52, mars 1997.

DUBOS René., *Louis Pasteur, franc-tireur de la science*, Paris, PUF, 1955.

DUPOUEY Patrick, *Épistémologie de la biologie. La connaissance du vivant*, Paris, Armand Colin, 2005.

FABRE Jean-Henri, *Souvenirs entomologiques. Études sur l'instinct et les mœurs des insectes*, Paris, Robert Laffont, 1989.

FAGOT-LARGEAULT Anne, *L'homme bioéthique. Pour une déontologie de la recherche sur le vivant*, Paris, Maloine, 1985.

- -(éd) *Médecine et probabilités*, Paris, Didier-Érudition, 1982.
- *Leçon Inaugurale au Collège de France*, Paris, Collège de France, 2001.

FAURE J. L., *Claude Bernard,* Paris, Crès, 1925.

GOULD Stephen Jay, « L'évolution de la vie sur Terre », in *Dossier pour la science*, hors-série, avril 1996, p.30.

GOULD S. J. & LEWONTIN R. C., *The Pandrels of San Marco and the Panglossian paradigm: A critique of the Adaptationist Programme*, London, 1979.

GRMEK Mirko Dradzen (sous la dir.), *Histoire de la pensée médicale en Occident*, t.1, t.2, t.3, Paris, Seuil, 1995, 1997, 1999.

- *Raisonnement expérimental et recherches toxicologiques chez Claude Bernard*, Genève- Paris, Droz, 1973.

GROS François, *L'ingénierie du vivant*, Paris, Odile Jacob, 1990.

HEMPEL Carl, *Éléments d'épistémologie*, trad. B. Saint-Sernin, Paris, Armand Colin, 1996.

HIPPOCRATE, *De l'art médical*, trad. Émile Littré, Paris, Le livre de Poche, 1994.

JACOB François, *La logique du vivant. Une histoire de l'hérédité*, Paris, Gallimard, 1970.

- *Le jeu des possibles. Essai sur la diversité du vivant*, Paris, Fayard, 1981.
- *La souris, la mouche et l'homme*, Paris, Odile Jacob, 2000.
- « François Jacob : Éloge du darwinisme », interview réalisée par Dominique Lecourt et Pierre-Henri Gouyon, *Nouveaux enjeux de l'évolution* in *Magazine littéraire*, n°374 de mars 1999.

KAHANE Ernest, *La vie n'existe pas*, Paris, Éditions Rationalistes, 1962.

- « Claude Bernard : Idée de l'importance de ses travaux, de son enseignement et de sa méthode », in *Claude Bernard. Pages choisies,* par Ernest Kahane, Paris, Éditions Sociales, 1961.
- *Claude Bernard. Pages choisies,* Paris, Éditions sociales, 1961.

LAMY Pierre

LARGEAULT Jean, *Principes de philosophie réaliste*, Paris, Klincksieck, 1985.

LECLERCQ R., *Histoire et avenir de la méthode expérimentale*, Paris, Masson, 1960

LAMY P., *Claude Bernard et le matérialisme*, Paris, Alcan, 1939.

LAZORTHES Guy, *Sciences humaines et sociales. L'homme, la société et la médecine*, Paris, Masson, 2000.

LE CHATELIER Henry, *De la méthode dans les sciences expérimentales*, Paris, Dunod, 1947.

LINNÉ Carl von, *L'équilibre de la nature*, trad. B. Jasmin, Paris, Vrin, 1972.

MAYR Ernst, *Histoire de la biologie. Diversité, évolution et hérédité*, 2 vol., trad. Marcel Blanc, Paris, Fayard, 1989.

MONOD Jacques, *Le hasard et la nécessité. Essai sur la philosophie naturelle de la biologie moderne*, Paris, Le Seuil, 1970.

MORANGE Michel, *Histoire de la biologie moléculaire*, Paris, La découverte, 1994.

MEYER P. & TRIADOU P., *Leçons d'histoire de la pensée médicale*, Paris, Odile Jacob, 1990.

MULLER H. & SPRUMONT P., *Médecine de la reproduction et génie génétique* ; Fribourg, Éditions Universitaires de Fribourg – Suisse, 1990.

PASCAL Blaise, *Œuvres complètes*, Paris, Gallimard, 1954.

PASTEUR Louis, *Les œuvres de Pasteur,* textes réunis par Pasteur Vallery-Radot, Paris, Masson, 1922.

PICHOT André, *Histoire de la notion de vie*, Paris, Gallimard, 1993.

- *La naissance de la science*, t. 1, Paris, Gallimard, 1991.

PROCHIANTZ A., *Claude Bernard. La révolution physiologique,* Paris, PUF, 1990.

ROSTAND Jean, *Hommes de vérité*, Paris, Stock, 1968.

RUFFIÉ Jacques, *Naissance de la médecine prédictive*, Paris, Odile Jacob, 1993.

SAINT-SERNIN Bertrand, « Une anthropologie biologique et historique » in *Cahiers Philosophiques*, n° 69, *La philosophie de Georges Canguilhem*, Paris, Centre National de Documentation Pédagogique, déc.1996.

SERTILANGES A. D., *La philosophie de Claude Bernard,* Paris, Aubier, 1944.

TORT Patrick (éd.), *Dictionnaire du darwinisme et de l'évolution*, 3 vol., Paris, PUF, 1996.

VAILLANT Sébastien, *Botanicon Parisiense*, Leyde et Amsterdam, J. et H. Verbeek & B. Lakeman, 1727.

WATSON J. D., *La double hélice ou comment fut découverte la structure de l'ADN,* trad. H. Joël, Paris, Robert Laffont, 1968.

INDEX DES NOMS

A

B

M

N

P

R

S

T

V

W

X

Z

F

G

H

I

M

T

U

V

Z

TABLE DES MATIÈRES

Sciences
aux éditions L'Harmattan

Dernières parutions

MANUEL DES PROBABILITÉS OU MATHÉMATIQUES DE L'INCERTAIN
Laloire Jean-Claude - Préface de Michel Delecroix
Ce manuel présente les aspects pratiques de l'analyse des données et les aspects théoriques des probabilités. Cela permet à la fois de comprendre les phénomènes observés, d'en déduire une prévision et ainsi de se projeter vers l'avenir avec un maximum de sécurité. Les méthodes proposées s'appliquent aussi bien aux sciences humaines qu'aux sciences biologiques et médicales et sont mises en pratique à l'aide de nombreux exercices corrigés.
(48.00 euros, 504 p.)
ISBN : 978-2-343-04627-3, ISBN EBOOK : 978-2-336-36043-0

VALEUR (LA) DE L'ESPÈCE
La biodiversité en questions
Lherminier Philippe
Philippe Lherminier est généticien; il propose de s'interroger sans faux-semblant sur la valeur de l'espèce. Que perd-on lorsqu'une espèce s'éteint ? Quelle valeur disparaît ? Il y a de multiples réponses : l'espèce vaut parce qu'elle est utile ou inutile, abondante ou rare, connue ou inconnue, ancienne ou récente, proche ou lointaine, ressemblante ou différente de l'homme, comprise ou mystérieuse.
(Coll. Acteurs de la Science, 13.50 euros, 128 p.)
ISBN : 978-2-343-04141-4, ISBN EBOOK : 978-2-336-35913-7

QUESTIONNEMENTS D'UN OCÉANOGRAPHE
Une immersion dans le monde de la recherche et les questions éthiques qu'elle soulève
Pichevin Thierry
Ce livre décrit de l'intérieur le travail de recherche en océanographie physique de Thierry Pichevin, son contexte, ses méthodes et ses enjeux procurant ainsi au lecteur une immersion dans le quotidien d'un chercheur. D'autre part, il procède à l'analyse éthique rigoureuse des questionnements rencontrés, tout en montrant que tout chercheur peut être confronté à des questionnements comparables.
(22.00 euros, 226 p.)
ISBN : 978-2-343-03444-7, ISBN EBOOK : 978-2-336-35786-7

À L'OMBRE DES FORÊTS
Usages, images et imaginaires de la forêt
Sous la direction de Philippe Billet, Claire Harpet et Jean-Philippe Pierron
Qu'est-ce qu'une forêt ? De quoi sont faites les forêts ? Nous construisons tous une image de la forêt empreinte de vécus et d'imaginaires, procédant d'une accumulation de souvenirs, de connaissances et de représentations médiatiques et institutionnelles. A l'aune d'une prise de conscience de la finitude des ressources naturelles et du changement climatique, il est fondamental de savoir ce que la «forêt» veut dire.
(Coll. Éthique, droit et développement durable, 26.00 euros, 248 p.)
ISBN : 978-2-343-02807-1, ISBN EBOOK : 978-2-336-35819-2

UN BOTANISTE AUTOUR DU MONDE
Afrique, Amérique, Australie
Delange Yves
L'auteur, botaniste, nous invite à la découverte des différents milieux naturels peu connus des Européens, notamment ceux encore peu altérés par la civilisation et caractéristiques de formations extrêmement riches sur le plan de la diversité biologique, tels que les mattorales ou hauts plateaux mexicains, le bush, le veld et le fynbos en Afrique australe, ou encore le mulga, le mallee et la jarrah forest australiens.
(Coll. Biologie, écologie, agronomie, 25.00 euros, 256 p.)
ISBN : 978-2-343-03492-8, ISBN EBOOK : 978-2-336-35415-6

CHERCHEURS, ÉTHIQUES ET SOCIÉTÉS
L'avenir de l'avenir
Patrice Thierry
Peu appréhendée par les décideurs, la biologie conditionnera nos sociétés, les rapports entre les hommes, entre eux et l'environnement. Le monde de la recherche est mal connu, parfois mal aimé ou craint. Il semble donc utile d'instituer un débat pour préciser les objectifs, les moyens, l'information et la vulgarisation, la propriété des résultats et l'appréhension des conséquences de la recherche en biologie.
(Coll. Ethique et pratique médicale, 31.00 euros, 298 p.)
ISBN : 978-2-296-57790-9, ISBN EBOOK : 978-2-296-50418-9

CAMILLE ARAMBOURG. UN PALÉONTOLOGUE, DE L'ALGÉRIE À L'AFRIQUE PROFONDE
Hadjouis Djillali - Préface de Yves Coppens
Depuis les plaines sahéliennes d'Oran à la Vallée de l'Omo en Éthiopie, en passant par les côtes du littoral atlantique, jusqu'au Moyen-Orient, Camille Arambourg aura fait connaître, au cours de ses recherches, non seulement les fossiles de l'Afrique mais également ceux des autres régions du monde. Ce livre retrace le parcours de cet homme qui identifia plus de 230 taxons (familles, genres, espèces) de mammifères et de poissons.
(Coll. Acteurs de la Science, 25.00 euros, 242 p.)
ISBN : 978-2-296-96391-7

POUR UN RENOUVEAU DANS L'ENVIRONNEMENT
De l'antiscience à l'Intelligence Artificielle des systèmes complexes
Bouché Marcel B. - Préface de Richard Moreau
Nos institutions écartent toute évaluation environnementale sérieuse par la promotion d'une démarche antiscientifique. Ce livre décrit au contraire les démarches sérieuses des sciences et techniques et la problématique environnementale. La rigueur, qui fait habituellement défaut à ce secteur d'étude, est indispensable pour permettre l'Intelligence Artificielle appliquée rationnellement à nos évaluations environnementales et à la méthode scientifique dans les systèmes complexes.
(Coll. Biologie, écologie, agronomie, 38.00 euros, 384 p.)
ISBN : 978-2-296-96826-4

VOYAGES D'UN BOTANISTE EN EURASIE
France, Scandinavie, Italie, Grèce, Japon, Inde, Cambodge
Delange Yves
L'auteur, botaniste, nous présente ici nombre d'espèces végétales, à travers ses récits de voyages, des pays du nord de l'Europe jusque dans la lointaine Asie, avec des séjours dans différents espaces méditerranéens. Il livre également de nombreuses informations recueillies au cours de rencontres avec différentes cultures, concernant les productions agricoles, l'alimentation, les traditions culinaires, mais aussi diverses spiritualités vouées aux cultes de la nature, en Inde et en Extrême-Orient.
(Coll. Biologie, écologie, agronomie, 21.50 euros, 224 p.)
ISBN : 978-2-343-03491-1, ISBN EBOOK : 978-2-336-35416-3

COELACANTHE (LE), UNE ESPÈCE ANIMALE À L'ÉPREUVE DES MÉDIAS
Barrère Florent
Le coelacanthe est l'objet de bien des fantasmes : affaire commerciale dans les îles Comores ; course au «spécimen» naturalisé dans les muséums ; étude anatomique dans le seul but de conforter l'hypothèse du «grand-père de l'Homme»... Devenu à ses dépens vedette médiatique, le coelacanthe s'extraira de ce marasme par un retour à son objet scientifique initial : dans les années quatre-vingt, le coelacanthe est enfin filmé dans son milieu naturel.
(Coll. Champs visuels, 20.00 euros, 192 p.)
ISBN : 978-2-296-99785-1, ISBN EBOOK : 978-2-296-53096-6

RÉSEAUX (LES) DE NEURONES DE LA CONSCIENCE
Approche multidisciplinaire du phénomène
Rollet Guy
Cet ouvrage vise à la compréhension de la conscience. Il apparaît que les neurosciences computationnelles apportent incontestablement des éléments décisifs. Un réseau de neurones original est conçu pour coder une conscience *stricto sensu*, capable de raisonnement et de prise de décision. Celle-ci peut être orientée par les émotions. La capacité d'agir, la composition du Soi et la verbalisation de la pensée peuvent alors être envisagées.
(Coll. Biologie, écologie, agronomie, 25.00 euros, 240 p.)
ISBN : 978-2-336-00597-3, ISBN EBOOK : 978-2-296-51375-4

SCIENCE (LA), SYMPTÔME DE L'OCCIDENT
Le «comment» des impasses de la recherche scientifique occidentale
Thiebert Lawrence
Et si les scientifiques avaient trop compliqué leur processus de démonstration ? Et si la démonstration, peu concluante, s'embourbait simplement parce qu'elle relève en vrai d'un raisonnement paralogique psychiatrique tel que celui que l'on rencontre dans le discours du paranoïaque, discours logique certes mais qui part d'un postulat faux ? Nous sous-entendons ici que cette hypothèse est fort probable.
(Coll. Pensée Africaine, 13.00 euros, 116 p.)
ISBN : 978-2-296-97025-0, ISBN EBOOK : 978-2-296-50278-9

UNIVERS (L') FASCINANT DES INSECTES
Nos amis, nos ennemis
Mariau Dominique
Cet ouvrage aborde tous les aspects de la vie des insectes et les rôles essentiels qu'ils jouent dans la vie sur terre. Comment définit-on un insecte ? Depuis quand existent-ils ? Que connaît-on sur leurs organes des sens, leurs migrations, leur rôle, qu'il soit positif ou négatif ?
(Coll. Biologie, écologie, agronomie, 22.00 euros, 182 p.) *ISBN : 978-2-296-96144-9*

SCIENCE (LA), CREUSET DE L'INHUMANITÉ
Décoloniser l'imaginaire occidental
Royer Jean-Marc
En 1610, Galilée promeut un mode de connaissance qui se veut une lecture mathématique de l'Univers. Face à lui, l'Église. Un long combat s'engage alors, lois contre lois. Un siècle et demi plus tard, tandis que naît la fabrique industrielle basée sur le charbon, les philosophes optent pour ces «lumières». Ce savoir qui voulait mettre la subjectivité à distance aura réussi au-delà de toute espérance : c'est l'être humain que la rationalité calculatrice a rendu obsolète.
(Coll. Questions contemporaines, 23.00 euros, 218 p.)
ISBN : 978-2-296-96233-0

NATURE, TECHNOSCIENCES ET RATIONALITÉ
Le tryptique du bon sens
Makanga Blanchard
La résolution des problèmes écologiques qui touchent notre planète ne peut être l'exclusivité des technosciences et de l'écologie en tant que discipline scientifique. D'autres disciplines sont capables

d'apporter des savoirs aussi sûrs et surtout moins risqués que ceux des sciences expérimentales. La philosophie se propose donc de le faire à travers, notamment, la réflexion éthique basée sur la morale stoïcienne, en faisant de l'environnement un nouvel objet d'étude.
(Coll. Sciences et Société, 23.50 euros, 236 p.)
ISBN : 978-2-296-96960-5

UNDO THE MATH ! How semiotic gaps warp thinking
Idelson Marc
In a study inspired by author's observation of the spiraling out of control use of mathematics by bankers, financiers and economists, the Western world's reliance on arithmetic and geometry is traced back, with support from the works of Medieval historian Alfred Crosby and of Anthropologist of Knowledge Paul Jorion, to its Medieval and Antiquity roots. The author bases on different areas such as philosophy with François Jullien's Chinese thought and Michel Bitbol with his epistemological reflections.
(Coll. Recherches en Gestion, 20.00 euros, 190 p.)
ISBN : 978-2-296-96993-3

COMMENT L'HOMME QUITTA LA TERRE
Marc Jacques
L'auteur déroule ici une chronique des croyances, pensées et idées qui ont inspiré, tout au long des millénaires, philosophes et poètes, rêveurs et empiriques, bricoleurs et ingénieurs tandis qu'avançaient les sciences et les techniques permettant de concrétiser un des plus grands rêves de l'humanité : «voguer» dans l'espace jusque vers les étoiles.
(Coll. Acteurs de la Science, 15.50 euros, 152 p.)
ISBN : 978-2-296-96490-7

SCIENCE (LA) AU SERVICE DU DÉVELOPPEMENT
Amory Christine - Préface de Dominique Kounkou
Ce livre présente une expérience humaine d'un réseau de scientifiques, GIRGEA, qui réunit chercheurs, étudiants, ingénieurs, etc., autour d'un objectif central : développer la recherche en sciences de l'espace en Afrique en installant des instruments, en formant des chercheurs au niveau international qui pourront constituer des équipes de recherche dans leur pays et assurer ainsi la pérennité du réseau.
(12.50 euros, 108 p.)
ISBN : 978-2-296-56969-0

L'HARMATTAN ITALIA
Via Degli Artisti 15; 10124 Torino

L'HARMATTAN HONGRIE
Könyvesbolt ; Kossuth L. u. 14-16
1053 Budapest

L'HARMATTAN KINSHASA
185, avenue Nyangwe
Commune de Lingwala
Kinshasa, R.D. Congo
(00243) 998697603 ou (00243) 999229662

L'HARMATTAN CONGO
67, av. E. P. Lumumba
Bât. – Congo Pharmacie (Bib. Nat.)
BP2874 Brazzaville
harmattan.congo@yahoo.fr

L'HARMATTAN GUINÉE
Almamya Rue KA 028, en face
du restaurant Le Cèdre
OKB agency BP 3470 Conakry
(00224) 657 20 85 08 / 664 28 91 96
harmattanguinee@yahoo.fr

L'HARMATTAN MALI
Rue 73, Porte 536, Niamakoro,
Cité Unicef, Bamako
Tél. 00 (223) 20205724 / +(223) 76378082
poudiougopaul@yahoo.fr
pp.harmattan@gmail.com

L'HARMATTAN CAMEROUN
BP 11486
Face à la SNI, immeuble Don Bosco
Yaoundé
(00237) 99 76 61 66
harmattancam@yahoo.fr

L'HARMATTAN CÔTE D'IVOIRE
Résidence Karl / cité des arts
Abidjan-Cocody 03 BP 1588 Abidjan 03
(00225) 05 77 87 31
etien_nda@yahoo.fr

L'HARMATTAN BURKINA
Penou Achille Some
Ouagadougou
(+226) 70 26 88 27

L'HARMATTAN SÉNÉGAL
10 VDN en face Mermoz, après le pont de Fann
BP 45034 Dakar Fann
33 825 98 58 / 33 860 9858
senharmattan@gmail.com / senlibraire@gmail.com
www.harmattansenegal.com

L'HARMATTAN BÉNIN
ISOR-BENIN
01 BP 359 COTONOU-RP
Quartier Gbèdjromèdé,
Rue Agbélenco, Lot 1247 I
Tél : 00 229 21 32 53 79
christian_dablaka123@yahoo.fr

655299 - Mai 2016
Achevé d'imprimer par

1livre.com
du rêve à la réalité !

www.ingramcontent.com/pod-product-compliance
Lightning Source LLC
LaVergne TN
LVHW011308061026
849535LV00005B/1459